Preparation and Application of
Micro/Nano Hydrated Magnesium Carbonate

微纳米水合碳酸镁的制备与应用

王余莲　　印万忠　　著

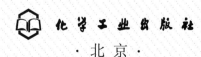
化学工业出版社
·北京·

《微纳米水合碳酸镁的制备与应用》主要涉及菱镁矿法制备微纳米三水碳酸镁、碱式碳酸镁、五水碳酸镁及其应用等，内容共包括8章：第1章介绍菱镁矿的资源储量、开采状况、性质及用途等；第2章介绍微纳米水合碳酸镁的制备及应用研究现状；第3章介绍菱镁矿水化碳化法制备 $Mg(HCO_3)_2$ 溶液；第4章介绍微纳米三水碳酸镁的制备及生长机理；第5章介绍微纳米碱式碳酸镁的直接法和间接法制备及生长机理；第6章介绍花状五水碳酸镁的制备及生长机理；第7章介绍三水碳酸镁的表面改性、增强聚丙烯及三水碳酸镁催化酚醛聚合制备多孔炭；第8章介绍碱式碳酸镁的表面改性、阻燃聚丙烯及碱式碳酸镁法制备多孔氧化镁。

本书可供从事矿物材料、粉体材料、精细化工及复合材料等专业的科研技术人员以及高校矿物加工、无机非金属材料、复合材料专业师生参考。

图书在版编目（CIP）数据

微纳米水合碳酸镁的制备与应用/王余莲，印万忠
著．—北京：化学工业出版社，2019.3
ISBN 978-7-122-33759-7

Ⅰ．①微…　Ⅱ．①王…　②印…　Ⅲ．①纳米技术-应用-碳酸镁-水合物-制备　Ⅳ．①O614.22

中国版本图书馆CIP数据核字（2019）第011764号

责任编辑：袁海燕　　　　　　　　文字编辑：向　东
责任校对：宋　夏　　　　　　　　装帧设计：王晓宇

出版发行：化学工业出版社（北京市东城区青年湖南街13号　邮政编码100011）
印　　刷：三河市航远印刷有限公司
装　　订：三河市宇新装订厂
787mm×1092mm　1/16　印张11¼　字数295千字　2019年11月北京第1版第1次印刷

购书咨询：010-64518888　　售后服务：010-64518899
网　　址：http://www.cip.com.cn
凡购买本书，如有缺损质量问题，本社销售中心负责调换。

定　　价：78.00元　　　　　　　　　　　　　　　版权所有　违者必究

前言

镁质化工材料是镁质材料行业三大产业之一，其产品广泛应用于冶金、建材、化工、汽车、电子、航空航天、医药、食品等领域。镁质化工材料产业发展迅速，在国内外占有一定市场份额，但目前生产企业规模普遍较小且以生产普通产品为主。随着科学技术的不断发展，功能镁质化工材料的制备技术已引起人们的极大关注，其重要性也日益显露，同时对功能镁质化工材料的多样化、功能化、精细化的要求日益提高。

微纳米水合碳酸镁是一种新型功能化镁质化工材料，由于具有无毒无污染、可循环再生、制备原料来源广泛等环境材料必备的环保性和经济性优点，以及不同于本体材料的热、光、电、力学和化学等特殊性能，因此具有广阔的应用前景。它们可用作过滤材料，还可用作橡胶、涂料、塑料、造纸等领域的增强和改性材料，食品、医药和化妆品等领域的添加剂，以及作为制备高纯或特殊形貌氧化镁的工业中间原料等。水合碳酸镁在国民经济建设中有着举足轻重的作用和地位。

受技术和成本的制约，目前微纳米水合碳酸镁尚未实现大规模的工业化生产，主要以可溶性镁盐和碳酸盐等化学试剂为原料采用共沉淀法合成，存在合成成本高、副产物易引发环境污染等问题，因而寻求适用大规模工业化生产的低成本原料和技术迫在眉睫。菱镁矿（主要成分 $MgCO_3$）是保障国家经济社会发展的重要矿产资源，是镁工业的主要原材料。据美国地质调查局公布数据，2014 年全球菱镁矿储量 240 亿吨，中国储量 50 亿吨，占比达 20.83%，位居世界第二位，主要分布在辽宁和山东，其中辽宁查明资源储量 35.16 亿吨，约占全国菱镁矿总储量的 70%。基于我国菱镁矿资源丰富且品质优良这一资源优势，利用菱镁矿作为镁源制备水合碳酸镁具有原料廉价易得、来源广泛的优点。为了开发制备条件温和、生产成本低、结构特殊、形貌可控的微纳米水合碳酸镁，切实发挥其特异性能，扩大应用领域，加速推广进程，以及发挥更大的应用价值和经济效益，故著此书。

本书主要涉及菱镁矿法制备微纳米三水碳酸镁、碱式碳酸镁、五水碳酸镁及其应用等，内容共包括 8 章：在介绍菱镁矿的资源储量、开采状况、性质及用途等的基础上，介绍微纳米水合碳酸镁的制备及应用研究现状；详细阐述微纳米三水碳酸镁、微纳米碱式碳酸镁、花状五水碳酸镁的制备及生长机理；最后介绍了三水碳酸镁、碱式碳酸镁的表面改性及应用。本书中微纳米水合碳酸镁的工艺可以低成本大规模工业化推广，同时可为精细镁质化工材料的绿色环保、低成本开发提供理论和技术基础。全书由沈阳理工大学王余莲副教授撰写、统稿，最后由东北大学印万忠教授校稿。

希望本书能为从事矿物材料、粉体材料、精细化工及复合材料等专业的科研技术人员以及高校矿物加工、无机非金属材料、复合材料专业的师生提供参考。

本书撰写过程中参考了大量的文献资料，在此向这些文献的作者表示由衷的谢意！

本书在国家自然科学基金青年科学基金项目（No.51804200）资助下完成，特此感谢国家自然科学基金委！

由于作者水平有限，难免出现一些疏漏和不当之处，敬请读者批评指正。

著者

2019 年 4 月

目 录

4 微纳米三水碳酸镁的制备

8 碱式碳酸镁表面改性及应用研究

1

菱镁矿资源

1.1 含镁矿物

镁元素是地球上储量最丰富的轻金属元素之一。镁元素在地壳中分布较广，地壳丰度约为 2%，海水中含量位于第三位。镁元素的化学活性高，在自然界中仅以化合物形式存在，目前地球上已探明的含镁矿物主要分为固体矿物和液体矿物两类。固体含镁矿物主要有菱镁矿、白云石、水镁石、蛇纹石等，见表 1-1；液体含镁矿物主要来自海水、天然盐湖卤水、地下卤水等。虽然逾 60 种矿物中均蕴含镁，但是全球利用最广的含镁矿物主要是菱镁矿、白云石、水镁石、光卤石和橄榄石这几种矿物，其次为海水苦卤、盐湖卤水及地下卤水。

表 1-1 主要固体含镁矿物种类

矿物名称	化学组成	$w(MgO)/\%$	$w(Mg)/\%$	我国矿产简况
菱镁矿	$MgCO_3$	47.8	28.8	储量居世界第一
白云石	$MgCO_3 \cdot CaCO_3$	21.8	13.2	探明储量 40 亿吨
滑石	$3MgO \cdot 4SiO_2 \cdot 2H_2O$	31.8	19.2	储量居世界第二
水镁石	$Mg(OH)_2$	69.1	41.6	
镁橄榄石	Mg_2SiO_4	47.2	34.6	
水菱镁石	$3MgCO_3 \cdot Mg(OH)_2 \cdot 3H_2O$	44.0	26.4	近几年探明
蛇纹石	$3MgO \cdot 4SiO_2 \cdot 2H_2O$	43.6	26.3	
凹凸棒石黏土	$Mg_5Si_8O_{20}(OH)_2(OH)_4$	23.8	14.3	
水氯镁石	$MgCl_2 \cdot 6H_2O$	19.6	12.0	
无水钾镁矾	$2MgSO_4 \cdot K_2SO_4$	19.3	11.7	
硫酸镁石	$MgSO_4 \cdot KCl \cdot 3H_2O$	16.2	9.8	
光卤石	$KMgCl_3 \cdot 6H_2O$	14.2	8.8	

1.2 菱镁矿储量及开采状况

1.2.1 菱镁矿储量分布

菱镁矿又称菱镁石或碱菱镁苦土，主要化学组成为 $MgCO_3$，是利用率最高的含镁矿物之一。美国地质调查局（USGS）2015 年公布的数据显示，2014 年全球已探明的菱镁矿资源量达 120 亿吨，储量 24 亿吨。蕴藏丰富的国家包括俄罗斯（6.5 亿吨，占总量的 27%）、中国（5 亿吨，约占总量的 21％）、韩国（4.5 亿吨），如表 1-2 所示。

表 1-2　全球菱镁矿储量　　　　　　　　　　　　　　　　单位：亿吨

国家	储量	国家	储量
俄罗斯	6.5	斯洛伐克	0.35
中国	5	印度	0.2
韩国	4.5	奥地利	0.15
澳大利亚	0.95	西班牙	0.1
巴西	0.86	美国	0.1
希腊	0.80	其他国家	3.9
土耳其	0.49	全球总量	24

世界菱镁矿储量的 21％集中在中国，产量的 67％由中国提供，菱镁矿资源是我国优势矿产资源之一。目前我国菱镁矿的探明资源量主要分布于辽宁、山东、西藏、新疆、甘肃、河北等 9 个省份。其中，辽宁的资源储量最大。辽宁省辽东地区是我国乃至世界上菱镁矿资源量最大的地区，占全国菱镁矿资源量的 84％，其矿石品质也非常优良。

中国菱镁矿规模与矿床分布如表 1-3 所示。由表 1-3 可知，我国现在拥有菱镁矿矿产地 62 处，大型和超大型矿床有 12 处，其中有 8 处位于辽宁，2 处位于山东，西藏和新疆各 1处；中型矿床 13 处，其中 9 处位于辽宁，2 处位于山东，新疆和河北各 1 处；其余为小型矿床。5 个超大型矿床里，有 4 个位于辽宁，1 个位于山东。

我国大中型菱镁矿先后被开发利用，仅辽宁省现有菱镁矿采矿和加工厂点 160 余家，各种窑炉 250 多座，采矿年生产能力达 6×10^6 t，菱镁矿年产能力 4×10^6 t，年加工镁砂能力$2.6 \times 10^6 \sim 3.0 \times 10^6$ t。仅辽宁镁矿公司菱镁矿年生产能力达 $3.6 \times 10^6 \sim 3.9 \times 10^6$ t，年产量$2.44 \times 10^6 \sim 3.8 \times 10^6$ t，镁砂生产能力 0.95×10^6 t，年产量 $0.8 \times 10^6 \sim 0.9 \times 10^6$ t，年产值1.5 亿～1.8 亿元，利税 6000 万～6800 多万元，经济效益和社会效益显著。

表 1-3　中国菱镁矿规模与矿床分布

项目	大型-超大型矿床	中型矿床	小型矿床	矿产地
辽宁	8	9	5	33
山东	2	2		4
西藏	1			7
新疆	1	1	1	4
甘肃			1	2
河北		1		2
安徽			1	1
青海			1	5
黑龙江			1	3
内蒙古			1	1
全国	12	13	11	62

1.2.2　菱镁矿开采状况

1.2.2.1　世界菱镁矿开采状况

根据美国地质调查局（USGS）2015 年发布的数据，2014 年全球菱镁矿产量 697 万吨，同比增长 6 万吨，见表 1-4。其中，中国是菱镁矿产量大国，全球产量的 70.3％都由中国提供。

表 1-4　全球菱镁矿产量　　　　　　　　单位：万吨

国家	产量		国家	产量	
	2013 年	2014 年		2013 年	2014 年
美国	W	W	韩国	7	8
澳大利亚	13	13	俄罗斯	37	40
奥地利	22	20	斯洛伐克	20	20
巴西	14	15	西班牙	28	28
中国	490	490	土耳其	30	30
希腊	10	11.5	其他国家	13	15
印度	6	6	全球总量	691	697

注：W 表示无数据。

1.2.2.2　中国菱镁矿开采利用状况

中国有色金属工业协会统计的数据显示，2014 年我国原镁产量 87.39 万吨，与 2013 年同期相比增长 13.54%；陕西省作为全国最大的金属镁产地，2014 年累计生产 40.46 万吨，占全国产量 46.30%。其中，榆林地区累计生产 39.63 万吨；榆林府谷地区累计生产 34.81 万吨，占全国总产量 39.83%，占陕西省全省镁产量的 87% 左右，见表 1-5。

表 1-5　2014 年我国原镁产量主产区同比变化情况

地区	产量/万吨		累计同比/%
	2013 年	2014 年	
陕西	34.33	40.46	17.86
山西	23.67	24.97	5.49
宁夏	10.81	9.30	−13.97
新疆	2.29	4.45	94.32
河南	4.01	4.14	3.24
全国总计	76.97	87.39	13.54

由表 1-5 可见，2014 年陕西省原镁产量继续保持中国首位，陕西省产量占中国总产量的 46.30%，山西省产量占总产量的 28.57%，两省产量占总产量的 74.87%，占据了中国原镁的大半江山（市场），但是较 2013 年同期有所减少。

根据海关总署统计数据，2014 年中国镁出口量共计 43.50 万吨，同比增长 5.80%。其中，镁锭出口量 22.73 万吨，同比增长 7.18%；镁合金出口量 10.65 万吨，同比增长 4.42%；镁粉出口量 8.80 万吨，同比增长 3.05%；镁废碎料出口量 0.29 万吨，同比增长 87.66%；镁加工材出口量 0.37 万吨，同比下降 16.83%；镁制品出口量 0.66 万吨，同比增长 15.65%。

1.3　菱镁矿性质及用途

1.3.1　矿物类型

菱镁矿属碳酸盐类、方解石族、菱镁矿种，常含铁、锰、钙等。含 FeO 9% 左右的菱镁矿称铁菱镁矿，更富含铁者称镁菱铁矿；含镍的品种称河西石，系中国 1964 年发现，其成分中含 Ni 0.77%～22.18%。关于菱镁矿矿床的成因，在学术界长期以来有不少争论。归纳起来，按矿床成因菱镁矿矿床可分为三大类，即沉积变质型矿床、风化残积型矿床和热液交代型矿床。

（1）沉积变质型菱镁矿矿床

该类型矿床是我国菱镁矿成矿的主要类型矿床，分布于左态结晶片岩出露地区。国内生产利用的菱镁矿矿石，绝大部分采自此类型矿床的矿体（约占 99%）。矿床规模大，集中分布于辽宁省和山东省地域。

中国最大的菱镁矿矿床，海城-大石桥菱镁矿矿床，就是属此类成因的晶质菱镁矿矿床。该矿床赋于前震旦纪辽河群中钙镁碳酸盐组（大石桥组）白云质大理岩段中。此外，在山东莱州、河北大河、甘肃肃北、四川甘洛及西藏等地区也有此类矿床。因各处成矿环境的差异，菱镁矿矿体形成不同结构构造状态：薄层、致密块状、放射状和条带状。

（2）风化残积型菱镁矿矿床

该类型矿床是由橄榄岩、蛇纹岩等含镁较高的岩体经风化和地表水淋滤沉积作用形成的菱镁矿矿床。即空气中的 CO_2 溶于地表水，生成碳酸，具有强烈溶解能力的碳酸使橄榄岩、蛇纹岩溶解淋滤出菱镁矿，并大量沉积形成矿体。其成矿反应方程式为：

$$2Mg_2SiO_4 + 2H_2O + CO_2 \longrightarrow MgCO_3 + Mg_3(Si_2O_5)(OH)_4 \qquad (1-1)$$

　　　　镁橄榄石　　　　　　　　　　　　菱镁矿　　　蛇纹石

$$Mg_3(Si_2O_5)(OH)_4 + 2H_2O + 3CO_2 \longrightarrow 3MgCO_3 + 2SiO_2 + 4H_2O \qquad (1-2)$$

这类矿的矿床，矿体多呈水平分布，透镜状及似层状。矿石特征为高钙、高硅，原矿很难烧结。在这种类型的菱镁矿中，各种形态的 SiO_2 是最常见到伴生杂质组分。此类矿为非晶质菱镁矿。国内发现此类型菱镁矿矿床很少，仅作为一种资源在做研究。在我国内蒙古、甘肃、陕西、青海、新疆等地发现了这种非晶质菱镁矿矿床，矿床距地表深度一般为 10~20m。

（3）热液交代型菱镁矿矿床

该类菱镁矿矿床是由含镁的热水溶液对超基性岩、白云岩或白云岩交代而成的。一般产于沿原岩层或断裂附近，矿体呈似层状、透镜状及不规则团块状。矿体与围岩呈渐变状接触。矿石矿物以晶质菱镁矿为主，次要矿物有白云石、石英等。矿床规模为中到小型。此类型菱镁矿矿床分布于四川、甘肃、新疆等地。四川桂贤菱镁矿就是典型的热液交代型菱镁矿矿床，产于震旦纪洪椿坪组中、上部白云岩中，与围岩渐变接触，呈不规则饼状。

1.3.2　物理化学性质

菱镁矿（magnesite）的主要化学组成为 $MgCO_3$，分子量 84.31。矿石主要成分为 MgO，次要成分为 CaO、SiO_2、Fe_2O_3、Al_2O_3。MgO 含量一般为 35%~47%；CaO 含量 0.2%~4%；SiO_2 含量 0.2%~8%；Fe_2O_3 和 Al_2O_3 的含量一般在 1% 以下。菱镁矿难溶于水，在酸中溶解缓慢。菱镁矿可分为晶质菱镁矿和非晶质菱镁矿两种。晶质菱镁矿为菱面体结晶，为三方晶系；非晶质菱镁矿为胶体形态。菱镁矿常为粒状或致密块状，外观色泽随含微量元素的不同，呈白色、灰白色，玻璃光泽，具贝壳状断口，不透明，密度为 2.9~3.1g/cm³，硬度 3.5~4.5，菱镁矿矿石标准如表 1-6 所示。该标准以菱镁矿矿石化学成分为依据划分，各牌号间的各项化学成分变化范围很小，合格矿石必须满足各项指标。菱镁矿分解温度 700℃，并伴有很大的体积收缩，至 1000℃ 时分解完全；生成轻烧 MgO，质地疏松、化学活性很大；继续升温，MgO 体积收缩，化学活性减小，密度增加。同时菱镁石中 CaO、SiO_2、Fe_2O_3 等杂质与 MgO 逐步生成低熔点化合物。至 1550~1650℃ 时，MgO 晶格缺陷得到校正，晶粒逐渐发育长大，组织结构致密，生成以方解石为主要矿物的烧结镁砂。菱镁矿石在煅烧过程中各种物相及其变化见表 1-7。

表 1-6　菱镁矿矿石标准（摘自 YB/T 5208—2016）

项目	化学成分/%				
	MgO	CaO	SiO$_2$	Fe$_2$O$_3$＋Al$_2$O$_3$	其中 Fe$_2$O$_3$
LMT1-47	≥47	≤0.5	≤0.5	≤0.6	≤0.4
LMT-47	≥47	≤0.6	≤0.6		
LM-46	≥46	≤0.8	≤1.2		
LM-45	≥45	≤1.5	≤1.5		
LMG-44	≥44	≤1.0	≤3.5		
LM-41	≥41	≤6.0	≤2.0		
LMF-33	≥33	不规定	≤4.0		

表 1-7　菱镁矿石在煅烧过程中各种物相及其变化

温度/℃	主要物相及变化	次要物相
500～600	菱镁矿晶粒出现裂纹,沿裂纹出现均质的氧化镁	
600～800	于 650～700℃菱镁矿结构完全破坏,氧化镁局部呈现非均质性 CF 逐渐转变成 C$_2$F,并转变成含 Ca 的硅酸盐	
800～1100	C$_2$S 和部分 CMS	镁铁矿 MF
1100～1200	方镁石小颗粒和在方镁石中形成微小的 MF	
＞1200	CMS 和 Mg$_2$F	固溶体
1400～1700	1350℃进入液相烧结阶段,由杂质 CaO、Fe$_2$O$_3$、SiO$_2$ 形成的物相烧结完毕,1400～1700℃仅是结晶相的长大过程	

1.3.3　主要用途

　　菱镁矿是制备镁质材料的重要原料。目前主要用于镁质耐火材料原料和制品；其次用于煅烧镁作胶凝材料；用于冶金熔剂,防热、保温、隔声等建筑材料；用电解法、还原法、氟化法等可以从菱镁矿中提取金属镁、制取镁合金,广泛用于军事工业和国防尖端技术上,还可用于机械制造、汽车、纺织、建筑、电子、光学机械、轻工等方面。此外,还大量用于制造照明弹、燃烧弹,化学药品及闪光灯等方面。低品位菱镁矿可作为镁质化工材料的原料,通过碳化法、甲酸浸法、水化法等制取轻质碳酸镁、工业氧化镁、氢氧化镁等化工产品。详见图 1-1。

1.3.3.1　菱镁矿在耐火材料中的应用

　　碱性耐火材料是指以氧化镁或氧化镁和氧化钙为主要成分制成的耐火材料。通过煅烧菱镁矿而成的烧结镁砂和电熔镁砂等俗称镁砂,是制备碱性耐火材料的主要原料。碱性耐火材料耐火度较高,抵抗碱性渣的能力强,是制作碱性炼钢、有色金属冶炼及水泥、玻璃等工业窑炉炉衬的主要原料。目前常用的镁质碱性耐火材料主要有镁质、镁铝质、镁铬质、镁橄榄石质、镁白云石质等。

　　辽宁省菱镁矿资源丰富,中国镁质耐火原料生产主要集中在辽宁海城、大石桥、岫岩一带；而山东、吉林等地虽

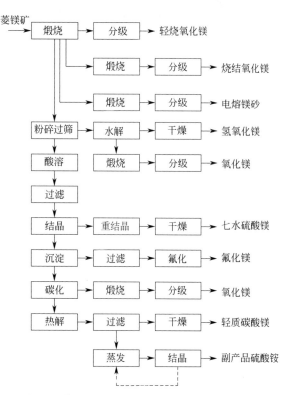

图 1-1　菱镁矿制备镁化合物系列产品示意简图

有资源，但产量较少。辽宁是中国镁质耐火制品生产基地，产量占全国的 85% 以上；河南、浙江、山东也有部分产品生产，但原料主要来自辽宁。我国生产的菱镁矿主要用于生产重烧镁、轻烧镁、镁砂及镁制品，其消费结构是：冶金部门用作耐火材料，约占菱镁矿消费总量的 90%；其次用于化工原料、建筑材料、提炼金属镁等，约占 10%。近几年，我国菱镁矿市场总体上处于供过于求的状态，我国氧化镁年消费量约 300 万吨，各类镁质产品年生产量和年消耗量见表 1-8。

表 1-8   我国镁质产品年生产量和年消耗量

镁质产品	年生产量/(万吨/年)	年消耗量/(万吨/年)
重烧镁	250	100
轻烧镁	100	60
镁质耐火材料	150	140

1.3.3.2　菱镁矿在化工材料中的应用

以菱镁矿为镁源采用化学方法制成的碳酸镁、氧化镁、氢氧化镁、硫酸镁、氯化镁等系列产品称为镁质化工材料。目前，镁盐产品、精细镁化合物等具有实用价值的不同规格、不同品质的镁质化工材料产品达 200 余种，主要包括氧化镁、氢氧化镁、碳酸镁、硫酸镁、氯化镁、精细镁化合物、有机酸镁等系列产品，在国民经济建设中有着举足轻重的作用和地位，在材料加工（如阻燃、精细陶瓷）、电子材料、涂料、环境保护、食品加工、医疗卫生等方面都有广泛的应用。

据统计，世界镁化合物销量中，氧化镁占总量的 87%，氢氧化镁占 6%～9%，硫酸镁占 5%～6%，其他不足 1%。目前世界上氧化镁（绝大部分用于生产镁砂）总产量多达 1000 万吨，其中 73% 是由菱镁矿等固体矿制备，27% 是以海水和卤水等液体矿为原料生产。2014 年我国镁化合物主要产品的生产情况和进出口数据如表 1-9 和表 1-10 所示。

表 1-9   2014 年镁化合物主要产品生产情况

产品名称	生产能力/(万吨/年)	产量/(万吨/年)	企业数
工业氧化镁（含活性）	12～16	12	约 50 家
氢氧化镁（不含水镁石）	40～50	4.5	约 50 家
碱式碳酸镁	4～5	3	约 30 家
硫酸镁	200～400	250	约 50 家
氯化镁	150～200	120	约 20 家

表 1-10   2014 年镁化合物进出口数据

镁化合物产品	进口			出口		
	数量/t	金额/美元	平均单价/(美元/t)	数量/t	金额/美元	平均单价/(美元/t)
化学纯氧化镁	4321.0	19965469	4620.6	303.0	1279334	4222.2
其他氧化镁	2464.8	3063061	1242.7	498352.1	80503252	161.5
氢氧化镁及过氧化镁	1322.0	3185411	2409.5	14648.6	7850208	535.9
氯化镁	343.9	791136	2300.5	65361.0	10586712	162.0
硫酸镁	282.5	741630	2625.2	354902.4	78842577	222.2
碳酸镁	454.6	2248531	4946.2	2906.5	3532965	1215.5

由表 1-9 可知，我国生产的镁化合物主要以硫酸镁和氯化镁为主，碱式碳酸镁的生产能力和年产量相对较低。由表 1-10 可见，化学纯氧化镁的进口数量远远大于出口数量，进口单价稍高于出口单价；而其他氧化镁、氢氧化镁及过氧化镁、氯化镁、硫酸镁和碳酸镁的出

口数量远大于进口数量，但出口平均单价远低于进口单价。以碳酸镁为例，进口与出口单价比为 4.07，换言之，出口 4.07t 碳酸镁产品才能买进 1t 碳酸镁，这说明我国生产的镁化合物产品档次较低，高档产品仍需要进口。

多形貌精细碳酸镁产品是一种附加值高、具有广阔应用价值的新型镁质化工材料产品，表 1-11 是我国碳酸镁产品销售价格。由表 1-11 可知，工业优级和食品级碳酸镁市场报价差比较大，分别相差 1.8 倍和 1.45 倍，其中高纯碱式碳酸镁的平均价格最高，约为 14500 元/t，因此生产高档、功能化、精细化碳酸镁系列产品是未来的研究方向。

表 1-11　我国碳酸镁产品销售价格

品种	平均价格/(元/t)	最低、最高价格/(元/t)	备注
工业一级碳酸镁	4250	4200～4300	—
工业优级碳酸镁	4200	3000～5500	—
高纯碳酸镁	14500	14000～15000	—
食品级碳酸镁	5533	7000～14800	—
医药级碳酸镁	7487	7000～8800	—
重质碳酸镁	7400	—	USP25BP98

1.3.3.3　菱镁矿在金属镁中的应用

世界上的金属镁主要来自海水、天然盐水、白云岩、菱镁矿和水镁石等含镁矿物。美国地质调查局 2015 年发布的数据显示，2014 年全球原镁产量 90.7 万吨，同比增长 2.9 万吨，中国生产的原镁占总量的 88.2%，见表 1-12。

中国是世界镁出口第一大国，出口产品以初级原料镁锭为主，附加值低。镁产品出口流向荷兰、日本、美国、加拿大、意大利和德国等 50 多个国家和地区。

表 1-12　全球原镁产量

国家	产量 /万吨	
	2013 年	2014 年
美国	W	W
巴西	1.6	1.6
中国	77	80
以色列	2.8	3.0
哈萨克斯坦	2.3	2.1
韩国	8	1.0
马来西亚	1	0
俄罗斯	3.2	2.8
全球总量	>87.8	>90.7

注：USGS 统计的中国原镁产量数据与中国有色金属工业协会统计的数据不一致，注意区别。W 表示无数据。

参 考 文 献

[1]　胡庆福. 镁化合物生产与应用 [M]. 北京：化学工业出版社. 2004.

[2]　全跃. 镁质材料生产与应用 [M]. 北京：冶金工业出版社. 2008.

[3]　邸素梅. 我国菱镁矿资源及市场 [J]. 非金属矿，2001，24 (1)：5-7.

[4]　马鸿文. 工业矿物与岩石 [M]. 北京：化学工业出版社，2005.

[5]　王广驹. 滑石生产、消费及国际贸易. 中国非金属矿工业导刊. 2005 (3)：58-61.

[6]　王小娟. 菱镁矿的综合利用及纳米氧化镁的制备与性能研究 [D]. 上海：华东师范大学，2010：5.

[7]　王兆敏. 中国菱镁矿现状与发展趋势 [J]. 中国非金属矿工业导刊，2006，57 (5)：6-8.

[8]　赵琪，黄翀，李颖，等. 中国菱镁矿需求趋势分析 [J]. 中国矿业，2016，25 (12)：38-47.

[9]　蓝海洋. 辽南地区菱镁矿资源潜力评价及开发利用现状 [J]. 矿产保护与利用，2016 (2)：25-29.

[10]　彭强，郭玉香，曲殿利，等. 菱镁矿悬浮态与堆积态煅烧对产物特性的影响 [J]. 人工晶体学报，2017，46 (6)：1088-1091.

2

微纳米水合碳酸镁制备及应用现状

2.1 微纳米材料

2.1.1 微纳米材料定义

微纳米材料（微/纳米材料）是指同时具有微米级和纳米级的单组分或多组分的双重结构材料，这种双重结构是指在尺寸上微米级尺寸和纳米级尺寸并存，该材料归属于纳米材料范畴。在工程实际应用中，纳米尺寸在 $1\sim100nm$ 范围内的纳米材料，其应用范围因其固有的特性而具有一定的局限性。真正应用广泛的则是微/纳米双重结构的材料。按照组分的成分可将微纳米材料分为同质微纳米材料和异质微纳米材料。同质微纳米材料只有一种成分相同的组分，而这一组分具有双重结构。异质微纳米材料是由两种或两种以上不同的组分组成的。同样，按照纳米结构可分为微/0 维纳米材料、微/1 维纳米材料和微/2 维纳米材料。欧盟委员会认为，尺寸是在判定材料是否为纳米材料时最重要的科学依据。以颗粒尺寸分析为例，说明微纳米材料的尺寸范围。图 2-1 是给出的颗粒的粒径范围分布情况。

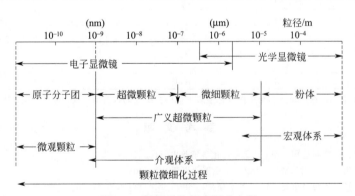

图 2-1　颗粒的粒径范围分布图

由图 2-1 可见，微纳米材料的研究对象是介观体系，即超微颗粒和微细颗粒。其中，超微颗粒是指纳米颗粒，其在化学工程领域中通常也被称作超微粉末。实际应用中，具有双重尺寸（即超微颗粒和微细颗粒）的粉体应用范围最广，使用频率最多。由图 2-1 可知，微纳米粉体材料的范围在 $1\sim100nm$。然而，对于具有线状、棒状以及管状结构的微纳米材料来说，其中的微米尺寸通常长达几百微米，甚至达上千微米。从尺寸角度上讲，除了单一组分的纳米颗粒外，事实上纳米材料几乎都存在微米和纳米尺寸，如常规形貌纳米线、纳米棒、纳米管的直径可能是纳米级，而长度却是微米级。此外，在合成常规形貌过程中，难以得到尺寸均匀一致的产品，产品中几乎都兼有微米和纳米尺寸，因此常规形貌纳米线、纳米棒、纳米管也可以被称为微纳米材料。

2.1.2　微纳米材料特性

微纳米材料的特性在很大程度上取决于它的尺寸、形貌和微结构，尤其是尺寸，而它的特性又决定了微纳米材料的应用。在微纳米材料中至少有一组分的尺寸范围为 $1 \sim 100nm$，当微/纳米粒子尺寸进入纳米量级，与德布罗意波长相当或更小，或者下降到接近或小于激子波尔半径，或者接近超导相干波长时，其结构和原子间相互作用就发生异常的变化。材料的电子能级或能带结构具有强烈的尺寸依赖性，尺寸的减小会破坏材料周期性边界环境。表面原子比例增大，其相应的比表面积也增大，这使得表面能和活性将迅速提高。庞大的比表面和严重失配的键态，将导致纳米体系的化学性质和化学平衡体系产生显著的差异，最终导致微纳米材料的表面效应、尺寸效应、隧道效应和量子效应四个基本性质得到充分的展示。正因为如此，微纳米材料具有一系列常规材料所不具有的特殊性能如声、光、电、磁、热、力以及化学性能等。对于同种材料而言，临界尺寸不同，性能也不同；而对于具有同一性能的材料而言，其临界尺寸也大相径庭。由此可知，微纳米材料的基本性质对尺寸具有强烈的依赖性，换言之，尺寸决定特性。因此，按所需要的特殊性能去设计微纳米材料的尺寸、形貌和微结构，是微纳米材料应用的关键。然而，要在微纳米尺度上生产出规格完全一样、性能良好的材料，还有很长的路要走。

微纳米材料的一系列特殊性能主要体现在以下五个方面：

（1）光学性能

由于量子尺寸效应和表面效应的影响，光学性能的变化尤为显著。主要表现在光吸收、光学催化、光学发光和光谱迁移。光吸收主要指微纳米材料对光的不透射性和不反射性。光学催化是指微纳米材料利用自然光催化降解有机物。光学发光主要指电致发光和光致发光两种现象。光谱迁移则是指纳米材料的荧光发射峰发生了蓝移或红移。蓝移是由纳米粒子的尺寸效应导致的纳米微粒的光谱峰值向短波方向移动的现象，红移是由纳米粒子表面和界面效应引起的光谱峰值向长波方向移动的现象。

（2）电学性能

主要是指微纳米材料的介电行为（介电常数，介电损耗）和压电特性。当粒径很小时，其介电常数降低；随粒径增大，介电常数表现为先增加后下降的现象，在某一临界尺寸呈极限值。微纳米材料的表面存在大量的悬空键，这些键将导致电荷分布发生异常的变化，形成局域电偶极矩，一旦受到外加压力，就会产生强的压电效应。该特性为纳米发电机的发展提供了理论依据。

（3）力学性能

主要指微纳米材料具有耐磨损和减摩擦性质。微纳米材料抗磨耐磨的机理是通过减小摩擦阻力、降低摩擦系数、形成光滑保护层、修复微坑和损伤部位来实现。

（4）化学性能

主要表现在吸附和催化载体反应方面。由于表面效应和体积效应，微纳米粒子表面积急剧增大，粒子表面上的悬空键密度和选择性吸附能力就变大，达到吸附平衡状态的时间大大缩短，表现出优异的吸附性，在催化吸附、分离提纯、生物材料、环境、能源等领域显示出广泛的应用前景。这些特性为它们在生物医学、污染环境、石油炼化等领域中的应用创造了有利的条件，如微纳米材料 SiO_2 用作药物控制释放的载体。它们在隐身材料、信息材料、高性能涂层材料、胶黏剂等中的应用也越来越受到关注。

（5）增强增韧性能

微纳米无机材料具有粒径小、比表面积大、与基体结合能力强等特性，因此不仅能提高材料的强度和硬度，而且还能起到增韧的效果。如微纳米 TiO_2 陶瓷材料在室温下可弯曲，塑性变形达到 100%，SiC 微纳米晶须增韧金属陶瓷刀具，微纳米材料 SiO_2 和 SiC 晶须已广泛应用在橡胶、塑料和陶瓷等领域。

2.2　微纳米水合碳酸镁概述

微纳米水合碳酸镁是随着纳米材料的发展而诞生的一种新型高功能精细无机材料，由于具有不同于本体材料的热、光、电、力学和化学等特殊性能，因此应用非常广泛。它们可用作过滤材料，还可用作橡胶、涂料、塑料、造纸等领域的增强和改性材料，食品、医药和化妆品等领域的添加剂，最主要的用途是作为制备高纯或特殊形貌氧化镁的工业中间原料。水合碳酸镁在国民经济建设中有着举足轻重的作用和地位。

水合碳酸镁是一类化合物的统称，其通式可表示为 $x MgCO_3 \cdot y Mg(OH)_2 \cdot z H_2O$，$x$ 取值 1～5，y 取值 0～1，z 取值 1～8。当 $y=0$ 时为碳酸镁正盐，$y=1$ 时为碱式盐。组成为 $MgCO_3 \cdot 3H_2O$ 时，为三水碳酸镁或正碳酸镁；组成为 $MgCO_3 \cdot 5H_2O$ 时，为五水碳酸镁；组成为 $4MgCO_3 \cdot Mg(OH)_2 \cdot 4H_2O$ 时，为水菱镁矿或碱式碳酸镁。工业生产类型中比较常见的晶型是三水碳酸镁和碱式碳酸镁。

五水碳酸镁（$MgCO_3 \cdot 5H_2O$）作为天然化合物被称为五水碳镁石（lansfordite），是一种非常少见的水合碳酸镁。五水碳酸镁属于单斜晶系，其空间所属群为 $P2_1/c$，晶胞参数 $a=7.346\text{Å}$（1Å=0.1mm），$b=7.632\text{Å}$，$c=1.248\text{Å}$，$\beta=101.75°$，$V=687.14\text{Å}^3$。五水碳酸镁具有特殊的结构和性能，因此不仅在一般水合碳酸镁的应用领域具有价值，还在阻燃材料和抑烟材料等领域具有更大的潜在应用价值。

三水碳酸镁（$MgCO_3 \cdot 3H_2O$）是水合碳酸镁的单晶体，在扫描电镜（SEM）和光学显微镜下均可观察到其形貌，常有棒状、针状，其直径为 0.1～10μm，长度 20～2000μm，若长径比大于 10，就是通常所说的晶须。三水碳酸镁属于单斜晶系，空间群 $P2_1/n$，晶胞参数 $a=7.701\text{Å}$，$b=5.365\text{Å}$，$c=12.126\text{Å}$，$\beta=90.41°$，$V=501.0\text{Å}^3$。$MgCO_3 \cdot 3H_2O$ 单晶具有六方柱状的理想形貌，其晶体结构是由扭曲的 MgO_6 八面体通过共顶点连接方式形成的 1D 链状结构，如图 2-2 所示。

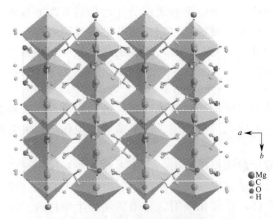

图 2-2　三水碳酸镁结构示意图

三水碳酸镁是一种典型的功能化水合碳酸镁产品，其棒状或晶须形貌比普通的针状或颗粒状形貌具有更优异的亲和性。三水碳酸镁晶须具有晶体发育完整、无色透明、缺陷少、杂质少、强度接近晶体的理想强度等一系列独特优点，表现出极佳的物理、化学性能和优异的力学性能，因此可作为高分子聚合物的增强改性材料。由于纯度极高，热分解温度低，三水碳酸镁主要用作制备高纯氧化镁、氢氧化镁和特殊形貌的碱式碳酸镁等精细镁盐化工产品的中间原料。三水碳酸镁分解时会吸热，并释放难燃气体 CO_2 和水蒸气，同时产生不燃烧的氧化镁，因此三水碳酸镁也是优良的阻燃剂。由于良好的介稳性能，$MgCO_3 \cdot 3H_2O$ 晶须还主要作为合成介孔二氧化钛、二氧化硅和氧化镍等分级结构材料的软模板。三水碳酸镁用途广泛，必将成为继硼酸镁晶须后有望实现工业化生产的镁盐晶须。

碱式碳酸镁 $[4MgCO_3 \cdot Mg(OH)_2 \cdot 4H_2O]$ 为单斜晶体，空间群 $P2_1/c$，晶胞参数 $a=10.11\text{Å}$，$b=8.95\text{Å}$，$c=8.38\text{Å}$，$\beta=114.44°$。作为热力学上最稳定的水合碳酸镁，碱式碳酸镁具有热稳定性高、无毒无污染、密度小、质轻等优点，是一种极具发展前景的新型环境矿物材料。

碱式碳酸镁因制备原料和工艺不同，具有管状、晶须状、多孔棒状、花球状、片状、巢状等多种形貌。由于形貌决定性能，性能决定应用，因此碱式碳酸镁用途各异。管状碱式碳酸镁可用作中空载体，内含有效物质，具有缓释性，可以通过控制管状物的内径、壁厚或长度，起到缓释作用。片状碱式碳酸镁因具有高吸油性、高吸水性、高比表面积、低堆积密度和孔隙率等一系列独特的形状和优异的特性，因此可以用作低密度纸等产品的填料。多孔棒状和花球状碱式碳酸镁因其独特的多孔结构，具有比表面积大、吸附速率快、可循环再生、分离性能良好等优点，是一种高效环保吸附材料，在水体资源净化和污染物处理等领域具有广阔的应用前景和显著的环境效益。晶须状碱式碳酸镁由于非常接近理想晶体、机械强度大，且热分解温度比氢氧化铝和氢氧化镁更宽（200～550℃），通过分解吸热和分解产物的覆盖能够阻止进一步燃烧，因此被广泛用作汽车安全气囊气体发生剂以及塑料、涂料、建材等高聚物的补强剂和阻燃剂，起到增加体积、降低成本和阻燃抑烟的作用。由于纯度极高，碱式碳酸镁还是制备其他精细镁盐的重要中间原料和催化剂。高纯碱式碳酸镁无毒、无味、无害，对人体的心脏功能有增强作用，其本身又具有较好的流动性，因此，将其添加到面粉中，既可提高面粉的分散性和流动性，又可补充人体对无机盐类电解质的需求。碱式碳酸镁可作为制备铝碳酸镁复盐的镁源，从而在治疗溃疡方面发挥重要的作用。碱式碳酸镁还用作橡胶制品的优良填充剂和增强剂，可用于油漆工业中，成为 TiO_2 优良替代品。此外，在颜料、日用化妆品、造船、锅炉制造等领域也具有广泛的应用。

2.3 水合碳酸镁的制备方法

目前工业化生产所得的水合碳酸镁主要指碱式碳酸镁（又称轻质碳酸镁），其最直接的制备方法有两种：第一种方法是以固体镁矿为原料，将固体镁矿煅烧成轻烧氧化镁，并对轻烧氧化镁进行水化提纯处理再碳化制备碱式碳酸镁；第二种方法则是以液体矿为原料，通过碳铵法、纯碱法、氨法-碳化法、沉淀法等来制备。

2.3.1 以固体矿为原料

固体矿主要以白云石、菱镁矿、蛇纹石、温石棉矿等为原料，包括白云石碳化法、菱镁矿碳化法、菱苦土复分解法、蛇纹石碳化法、温石棉矿碳化法等。

（1）白云石碳化法

白云石碳化法的原理为：高温煅烧白云石制得 MgO 和 CaO，经水化制浆，在碳化塔中

通入 CO_2 气体进行碳化，待 $Ca(OH)_2$ 转化为 $CaCO_3$ 后，继续通入 CO_2 使 $Mg(OH)_2$ 转变为 $Mg(HCO_3)_2$，过滤 $CaCO_3$，热解滤液，得到碱式碳酸镁。目前国内外主要采用间歇鼓泡式碳化法，但该法气-液接触较差，不易控制碳化程度和产品的粒度，使得产品质量不稳定，并且生产成本较高。

白云石碳化法整个过程发生的化学反应如下：

煅烧：
$$MgCO_3 \cdot CaCO_3 \longrightarrow MgO \cdot CaO + 2CO_2 \uparrow \tag{2-1}$$

水化：
$$MgO \cdot CaO + 2H_2O \longrightarrow Mg(OH)_2 + Ca(OH)_2 \tag{2-2}$$

碳化：
$$Mg(OH)_2 + Ca(OH)_2 + 3CO_2 \longrightarrow Mg(HCO_3)_2 + CaCO_3 \downarrow + H_2O \tag{2-3}$$

$$Mg(HCO_3)_2 + 2H_2O \longrightarrow MgCO_3 \cdot 3H_2O \downarrow + CO_2 \uparrow \tag{2-4}$$

热解：
$$5[MgCO_3 \cdot 3H_2O] \longrightarrow 4MgCO_3 \cdot Mg(OH)_2 \cdot 4H_2O + 10H_2O + CO_2 \uparrow \tag{2-5}$$

(2) 菱镁矿碳化法

将粒度为 $100 \sim 300mm$ 的菱镁矿由窑顶部加入窑中煅烧，获得活性较好的轻烧 MgO。MgO 经粉碎同热水进行水化反应生成 $Mg(OH)_2$，往碳化塔内通入 CO_2 进行碳酸化反应，生成 $Mg(HCO_3)_2$，经沉淀、分离、热解、过滤、干燥制备轻质碳酸镁。该种方法能源消耗量少，原料廉价易得，工艺流程短，设备要求低，生产成本低。

菱镁矿碳化法整个过程发生的化学反应如下：

煅烧：
$$MgCO_3 \longrightarrow MgO + CO_2 \uparrow \tag{2-6}$$

水化：
$$MgO + H_2O \longrightarrow Mg(OH)_2 \tag{2-7}$$

碳化：
$$Mg(OH)_2 + 2CO_2 \longrightarrow Mg(HCO_3)_2 \tag{2-8}$$

$$Mg(HCO_3)_2 + 2H_2O \longrightarrow MgCO_3 \cdot 3H_2O \downarrow + CO_2 \uparrow \tag{2-9}$$

热解：
$$5[MgCO_3 \cdot 3H_2O] \longrightarrow 4MgCO_3 \cdot Mg(OH)_2 \cdot 4H_2O + 10H_2O + CO_2 \uparrow \tag{2-10}$$

(3) 菱苦土复分解法

以菱苦土、碳酸氢铵、硫酸为原料，采用复分解法制取碳酸镁。菱镁矿经立窑煅烧生成轻烧苦土粉，用硫酸及硫酸铵等进行中和及溶解反应，经过滤、静置获取一定浓度的精制硫酸镁溶液。通过吸氨装置将反应放出的氨气制成稀氨水同碳酸氢铵反应，配置一定氨/碳化的沉淀，经精制过滤获取精制的沉淀剂溶液，再同精制硫酸镁溶液进行复分解反应，经沉淀、分离、干燥、筛分等过程制取轻质碳酸镁。该方法能源消耗量大，工艺复杂且流程冗长，需要控制的工艺参数繁杂，并且由于制备过程中采用强酸作为原料，因此对设备要求较高。

菱镁矿复分解法整个过程发生的化学反应如下：

酸解：
$$MgO + H_2SO_4 \longrightarrow MgSO_4 + H_2O \tag{2-11}$$

复分解：
$$MgSO_4 + 2NH_4HCO_3 \longrightarrow Mg(HCO_3)_2 + (NH_4)_2SO_4 \tag{2-12}$$

$$Mg(HCO_3)_2 + 2H_2O \longrightarrow MgCO_3 \cdot 3H_2O \downarrow + CO_2 \uparrow \tag{2-13}$$

热解：
$$5[MgCO_3 \cdot 3H_2O] \longrightarrow 4MgCO_3 \cdot Mg(OH)_2 \cdot 4H_2O + 10H_2O + CO_2 \uparrow \tag{2-14}$$

(4) 蛇纹石碳化法

以蛇纹石为原料，添加一种可分解的含氧无机酸盐，蛇纹石-可分解含氧无机盐体系在 $600 \sim 950℃$ 下发生固相化学反应，蛇纹石中 MgO 定量转变成可溶性 MgO，反应物经 CO_2 常压碳化、热分解得到轻质碳酸镁。

蛇纹石碳化法整个过程发生的化学反应如下：

煅烧：
$$蛇纹石 + 化学添加剂 \longrightarrow MgO + 矿渣 \tag{2-15}$$

水化：
$$MgO + H_2O \longrightarrow Mg(OH)_2 \tag{2-16}$$

碳化：
$$Mg(OH)_2 + 2CO_2 \longrightarrow Mg(HCO_3)_2 \tag{2-17}$$

热解：
$$Mg(HCO_3)_2 + H_2O \longrightarrow xMgCO_3 \cdot yMg(OH)_2 \cdot zH_2O \downarrow + CO_2 \uparrow \tag{2-18}$$

（5）温石棉矿碳化法

以温石棉矿为原料，高温煅烧得到活性 MgO 和 SiO_2，再酸浸活性 MgO 得到 $MgCl_2$ 溶液。用碳化法以 $MgCl_2$ 溶液与 NH_4HCO_3 为反应物料首先生成 $Mg(HCO_3)_2$ 溶液，热解 $Mg(HCO_3)_2$ 溶液生成 $MgCO_3 \cdot 3H_2O$，最后热解 $MgCO_3 \cdot 3H_2O$ 生成 $4MgCO_3 \cdot Mg(OH)_2 \cdot 4H_2O$。采用该方法制备水合碳酸镁过程中存在副产品滤液需要处理。

温石棉矿碳化法整个过程发生的化学反应如下：

煅烧：
$$3MgO \cdot 2SiO_2 \cdot 2H_2O \longrightarrow 3MgO + 2SiO_2 + 2H_2O \tag{2-19}$$

酸浸：
$$MgO + 2HCl \longrightarrow MgCl_2 + H_2O \tag{2-20}$$

碳化：
$$MgCl_2 + 2NH_4HCO_3 \longrightarrow Mg(HCO_3)_2 + 2NH_4Cl \tag{2-21}$$

$$Mg(HCO_3)_2 + 2H_2O \longrightarrow MgCO_3 \cdot 3H_2O\downarrow + CO_2\uparrow \tag{2-22}$$

热解：
$$5[MgCO_3 \cdot 3H_2O] \longrightarrow 4MgCO_3 \cdot Mg(OH)_2 \cdot 4H_2O + 10H_2O + CO_2\uparrow \tag{2-23}$$

2.3.2　以液体矿为原料

液体矿主要以卤水、海水等含氯化镁溶液及硫酸镁溶液为原料，采用卤水碳化法、卤水纯碱法、卤水碳铵法。

（1）卤水碳化法

以卤水、海水等含氯化镁溶液及硫酸镁溶液为原料，与白云石或石灰石煅烧后产生 CO_2、白云灰或石灰，进行水化、沉淀、碳化、热解等反应制取碳酸镁。该法引入 $MgCl_2$ 或 $MgSO_4$ 同白云灰或石灰水化后生成 $Mg(OH)_2$ 沉淀，同时生成 $CaCl_2$ 或 $CaSO_4$ 副产品。

卤水碳化法整个过程发生的化学反应如下：

煅烧：
$$MgCO_3 \cdot CaCO_3 \longrightarrow MgO \cdot CaO + 2CO_2\uparrow \tag{2-24}$$

水化：
$$MgO \cdot CaO + 2H_2O \longrightarrow Mg(OH)_2 + Ca(OH)_2 \tag{2-25}$$

复分解：
$$MgCl_2 + Ca(OH)_2 \longrightarrow Mg(OH)_2\downarrow + 2CaCl_2 \tag{2-26}$$

碳化：
$$Mg(OH)_2 + Ca(OH)_2 + 3CO_2 \longrightarrow Mg(HCO_3)_2 + CaCO_3\downarrow + H_2O \tag{2-27}$$

$$Mg(HCO_3)_2 + 2H_2O \longrightarrow MgCO_3 \cdot 3H_2O\downarrow + CO_2\uparrow \tag{2-28}$$

热解：
$$5[MgCO_3 \cdot 3H_2O] \longrightarrow 4MgCO_3 \cdot Mg(OH)_2 \cdot 4H_2O + 10H_2O + CO_2\uparrow \tag{2-29}$$

（2）卤水纯碱法

先将原料苦卤用水稀释至相对密度 1.16 左右，加入反应器中，在搅拌下慢慢加入相对密度 1.16 左右的澄清碱液，由流动性较好的状态变为豆腐般的黏滞状，再恢复流动性时，即停止搅拌，反应温度维持在 55℃ 左右。反应完成后，经两次真空过滤、洗涤、破碎、干燥、粉碎即得碳酸镁产品。

卤水纯碱法整个过程发生的化学反应式如下：

复分解：
$$MgCl_2 + Na_2CO_3 + 3H_2O \longrightarrow MgCO_3 \cdot 3H_2O\downarrow + 2NaCl \tag{2-30}$$

热解：
$$5[MgCO_3 \cdot 3H_2O] \longrightarrow 4MgCO_3 \cdot Mg(OH)_2 \cdot 4H_2O + 10H_2O + CO_2\uparrow \tag{2-31}$$

（3）卤水碳铵法

将海水制盐后的母液（镁离子含量在 50g/L 左右）除去杂质后与碳酸氢铵按适宜比例混合，进行沉淀反应，再经脱水、烘干、粉碎等过程制备碳酸镁。

复分解：
$$MgCl_2 + 2NH_4HCO_3 \longrightarrow Mg(HCO_3)_2 + 2NH_4Cl \tag{2-32}$$

$$Mg(HCO_3)_2 + 2H_2O \longrightarrow MgCO_3 \cdot 3H_2O\downarrow + CO_2\uparrow \tag{2-33}$$

热解：
$$5[MgCO_3 \cdot 3H_2O] \longrightarrow 4MgCO_3 \cdot Mg(OH)_2 \cdot 4H_2O + 10H_2O + CO_2\uparrow \tag{2-34}$$

综上所述，与以固体矿为原料的制备方法如菱镁矿碳化法相比，以液体矿为原料的三种方法均会产生大量副产品，并且制备前均先对卤水等进行一系列的盐分离处理，然后利用处理后的卤水等为原料，其工艺流程冗长，生产成本较高。

2.4　水合碳酸镁制备研究现状

2.4.1　五水碳酸镁制备研究现状

长期以来，国内外关于五水碳酸镁的制备研究报道比较少。五水碳酸镁非常不稳定，常呈细晶集合体与 $MgCO_3 \cdot 3H_2O$ 等水合碳酸镁一起产出，一般条件下很难得到其完整晶体。Hill 等自镁盐提取过程中得到了五水碳镁石单晶，确定其空间群为 $P21/c$，但未能给出不同碳酸根的结构参数。刘百年等仅在 1989 年以氧化镁浆液为原料制备了块状五水碳酸镁粗粒晶体，研究了其结构，给出了结构参数，并提出该晶体中存在双络离子配位，之后再未见有关报道。王余莲等以菱镁矿为原料，磷酸二氢钾为添加剂，通过水溶液法制备了花状五水碳酸镁，分析了其形成机理，并进一步研究了五水碳酸镁的晶体结构，五水碳酸镁晶体中 Mg^{2+} 呈两种不同的八面体配位，分别构成水合络阳离子 $Mg(H_2O)_6^{2+}$ 和络阴离子 $[Mg(H_2O)_4(CO_3)_2]^{2-}$，其化学式为 $Mg(H_2O)_6 \cdot Mg(H_2O)_4(CO_3)_2$。宋兴福等在 $NaHCO_3$ 调控作用下，以 $MgCl_2$ 和 Na_2CO_3 为原料，于 $0 \sim 5.0℃$ 反应合成了晶体表面光滑、尺寸 $20 \sim 160\mu m$ 的棱柱状五水碳酸镁（$MgCO_3 \cdot 5H_2O$）晶体，结果表明，添加碳酸氢钠促进了结晶动力学，同时 HCO_3^- 基团对三水碳酸镁晶体的形成具有位阻效应，但有利于五水碳酸镁晶体形成，产生晶型调控的协同效果。

2.4.2　三水碳酸镁制备研究现状

目前，关于不同形貌三水碳酸镁制备的研究报道较多，但大部分以化学试剂为原料制备，其方法主要包括共沉淀法、水热法、碳化法、微波法等。由于采用的制备工艺不同，所得到的三水碳酸镁的形貌亦不相同。

国外研究三水碳酸镁的国家主要是日本。日本日铁矿业株式会社的三觜幸平等在 $20 \sim 60℃$ 的温度下通过混合水溶性镁盐和水溶性碳酸盐于水溶液中制备正常碳酸镁的柱状颗粒；其中水溶性镁盐可以是任何一种水溶性镁盐，如氯化镁、硫酸镁、硝酸镁、乙酸镁等，并且制备的碳酸镁柱状颗粒直径主要为 $1 \sim 3\mu m$，长度为 $10 \sim 50\mu m$。Kloprogge 等采用 $MgCl_2 \cdot 6H_2O$ 和 Na_2CO_3 为原料，在 $25℃$ 反应 10s，陈化 1 天，合成出聚合物状三水碳酸镁，在 $50℃$ 反应 10min，陈化 5 天，合成出长度小于 $100\mu m$，直径小于 $5\mu m$ 的针状三水碳酸镁晶须，并采用拉曼光谱及红外光谱对其结构做了进一步研究。Mitsuhashi 等利用 CO_2 与 $Mg(OH)_2$ 水溶液反应生成针状的 $MgCO_3 \cdot 3H_2O$ 晶体。Veronika Vágvölgyi 等利用 $Mg(NO_3)_2$ 和 $NaHCO_3$ 反应生成 $Mg(HCO_3)_2$ 溶液，再热解 $Mg(HCO_3)_2$ 溶液合成 $MgCO_3 \cdot 3H_2O$ 晶体，并采用 CRTA 技术对 $MgCO_3 \cdot 3H_2O$ 的热分解过程进行了详细研究。Kovacheva 等以卤水和碳酸盐为原料制备了亚稳态的棒状 $MgCO_3 \cdot 3H_2O$ 晶体和稳态的碱式碳酸镁晶体，并对相转变过程进行了研究。G. Jauffret 等在 $MgO-CO_2-H_2O$ 多相系统中合成了针状 $MgCO_3 \cdot 3H_2O$ 晶体，并对 $MgCO_3 \cdot 3H_2O$ 的热分解过程进行了研究。

国内对三水碳酸镁的研究始于 21 世纪初。王勇等通过 $MgCl_2$ 和 $(NH_4)_2CO_3$ 反应制备 $MgCO_3 \cdot 3H_2O$ 过程研究发现：控制反应温度、平衡时间、搅拌速度等条件可以控制晶体形貌；在 $15 \sim 60℃$ 发生 $MgCO_3 \cdot xH_2O$ 向碱式碳酸镁的转变；高纯 $MgCO_3 \cdot 3H_2O$ 可以在 $30 \sim 50℃$ 获得，所制得针状产品长度约为 $40\mu m$，直径约 $5\mu m$。

王晓丽等将菱镁矿煅烧、粉碎后加水磨成浆液，除去沉淀物和杂质，以所得产物和 Na_2CO_3 作为原料合成 $MgCO_3 \cdot 3H_2O$ 晶须。研究发现：随反应时间增长，沉淀由无定形的团聚状逐步生成针状 $MgCO_3 \cdot 3H_2O$，且轴向尺寸增长速度远大于径向。作者认为

$MgCO_3 \cdot 3H_2O$ 沿轴向的一维生长是由 $MgCO_3 \cdot 3H_2O$ 内在结构中的链式结构所决定的，负离子配位多面体生长基元理论可以较好地解释 $MgCO_3 \cdot 3H_2O$ 生长形态机理。但关于生长环境对 $MgCO_3 \cdot 3H_2O$ 晶体的成核与生长过程并未做出系统研究。

陈敏等以 MgO 含量为 45.56% 的菱镁矿利用水化碳酸化法合成出碳酸镁晶体，直径约为 $5\mu m$，长径比为 10～20，研究发现当添加剂种类不同时，可分别制备出球形、花瓣状及棒状产品。但对于这种方法制备出的碳酸镁晶体产率未见报道。

邵明浩等在 $MgCl_2$-Na_2CO_3-$NaHCO_3$ 溶液中制备出了碳酸镁晶须，分析了 pH 值对晶须生长的影响。结果表明：pH 值在 9.5 以下制得的碳酸镁晶须的光滑性、长径比最好，晶须长约 $100\mu m$，直径 10～20μm，长径比在 5～10。

薛冬峰等以氯化镁为原料、碳酸钠为沉淀剂制备出结晶良好的水合碳酸镁晶须，其产物为 $MgCO_3 \cdot 3H_2O$，所得碳酸镁晶须直径 2～5μm，长度约为 $60\mu m$。采用该方法制备的碳酸镁晶须表面光滑，直径分布均匀。但这种工艺的不足之处在于存在副产品问题，即需要对滤液进行处理。

Zhang 等以 $Mg(NO_3)_2$ 和 K_2CO_3 为原料，研究了不同温度和 pH 值条件下合成所得的水合碳酸镁形貌的变化规律和尺寸大小。

郑亚君等以 K_2CO_3 和 $Mg(NO_3)_2 \cdot 6H_2O$ 为原料合成 $MgCO_3 \cdot 3H_2O$，研究发现，三水碳酸镁的形貌和尺寸与共沉淀过程中的反应温度、pH 值等密切相关。

邵平平研究了由 $MgSO_4$ 和 Na_2CO_3 在 283～363K 通过共沉淀法得到的碳酸镁水合物的组成和形貌随反应温度的变化规律，结果表明，在 283～313K 时，能得到棒状三水碳酸镁（$MgCO_3 \cdot 3H_2O$），当温度升高到 323K 时，产物由棒状三水碳酸镁变为球形碱式碳酸镁，$MgSO_4$ 的初始浓度和 Na_2CO_3 滴加速率对三水碳酸镁晶体形貌有明显的影响。此外，作者还针对我国丰富的硫酸镁资源，从工业化角度对连续法硫酸镁制备三水碳酸镁结晶工艺和动力学作了研究，给出了适宜的结晶工艺条件。研究表明，高过饱和度不利于三水碳酸镁晶体的生长；随着晶浆悬浮液密度的增加，晶体成核速率会显著增大而生长速率不变，这同样不利于晶体的生长，因此要想得到大的颗粒应该降低过饱和度和晶浆的悬浮液密度。

罗五魁等采用浓硫酸酸解菱镁矿，在 pH 值为 9.0 的条件下，以碳酸铵为沉淀剂，合成片状碱式碳酸镁，并以此为模板，制得 $MgCO_3 \cdot 3H_2O$。利用该方法制备的碳酸镁晶须（$MgCO_3 \cdot 3H_2O$）长度为 $150\mu m$，长径比为 25，但该方法工艺周期长，且会产生废液，需要对副产品废液进行处理。

为达到晶形调控目的，不同的添加剂被加入制备体系中，王万平等以氯化镁和碳酸氢铵为原料，加入 1% 的添加剂聚乙烯醇，在 60℃ 反应条件下得到直径分布范围较窄、晶须长径比较大的 $MgCO_3 \cdot 3H_2O$ 晶须。Guo 等以聚丙烯酰胺为添加剂合成出大颗粒放射状 $MgCO_3 \cdot 3H_2O$ 晶体。

闫平科等以 NH_4HCO_3 和 $MgCl_2 \cdot 6H_2O$ 或 $MgSO_4 \cdot 7H_2O$ 为原料，以磷酸氢二钠（Na_2HPO_4）、氯化钾（$AlCl_3$）、十二烷基苯磺酸钠（SDBS）、十六烷基三甲基溴化铵（CTAB）、磷酸氢二钠（DPS）、聚乙烯醇（PVA）、磷酸氢二钾（DKP）、磷酸二氢钾（AS）为表面活性剂，在反应温度为 50℃，反应时间为 60min 的条件下制备出放射、棒状、鱼翅状 $MgCO_3 \cdot 3H_2O$ 晶体。研究结果表明，表面活性剂种类和用量对三水碳酸镁晶体形貌的影响较为显著；有机表面活性剂容易造成晶须产品团聚，分散性差，所得产品长径比普遍较小；无机表面活性剂作用效果较好。

田朋在乙醇辅助下热解重镁水制备微纳米级棒状 $MgCO_3 \cdot 3H_2O$，就反应因素对制备微尺度碳酸镁的影响规律和机理做了研究。研究表明，结晶速度对产物尺寸起着关键的作用；调节碳酸氢镁热解过程中的搅拌时间，$MgCO_3 \cdot 3H_2O$ 在微纳米范围内尺寸可控。

杨晨等以氯化镁和纯碱反应，从成核、生长、二次过程和外场强化四个层次研究了三水碳酸镁结晶生长调控。研究表明，阴离子表明活性剂 SDS 对三水碳酸镁具有良好定向生长作用；同一条件下，搅拌时间和搅拌强度决定了产生晶核和剩余无定形物的数量，对颗粒尺寸起到调控作用。

吴丹等以 $MgCl_2 \cdot 6H_2O$ 和 NH_4HCO_3 为原料，采用低温水热法，在 $40\sim50℃$、陈化时间 3.0h，反应时间 70min 的条件下合成出长径比为 29.6 的一维棒状 $MgCO_3 \cdot 3H_2O$ 晶须，该实验条件适用于卤水资源体系。

王丽等以 $NH_3 \cdot H_2O$、$MgCl_2$ 溶液和 CO_2 为反应体系，利用超重力机（RPB），在 $40℃$，超重力机转速 800r/min、CO_2 体积分数 20%、$NH_3 \cdot H_2O$ 浓度 1.5mol/L 的反应条件下制备出平均直径 $1.16\mu m$、长径比 31 的棒状 $MgCO_3 \cdot 3H_2O$ 晶须。

刘家祥等以轻烧白云石为原料，通过水化碳化法制备重镁水溶液，调控温度和时间，获得了长度为 $40\sim80\mu m$ 的三水碳酸镁晶须。

沈蕊等以工业硫酸处理硼泥，经过除杂得到纯净的硫酸镁溶液，再以碳酸钠为沉淀剂，磷酸氢二钠为添加剂，在 $50℃$ 的反应条件下制备出直径为 $3\mu m$、平均长度 $30\mu m$ 的棒状 $MgCO_3 \cdot 3H_2O$ 晶须。

闫平科等以 $MgCl_2 \cdot 6H_2O$ 和 NH_4HCO_3 为反应原料，采用液相微波法，在微波辐照能量 400W、反应时间 6min 的条件下，制备出平均长度 $172\mu m$、长径比达 16.86 的棒状 $MgCO_3 \cdot 3H_2O$ 晶须，并初步探讨了微波效应与 $MgCO_3 \cdot 3H_2O$ 晶须的生长机理。

王素平等以工业氢氧化镁、CO_2 为原料，柠檬酸钠为添加剂，制备了高长径比的三水碳酸镁晶须。

综合来说，目前国内外主要采用共沉淀法制备三水碳酸镁晶须，即以可溶性镁盐为原料，然后加入可溶性碳酸盐作沉淀剂，这种工艺的不足之处在于：一是以化学试剂为原料，制备成本高；二是加入沉淀剂后会存在副产品问题，即需要对滤液进行处理。但如果以菱镁矿为原料，采用碳酸氢镁溶液热解法制备三水碳酸镁晶须，不仅原料廉价易得，并且工艺简单、流程短，还无须考虑滤液的处理问题，有利于工业的放大生产。

2.4.3　碱式碳酸镁制备研究现状

溶液体系中，碱式碳酸镁制备可分为直接制备法和间接制备法（先制备三水碳酸镁再热解）两大类。

直接制备法是指以固体矿或液体矿为原料先制得重镁水，再在高温下热解重镁水即可制得碱式碳酸镁；也可以在较高温度采用共沉淀法直接合成碱式碳酸镁。向反应结晶体系中引入 CO_3^{2-} 可以使氯化镁直接转化为碱式碳酸镁，因此可以通过反应结晶法在 $55\sim65℃$ 以上直接合成碱式碳酸镁，此法可以得到巢状和球形碱式碳酸镁。李庆等通过水热法合成了多孔玫瑰花瓣状碱式碳酸镁，并发现该花瓣状产品具有光致发光特性，在光学材料领域具有潜在用途。薛冬峰等以 $MgCl_2$ 和氨水为原料通过水热法合成了椭圆球状的碱式碳酸镁，颗粒表面光滑，并且具有由薄片组成的花状结构，作者认为这是由于碱式碳酸镁均相沉淀而发生组装造成，原料液的初始 pH 值为制备过程中的调控因素。Teir 则采用蛇纹石碳化法制取碱式碳酸镁，用以捕集 CO_2。由于磷酸阴离子在片状碱式碳酸镁自组装过程中的外延生长中有定向诱导的作用，添加磷酸类盐可以形成球形碱式碳酸镁颗粒等。杨晨通过氯化镁和纯碱反应结晶，并首次在 SDS 辅助作用下，于 $55℃$ 的低温合成了碱式碳酸镁微球，作者认为 SDS 的加入可以有效地抑制无定形纳米颗粒向三水碳酸镁生长，使其直接向碱式碳酸镁转变；此外，作者还在较高温度（$>60℃$）采用搅拌-陈化法，以及采用微波场强化，合成了碱式碳酸镁微球。何昌斌等以六水氯化镁和尿素为原料，并以 2% 的聚乙二醇-6000 为分散剂，采用均匀沉淀法制备出碱式碳酸镁纳米花。王国胜等以硼镁肥处理后所得硫酸镁为原料，采用碳铵法在 $55\sim100℃$ 制备出不同形貌的碱式碳酸镁，随着反应温度的升高，产物先后呈针状、絮状、片状、棉棒状，最终呈球状。王君等以产于安徽省金寨县张畈乡境内的白云石为原料，采用常压碳化法，并将碳化终点 pH 值控制在 $8\sim9$，制备了碱式碳酸镁，所得产品纯度高，转化率接近 90%。周大鹏等以 $MgCl_2 \cdot 6H_2O$ 和 $CO(NH_2)_2$ 为反应原料，采用均匀沉淀法在 100℃ 的反应条件下制备出粒度均匀、平均粒径为 40nm、分散性良好的球形纳米碱式碳酸镁。祁敏佳、杨晨等在微波外场下，利用 $MgCl_2$ 和 Na_2CO_3 或 $NaHCO_3$ 溶液反应结晶法直接合成由纳米片状组成的球状碱式碳酸镁，并分析了直接合成碱式碳酸镁过程为：絮状物→出现晶体→完全转变为球状碱式碳酸镁。王志强等以轻烧白云石粉料为原料，采用二次碳化法，制备了 MgO 含量为 42.25%、CaO 含量为 0.03% 的碱式碳酸镁。郭毅夫等以盐湖共生矿产为原料，采用均匀沉淀法合成了平均粒径为 396nm 的碱式碳酸镁粉体。阮恒等以硫酸镁和碳酸钾为原料，采用一步法制备了花瓣状球形碱式碳酸镁，并研究得出改性后对高密度聚乙烯（HDPE）具有优良的阻燃性能。吕亚娟等以六水氯化镁和碳酸钠为原料，乙二醇为介质，采用直接沉淀法制备了球形片状碱式碳酸镁纳米粉体。陈娟等以氯化镁为镁源，尿素、碳酸氢铵和碳酸氢钠为碱源，通过水热法分别制备了板片状、多孔花状和球状碱式碳酸镁，并以山梨醇为有机模板剂，通过均相沉淀法制备了长径比大于 100 的 $4MgCO_3 \cdot Mg(OH)_2 \cdot 4H_2O$ 型碱式碳酸镁晶须。付梦源等以 $MgCl_2 \cdot 6H_2O$ 和 $(NH_4)_2CO_3$ 为原料，采用沉淀结晶的方法，在 $80\sim90℃$，制备得到直径为 $10\sim20\mu m$、薄片厚度约为 50nm、由纳米片组成的片层花状 $4MgCO_3 \cdot Mg(OH)_2 \cdot 4H_2O$。郑利娜等以白云石碳化法为基本方法，在碳化过程中加入添加剂乙酰丙酮，并控制体系的 pH，得到了一种改良的钙镁分离方法，制备出 MgO>41.0%、CaO<0.63%、Fe≤0.05% 的高纯碱式碳酸镁。李慧芳等在十二烷基苯磺酸钠的辅助下，以 $MgCl_2 \cdot 6H_2O$ 和 Na_2CO_3 为原料，通过分段控温法在 120℃ 合成了直径为 $10\sim15\mu m$、表面致密的碱式碳酸镁微球。赵斌等以 $MgSO_4 \cdot 7H_2O$ 和 Na_2CO_3 为原料，在 85℃ 制备了玫瑰花样棒状碱式碳酸镁。

碱式碳酸镁在水溶液中稳定性比 $MgCO_3 \cdot 3H_2O$ 高，故可以通过 $MgCO_3 \cdot 3H_2O$ 相转移间接制备碱式碳酸镁。理论上这个转化过程在任何温度下均能发生，但温度较低时其转变速率极慢，董梅等研究发现当温度>50℃时，三水碳酸镁相转移形成碱式碳酸镁，通过先制备棒状 $MgCO_3 \cdot 3H_2O$ 再调节 pH 值和反应温度使其相转移可以获得棒状和管状碱式碳酸镁。翟学良等从可溶性镁盐经 $MgCO_3 \cdot 5H_2O$、$MgCO_3 \cdot 3H_2O$ 途径制备碱式盐的全过程进行系统研究发现产物受环境、温度及加热方式的影响比较大，故采用微波加热代替常规的水蒸气加热或水浴加热处理 $MgCO_3 \cdot 3H_2O$，得到了具有固定组成的均匀分散 $Mg_5(CO_3)_4(OH)_2 \cdot 4H_2O$ 片状细微晶体。日本 Mitsuhashi 等用控制晶体形貌的方法合成具有光催化载体功能的管状碱式碳酸镁，他们在 45℃ 下首先合成针状三水碳酸镁，再通过加热等条件控制合成具有"卡片箱"（house of cards）结构的碱式碳酸镁，该研究重现性较好。郝志华等以 $Mg(NO_3)_2$ 和 Na_2CO_3 为原料，在 80℃ 下反应得到具有卡片箱结构的棒状碱式碳酸镁，他们还通过热解法以硝酸镁和碳酸钠为原料制备出光滑棒状的三水碳酸镁悬浮液，继续加热至 80℃，维持 30min，得到了 $Mg_5(CO_3)_4(OH)_2 \cdot 4H_2O$。田朋在 50℃ 下通过乙醇辅助热解重镁水获得棒状 $MgCO_3 \cdot 3H_2O$，并将其在 80℃ 下热解得到分级结构碱式碳酸镁，160℃ 水热 $MgCO_3 \cdot 3H_2O$ 获得块状结构 $MgCO_3$。张英才等以氯化镁和碳酸氢铵为原料，采用液相法在 $10\sim90℃$ 合成出多孔（空腔直径 $8\sim150nm$）棒状（直径 $0.1\sim1.5\mu m$，长 $10\sim50\mu m$）碱式碳酸镁，研究发现反应初期首先形成带空腔的三水碳酸镁，经陈化后逐渐转变为碱式碳酸镁。谢英惠等用硫酸镁和纯碱合成了三水碳酸镁，考察了反应温度、加料浓度和速率、搅拌强度等工艺条件的影响，热解得到球形碱式碳酸镁。

综上所述，以可溶性镁盐、碳酸盐或碳酸氢盐等化学试剂为原料，采用沉淀法和水热法可以合成不同形貌碱式碳酸镁晶体，但该法存在速度慢、合成成本高、会产生含盐废水引发环境保护等问题。以菱镁矿、白云石等天然为原料制备碱式碳酸镁的方法具有原料廉价来源广泛、易于工业放大、高效高值利用矿产资源的优势，但制备温度普遍较高（80～100℃），关于晶体生长动力学研究尚显欠缺。

2.5　水合碳酸镁表面改性及应用研究现状

2.5.1　表面改性研究现状

无机粉体的表面改性是通过物理或化学方法将表面改性剂吸附在粉体的表面，形成憎水包膜，使其表面活化，从而改善无机粉体的表面性能。目前国内外关于碳酸钙、硫酸钙、碱式硫酸镁、氢氧化镁等无机粉体的表面改性研究报道较多，而关于水合碳酸镁改性的研究报道较少。水合碳酸镁是一种非常重要的功能性无机粉体，被广泛地应用于塑料、涂料、橡胶、造纸、化妆品、食品及医药等领域。水合碳酸镁表面原子较多、表面能高、极性强，其表面性质与非极性或弱极性的有机聚合物表面性质差异较大，两者相容性差，因此直接用其作为聚合物的填料时，容易导致复合材料的冲击强度、延伸率等力学加工性能下降。因此，为了进一步拓宽水合碳酸镁的应用范围，必须进行表面改性处理，以提高其与聚合物的相容性和分散性。

关于无机粉体表面改性的理论主要有以下四种：化学键理论、表面浸润理论、可变形层理论和约束层理论。

① 化学键理论认为偶联剂含有两种化学官能团，一种可以与填料表面原子形成化学键，另一种与聚合物分子键合，导致较强的界面结合力，提高填充复合材料的力学性能。

② 表面浸润理论认为高分子基体对填料的良好浸润性对复合材料的性能有重大影响。如果能将填料完全浸润，那么树脂对高能表面的物理吸附将提供高于有机树脂内聚强度的粘接强度。

③ 可变形层理论认为偶联剂改性填料表面可能择优成为吸附树脂中的配合剂，相间区域的不均衡固化可能导致一个比偶联剂在聚合物与填料之间的单分子层厚得多的柔树脂层，即变形层。它能松弛界面应力，防止界面裂缝的扩展，从而改善界面的结合强度。

④ 约束层理论认为在高模量粉体和低模量树脂之间的界面区域，若其模量在两者之间，则可均匀地传递应力。

为了提高无机粉体在复合材料中的分散性能和增强作用，以及改性无机粉体填充复合材料的物理性能，通常需要采用不同的改性方法以及不同种类表面改性剂对其进行表面改性，从而拓宽无机粉体的应用领域。表面改性剂是一种具有两性结构的物质，其分子中的一部分基团可与无机填料表面上的各种官能团反应，形成强有力的化学键合，另一部分基团可与有机高分子发生物理缠绕或化学反应。表面改性剂犹如具有特殊功能的分子桥，可以架在无机填料和有机高分子材料之间，使两种表面性质悬殊较大的材料紧密结合，形成新型复合材料。无机粉体的表面改性剂种类繁多，因此选择的范围大，具体选择时需要综合考虑颗粒的表面性质、改性产品的用途、质量要求、处理工艺以及表面改性剂的成本等因素。常见的表面改性剂有以下几种：

（1）偶联剂表面改性剂

偶联剂是一类两性结构物质，其分子结构的最大特点是分子中含有化学性质不同的两个基团：一个是亲无机物的基团，易与无机物表面起化学反应；另一个是亲有机物的基团，能与合成树脂或其他聚合物发生化学反应或生成氢键溶于其中。偶联剂能与纳米颗粒表面的羟基形成化学键，主要是 M—O 键。修饰后，纳米颗粒表面覆盖一层有机分子膜，能够明显改善其分散性能和流变性能。常用的有硅烷偶联剂、钛酸酯偶联剂、铝酸酯偶联剂、硼酸酯偶联剂和锡酸偶联剂等。但是，采用偶联剂作为改性剂时存在如下问题：一是不同种类偶联剂对不同的聚合物具有一定程度的选择性；二是在某些聚合物中使用时，偶联剂容易引起变色，储存或在塑料混炼加工过程中，易发生水解或分解；三是偶联剂市场价格较高，导致改性成本偏高。

（2）表面活性剂类改性剂

表面活性剂价格相对比较便宜，生产量大，种类繁多，容易获得。可以通过分子设计合成，或选择有特定性能的表面活性剂，以满足不同性能要求的改性粉体产品。改性剂产品主要包括阴离子表面活性剂、阳离子表面活性剂、两性离子表面活性剂和非离子表面活性剂等。

高级脂肪酸属于阴离子表面活性剂，用于粉体表面处理的主要是含有羟基、氨基、巯基的脂肪族、芳香族或含有芳烷基的脂肪酸。高级脂肪酸分子的一端为长链烷基（$C_{16} \sim C_{18}$），与聚合物分子结构相似，因此与聚合物的相容性较好。其另一端为亲水性基团如羟基、羧基，与无机粉体表面的金属离子能够发生化学反应，使粉体表面由亲水变为亲油。脂肪酸及其盐对无机粉体的表面改性机理为：脂肪酸（盐）首先以离子键的形式吸附在粉体表面活性最高的位置，脂肪酸和粉体表面的金属离子反应生成脂肪酸盐沉淀物，并逐步在颗粒表面形成一层膜，粉体颗粒间的距离增大，分子间力的相互作用减小，颗粒团聚现象减少，从而改善了无机粉体在油性基质中的分散性能。其改性过程主要分为三步：①脂肪酸根 $RCOO^-$ 从液相主体迁移到粉体粒子附近或与液相主体中的金属离子等反应生成难溶盐前驱体；②脂肪酸根 $RCOO^-$ 和裸露在粉体粒子表面的金属离子反应生成难溶盐，同时液相主体中的难溶前驱体迁移到粉体粒子表面；③难溶盐在粉体粒子表面成核并生长，将粉体粒子包覆起来，形成结合状态。

无机粉体的表面改性方法按其工艺主要分为干法改性、湿法改性和在线改性。

（1）干法改性

干法改性是指将干燥的待测粉体，加入适量的含有表面改性剂的惰性溶剂中，进行表面有机化，混合均匀后经干燥等处理，得到疏水无机粉体，从而使无机体与有机体完美相容。干法改性中常采用的改性剂为钛酸酯偶联剂、硅烷偶联剂和铝酸酯偶联剂等。相比于小分子表面活性剂，上述这些偶联剂具有更强的联结能力，其一端的亲水基团与无机颗粒结合，另一端的非极性基团与聚合物相互作用。钛酸酯偶联剂改性后的聚合物材料，其综合性能均得到较大改善。

（2）湿法改性

湿法改性是指先通过使用某种合适溶剂分散无机粉体，然后再加入表面改性剂的一种改性方法。阴离子表面活性剂在水中稳定性较好，一般均采用湿法改性，常见阴离子表面活性剂有硬脂酸、硬脂酸钙、硬脂酸钠、油酸钠、十二烷基磺酸钠等。桑艳霞等以 $MgSO_4$ 和 Na_2CO_3 为原料，采用共沉淀法制备了三水碳酸镁晶须，并以钛酸酯偶联剂为改性剂对自制的三水碳酸镁进行表面处理，考察了各因素对碳酸镁改性效果的影响，得出最佳条件为改性剂用量 2%（按晶须粉体干重计），料浆比 10%，改性时间 1h。但其改性后粉体的接触角较小，同时未对三水碳酸镁的表面改性机理进行深入分析。杨柏林等采用硬脂酸对轻质碳酸镁进行表面改性，研究了硬脂酸的用量、反应温度和反应时间对改性效果的影响。研究表明，硬脂酸对轻质碳酸镁进行改性能显著提高轻质碳酸镁的活化度、沉降体积，并有效降低其吸油值。

（3）在线改性

在线改性是指在粉体制备过程中引入表面改性剂的改性方法。该方法能够在粉体制备过程中就有效抑制其团聚，其工艺流程较简单，能耗成本较低，但必须严格控制其制备条件。詹升军等以氯化镁、氨水和表面改性剂为原料，采用"一步法"工艺在较温和的条件下进行改性，此工艺操作简单，但对改性剂含量与改性的质量难以控制，因此改性效果并未达到理想效果。

2.5.2　应用研究现状

目前，关于水合碳酸镁的应用报道较多，但多数都是关于碱式碳酸镁的应用，而关于三水碳酸镁的应用报道非常少。碱式碳酸镁的应用主要是用作补强材料以及阻燃剂。

碱式碳酸镁作为新型填料，比一般的无机填料质轻，将其应用到塑料、橡胶中时，能够明显改善复合材料的综合性能。

聚丙烯（PP）是国内外广泛使用的一种通用塑料，由具有良好的力学性能、耐热性和加工流动性以及突出的应力开裂性和耐磨性，同时还具有较长的弯曲疲劳寿命，优异的成纤性和优良的电性能。但是，聚丙烯低温易脆化，对缺口较敏感，成型收缩率大，易老化，因而不能作为结构材料使用，使其应用受到一定的限制。因此，通常需要通过共聚、共混、填充、增强等技术对聚丙烯进行改性以提高其性能，其中，对聚丙烯的填充增强改性是目前最有发展前景、应用最为广泛的改性方法。杨柏林等采用熔融共混法制备了聚丙烯（PP）/轻质碳酸镁复合材料。研究发现，二者复合后，复合体系的结晶度减小，冲击强度降低，产生了β球晶，使得复合体系的韧性增强。李建新等将氢氧化铝和碳酸镁复配添加到线性低密度聚乙烯中，使体系阻燃的温度范围变宽，当添加量为50％，氢氧化铝和碳酸镁的比例为4∶1时，体系的氧指数为26，优于单独使用氢氧化铝的情形。

此外，碱式碳酸镁分解温度为200～550℃，该范围大于氢氧化镁和氢氧化铝的分解温度范围。当复合材料燃烧时，碱式碳酸镁能分解吸热，不但可以释放出结晶水，还能释放难燃气体 CO_2 和水蒸气稀释燃烧物表面的氧气并降低了燃烧物表面的温度，并且会生成附着于燃烧物表面的活性氧化镁，进一步阻止燃烧的进行，因此具有防火阻燃的优异性能。由于碱式碳酸镁在降低可燃性方面具有很大优势，因此引起了研究者的广泛关注。

Morganl 等将菱镁矿、碱式碳酸镁和碱式碳酸镁/碳钙镁石添加到 EVA、EEA 中，两者阻燃性能得到了很大的提高。研究发现，颗粒大小和形貌是粉末的重要的特性之一，对环氧树脂的黏度和固化有重要影响，环氧树脂中加入表面疏松、有鳞片和微孔、不光滑的碱式碳酸镁颗粒后，其黏度和固化时间分别提高了 30.2％ 和 34.6％。王伟等将改性后的碱式碳酸镁加入低密度 LDPE/EVA（聚乙烯和乙烯-醋酸乙烯酯）中，制备阻燃复合材料，当加入的碱式碳酸镁的份数为 150 份时，阻燃复合材料的拉伸强度为 13.1MPa，弯曲强度为 5.0MPa，冲击强度为 3.27kJ/m²，断裂伸长率为 9.4％，氧指数为 31.6％。秦麟卿等将碱式碳酸镁[$4MgCO_3 \cdot Mg(OH)_2 \cdot 5H_2O$]应用于阻燃环氧树脂中，考察了颗粒形貌对环氧树脂黏度和固化时间的影响，发现微孔碱式碳酸镁能够显著提高环氧树脂的黏度、固化时间和氧指数，当碱式碳酸镁的添加量为 56.5％时，环氧树脂的氧指数达到 29.7。张俊等将改性的碱式碳酸镁添加到低密度聚乙烯（PE-LD）中，研究了碱式碳酸镁阻燃剂对 PE-LD 性能的影响，研究发现当阻燃剂添加量为 60％时，阻燃 PE-LD 的氧指数为 35％，拉伸强度为 18.1MPa，弯曲强度为 18.9MPa，弯曲弹性模量为 1067.9MPa，冲击强度为 10.4kJ/m²。LAOUTID 等将碱式碳酸镁应用于阻燃乙烯乙酸酯共聚物当中，研究表明当其添加量为

60％时，共聚物的氧指数达到了 29％。阮恒等采用硬脂酸和硬脂酸锌为复合改性剂，对一步法制备的花球状碱式碳酸镁进行表面处理后应用于 HDPE 中，结果表明改性后碱式碳酸镁对 HDPE 具有优良的阻燃性能。

碱式碳酸镁因与金属离子的结合力较强，选择性较高，以及具有密度低、活性位点多、无毒无污染、可再生、分离性能良好等优点，近年来，一些研究者将其应用于催化和吸附分离领域，研究结果显示了良好的应用前景。侯云峰等以碳酸镁为吸附剂，在镉离子初始浓度为 0～6mmol/L，初始 pH 值为 4 和 7 的条件下，研究了碳酸镁与镉离子的吸附与沉淀作用，结果表明碳酸镁与镉离子的作用机制随着镉离子浓度的增加，从离子交换发展为离子交换和表面配位反应并存，最后表现为表面沉淀。王恩民等利用碱式碳酸镁的催化功能及易分解特性，实现间苯二酚、甲醛的快速凝胶，炭化得到孔隙发达、轴向抗压强度达 9.4MPa 的整体式多孔炭（MCM-Mg）。谢发之等利用含碱式碳酸镁的聚丙烯酰胺凝胶膜为 DGT 新结合相，探讨了初始浓度、放置时间、pH 值及离子强度对组装后 DGT 吸附性能的影响，结果表明碱式碳酸镁-DGT 能准确测定不同水体中磷浓度。项其祥等研究证明碱式碳酸镁作为水相中痕量钍的吸附共沉淀剂具有某些优良的性能，使它能在测定海水中痕量钍方面得到应用。王国胜等以硼酸生产过程产生的母液为原料，采用碳铵法制备碱式碳酸镁，将其作为吸附剂，用于去除硼酸母液中的铁离子，该方法去除效果明显，去除率达到 99.93％，为解决母液零排放提供了依据。王秋雨等研究了碱式碳酸镁在安全气囊气体发生剂中的应用，结果表明碱式碳酸镁具有降低爆热、降低配方燃速、降低配方感度、提高气体发生器火焰试验质量而降低火星喷出四个方面的作用，并分析了其作用机理本质上与其高温下吸热分解生成水、二氧化碳和氧化镁有关系。樊河雲等采用碱式碳酸镁作为脱硫剂，使用钢渣为添加剂，通过实验室规模的鼓泡反应装置模拟烟气湿法脱硫过程，研究添加钢制对碱式碳酸镁脱硫性能的影响，结果表明，在模拟的烟气湿法脱硫反应过程中，添加钢渣能够有效地提高复合脱硫剂的比表面积，同时提高脱硫效率，但复合脱硫剂的硫容量较碱式碳酸镁低，分析认为钢渣中含有的金属氧化物水解后生成的固溶体催化了脱硫反应，这是复合脱硫剂脱硫效率升高的原因，但钢渣中活性成分较少导致了硫容率的下降。上述研究成果为碱式碳酸镁在重金属废水分离方面提供了良好的应用依据。

2.5.3 水合碳酸镁研究与应用存在的问题

尽管国内外关于水合碳酸镁的研究和开发已经做了大量工作，但在碱式碳酸镁和三水碳酸镁制备和生产技术方面尚存在如下问题：

① 三水碳酸镁制备技术仍处于实验室研究和开发阶段，尚未形成生产规模；理论上看，粒径均匀、高长径比纤维状三水碳酸镁会使复合材料具有更好的力学性能，而目前制备所得的三水碳酸镁粒径多数在微米级，粒径均匀性较差，长径比偏小，无法满足相关工业对其的需求，故尚未得到广泛的应用。

② 到目前为止，尚未见到对三水碳酸镁晶须的制备、改性及应用进行全面系统研究的报道，绝大部分报道属于单一制取三水碳酸镁晶体的方法或方案；此外，尚未见到系统研究不同种类添加剂在三水碳酸镁晶体生长过程中对晶体组成和形貌进行调控的报道。

③ 目前三水碳酸镁晶须多数以试剂为原料制备，而可作为制备原料的优质菱镁矿未能得到合理利用。目前尽管辽宁岫岩菱镁矿的开采和加工企业很多，但镁资源利用方面尚存在许多问题，产品技术含量低，附加值低，主要是加工成镁砂和菱镁矿原矿粉出售，致使大量优质矿产资源大量浪费，经济效益低。

④ 碱式碳酸镁的制备温度较高，多数在 80～100℃，这对设备要求较高，且目前所得碱式碳酸镁大部分为轻质碳酸镁，品质较为粗糙。

2.6 水合碳酸镁的发展趋势

菱镁矿（$MgCO_3$）是保障国家经济社会发展的重要矿产资源，是镁工业的主要原材料。据美国地质调查局公布数据，2014 年全球菱镁矿储量 240 亿吨，中国储量 50 亿吨，占比达 20.83%，位居世界第二位，主要分布在辽宁和山东，其中辽宁查明资源储量 35.16 亿吨，约占全国菱镁矿总储量的 70%。目前水合碳酸镁主要以可溶性镁盐和碳酸盐等化学试剂为原料采用共沉淀法合成，存在合成成本高、副产物易引发环境污染、经济效益差等问题。基于我国菱镁矿资源丰富且品质优良这一资源优势，显而易见，利用菱镁矿作为镁源制备水合碳酸镁具有原料廉价易得、来源广泛的优点，因此水合碳酸镁的发展方向与前景趋势如下：

① 从资源利用角度，我国拥有丰富的菱镁矿资源，而目前水合碳酸镁主要以化学试剂为原料制备，其生产成本高，难以实现工业化生产。以辽宁省优质菱镁矿为原料制备水合碳酸镁，将低廉的原料转化为高附加值产品，为菱镁矿资源的开发利用开辟新的途径，使菱镁矿的资源优势变成制取高科技新材料的产业优势，可以提高菱镁矿的利用价值，对于促进矿产资源综合利用具有积极意义。

② 从产品开发角度，简化制备水合碳酸镁的工艺流程，在温和的条件下，采用廉价的工业设备制备出特殊形貌和晶型的精细化微纳米水合碳酸镁，不仅能够适应市场的迫切需求，而且能够降低生产成本，提高产品的市场竞争力。

③ 从理论研究角度，产品的形貌对其物理和化学性质有很大的影响，因此形貌和尺寸可控的水合碳酸镁的设计、制备与应用必将成为研究的热点和难点，这也是现代无机功能材料发展的一个重要方向，具有广阔的研究价值和发展前景。

综上所述，合理开发和利用辽宁地区优质菱镁矿，生产出高附加值、绿色环保型的微纳米水合碳酸镁产品，满足市场的多重性要求，变资源优势为经济优势，对振兴东北老工业基地和可持续发展都具有重要意义。

参 考 文 献

[1] 宋彩霞. 无机微纳米晶的合成、组装及性能研究 [D]. 青岛：青岛科技大学，2010.

[2] 左白艳. 无机微纳米材料的液相合成与形貌调控 [D]. 上海：华东师范大学，2012.

[3] 丁燕鸿. 微/纳米二氧化硅形貌结构调控及其复合材料研究 [D]. 长沙：中南大学，2012.

[4] 曹茂盛. 超微颗粒制备科学与技术 [M]. 哈尔滨：哈尔滨工业大学出版社，1998.

[5] Huang K, Rzayev J. Charge and size selective molecular transport by amphiphilic organic nanotubes [J]. Journal of the American Chemical Society, 2011, 133 (42)：16726-16729.

[6] Feng D H, Jia T Q, Li X X, et al. Catalytic synthesis and photoluminescence of needle-shaped 3C-SiC nanowires [J]. Solid State Communications, 2003, 128 (8)：295-297.

[7] 朱彦武，陈喜红，陈耀锋，等. 超细氧化硅纳米线阵列的制备和发光特性 [J]. 发光学报，2004，25 (2)：173-177.

[8] 李新勇，李树本. 纳米半导体研究进展 [J]. 化学进展，1996，8 (3)：231-239.

[9] 王中林. 压电电子学和压电光电子学 [J]. 物理，2010，59 (8)：555-557.

[10] Wang H L, Song J H. Piezoelectric nanogenerators based on zinc oxide nanowire arrays [J]. Science, 2006, 312 (5771)：242-246.

[11] 王晓丽，刘谦，于鹤龙. 纳米铜自修复添加剂的制备及其摩擦学性能 [J]. 粉末冶金材料科学与工程，2006，11 (6)：337-340.

[12] 谢学兵，陈国需，孙霞. 润滑油纳米 TiO_2 添加剂的摩擦自修复及其性能研究 [J]. 中国表面工程，2008，21 (2)：36-40.

[13] 李柯，王胞，何显儒. 纳米粒子作为润滑油添加剂的应用现状 [J]. 纳米科技，2010，7 (2)：6-9.

[14] Joo S H, Ryoo R, Kruk M, et al. Evidence for general nature of pore interconnectivity in 2-dimensional hexagonal mesoporous silicas prepared using block copolymer templates [J]. Journal of Physical Chemistry B, 2002, 106

(18)：4640-4646.

[15] An X H，Meng G W，Wei Q，et al. SiO₂ nanowires growing on hexagonally arranged circular patterns surrounded by TiO₂ films [J]. Journal of Physical Chemistry B，2006，110 (1)：222-226.

[16] Zhang Z J，Wang L M，Wang J，et al. Theranostics：mesoporous silica-coated gold nanorods as a light -mediated multifunctional theranostic platform for cancer treatment [J]. Advanced Materials，2012，24 (11)：1349-1349.

[17] 赵东林，沈曾民. 炭纤维及其复合材料的吸波性能和吸波机理 [J]. 新型炭材料，2001，16 (2)：66-72.

[18] 黎炎图，黄小忠，杜作娟，等. 结构吸波纤维及其复合材料的研究进展 [J]. 材料导报，2010，24 (4)：76-79.

[19] 吴光杰，王海宝. 纳米陶瓷及其在轴承工业中的应用 [J]. 西南民族大学学报（自然科学版），2003，29 (3)：431-343.

[20] 丁燕鸿. SiC晶须增韧碳氮化钛基金属陶瓷切削刀片及其制备方法：ZL200710034792.4 [P]. 2009-09-30.

[21] 赵洪国，胡海华，宋中勤，等. 改性纳米二氧化硅对丁腈橡胶的补强作用 [J]. 世界橡胶工业，2010，37 (2)：13-15.

[22] 郑艳红，蔡楚江，沈志刚，等. 微纳米SiO₂/PP复合材料增强增韧的实验研究 [J]. 复合材料学报，2007，24 (6)：19-25.

[23] 丁燕鸿，刘建文. SiC晶须增韧Ti (C, N) 基金属陶瓷复合材料的研究 [J]. 粉末冶金技术，2007，4 (25)：256-265.

[24] 闫平科，马正先，高玉娟. 碳酸镁晶须的研究进展概述 [J]. 中国非金属矿工业导刊，2009 (3)：23-25.

[25] 杨晨. 多晶相水合碳酸镁结晶生长过程调控研究 [D]. 上海：华东理工大学，2013.

[26] 邵平平，李志宝，密建国. 碳酸镁水合物在283～363K范围内的晶体组成及晶型 [J]. 过程工程学报，2009，9 (3)：520-525.

[27] 刘百年，周相廷，崔秀山，等. 五水合碳酸镁——具有新的配位方式的一种无机盐水合物 [J]. 有色金属，1989，41 (4)：77-81.

[28] 刘百年，周相廷，崔秀山，等. MgCO₃·5H₂O晶体的合成及晶体结构的研究 [J]. 中国科学（B辑），1989，12：1302-1308.

[29] 王余莲，印万忠，钟文兴，等. 花状五水合碳酸镁的制备及形成机理研究 [J]. 东北大学学报（自然科学版），2013，12：1783-1786.

[30] 宋兴福，杨晨，汪瑾，等. 碳酸氢钠调控五水碳酸镁的合成 [J]. 化工学报，2014，9：164-170.

[31] 王斌，闫平科，高玉娟，等. 微米级三水碳酸镁晶须的合成研究 [J]. 中国非金属矿工业导刊，2011，3：26-28.

[32] 陆彩云，陈敏，李月圆，等. 由低品位菱镁矿制备高纯碳酸镁的研究 [J]. 矿冶工程，2011，31 (1)：50-53.

[33] 杨柏林，胡跃鑫，雷良才，等. 硬脂酸对轻质碳酸镁改性的研究 [J]. 当代化工，2013，42 (7)：897-900.

[34] 闫平科，薛国梁，高玉娟，等. 碳酸镁晶须演变过程研究 [J]. 硅酸盐通报，2014，33 (1)：133-138.

[35] Ren H G，Chen Z，Wu Y L，et al. Thermal characterization and kinetic analysis of nesquehonite，hydromagnesite，and brucite，using TG-DTG and DSC techniques [J]. Journal of Thermal Analysis and Calorimetry，2014. 115 (2)：1949-1960.

[36] 王斌，闫平科，田海山. 温度对三水碳酸镁晶须制备的影响 [J]. 中国非金属矿工业导刊，2011，5：19-21.

[37] Yang C，Song X F，Sun S Y，et al. Effects of sodium dodecyl sulfate on the oriented growth of nesquehonite whiskers [J]. Advanced Powder Technology，2013，24：585-592.

[38] 胡庆福. 镁化合物生产与应用 [M]. 北京：化学工业出版社，2004.

[39] 白云山，刘太宏，刘振. 铵浸法由白云石制备高纯度碳酸钙和氧化镁 [J]. 无机盐工业，2005，37 (2)：27-29.

[40] 代厚全，骆开均，张万成. 从蛇纹石制备轻质碳酸镁和轻质氧化镁的扩试研究 [J]. 四川师范大学学报，1998，21 (2)：192-195.

[41] 骆开均，代厚全. 从蛇纹石制各轻质碳酸镁和轻质氧化镁的新方法 [J]. 四川师范大学学报（自然科学版），1993，16 (6)：83-86.

[42] 鲜海洋，姜延鹏，彭同江，等. 以温石棉尾矿为镁源制备碱式碳酸镁晶须 [J]. 非金属矿，2011，34 (5)：1-7.

[43] 吕品. 由七水硫酸镁生产碳酸镁和氧化镁 [J]. 辽宁化工，2000，29 (1)：18-19.

[44] 王关清. 纯碱法生产氧化镁 [J]. 无机盐工业，1987 (4)：13-16.

[45] Genth F A，Penfield S L. Am [J]. J Sc，1890，39：121-137.

[46] Hill R J，et al. Mineral [J]. Mag，1982，46：453-457.

[47] Kloprogge J T，Martens W N，Nothdurft L，et al. Low temperature synthesis and characterization of nesquehonite [J]. Journal of Materials Science Letters，2003，22：825-829.

[48] Mitsuhashi K，Tagami N，Tanabe K. Synthesis of microtubes with a surface of "house of cards" structure via needlelike particles and control of their pore size [J]. Langmuir，2005，21：3659-3663.

[49] Vágvölgyi V，Hales M，Frost R L，et al. Conventional and controlled rate thermal analysis of nesquehonite Mg(HCO$_3$)(OH)·2(H$_2$O) [J]. Journal of Thermal Analysis and Calorimetry，2008，94 (2)：523-528.

[50] Wang Y，Li Z B. Demopoulos GR controlled precipitation of nesquehonite (MgCO$_3$·3H$_2$O) by the reaction of MgCl$_2$ with (NH$_4$)$_2$CO$_3$ [J]. Journal of Crystal Growth，2008，310 (6)：1220-1227.

[51] 王晓丽. 氧化镁晶须的制备工艺研究 [D]. 大连：大连理工大学，2006.

[52] 陈敏，李月圆，王健东，等. 利用菱镁矿制备碳酸镁晶须 [J]. 硅酸盐学报，2009，37 (10)：1649-1653.

[53] 邵明浩，史永刚，胡泽善. 碳酸镁晶须的制备、表征与分析方法 [J]. 后勤工程学院学报，2008，24 (1)：37-40.

[54] Wang X L，Xue D F. Direct observation of the shape evolution of MgO whiskers in a solution system [J]. Materials Letters，2006，60 (9)：3160-3164.

[55] 薛冬峰，邹龙江，闫小星，等. 氧化镁晶须制备及影响因素考查 [J]. 大连理工大学学报，2007，47 (4)：488-492.

[56] Zhang Z P，Zheng Y J，Ni Y W. Temperature and pH-dependent morphology and FT-IR analysis of magnesium carbonate hydrates [J]. Journal of. Physical Chemistry B，2006，110：12969-12973.

[57] Zhang Z P，Zheng Y J，Zhang J X，et al. Synthesis and shape evolution of monodisperse basic magnesium carbonate microspheres [J]. Journal of Crystal Growth Design，2007，7：337-342.

[58] 郑亚君，党利琴，张智平，等. 搅拌时间对水合碳酸镁形貌和组成的影响 [J]. 精细化工，2007，24 (9)：836-837.

[59] 邵平平. 硫酸镁制备三水碳酸镁影响因素及结晶动力学研究 [D]. 北京：北京化工大学，2010.

[60] 罗五魁，杜淼，刘振，等. 由菱镁矿制备氧化镁晶须的工艺研究 [J]. 非金属矿，2008，31 (6)：25.

[61] 王万平，张懿. 碳酸盐热解法制备氧化镁晶须 [J]. 硅酸盐学报，2002，30：93-95.

[62] Guo M，Li Q，Ye X S，et al. Magnesium carbonate precipitation under the influence of polyacrylamide [J]. Advanced Powder Technology，2010，200 (1-2)：46-51.

[63] 闫平科，田海山，高玉娟，等. 高长径比三水碳酸镁晶须的合成研究 [J]. 人工晶体学报，2012，41 (1)：158-164.

[64] 闫平科，薛国梁，高玉娟，等. 表面活性剂对三水碳酸镁晶须形貌的影响研究 [J]. 硅酸盐通报，2013，32 (9)：1729-1740.

[65] 闫平科，田海山，高玉娟，等. 反应物浓度对三水碳酸镁晶体生长形貌的影响研究 [J]. 硅酸盐通报，2013，32 (12)：2568-2577.

[66] 闫平科，田海山，卢智强，等. AlCl$_3$ 对三水碳酸镁晶体结晶形貌的影响研究 [J]. 硅酸盐通报，2014，33 (1)：27-30.

[67] 田朋. 碳酸镁模板化制备复杂微纳米结构及性能表征 [D]. 大连：大连理工大学，2013.

[68] 吴丹，王玉琪，武海虹，等. 三水碳酸镁合成与形貌演变过程研究 [J]. 人工晶体学报，2014，43 (3)：606-613.

[69] 王丽，孙宝昌，周海军，等. 超重力法制备三水碳酸镁晶须 [J]. 北京化工大学学报（自然科学版），2014，41 (2)：13-18.

[70] 沈蕊，杨洪波，李花，等. 利用硼泥制备三水碳酸镁晶须 [J]. 人工晶体学报，2014，43 (4)：991-996.

[71] 闫平科，薛国梁，高玉娟，等. 液相微波合成三水碳酸镁晶须的研究 [J]. 硅酸盐通报，2013，32 (7)：1248-1257.

[72] 周相廷，刘丽艳，翟学良. 碱式碳酸镁前驱状态的研究 [J]. 化学试剂，1999，21 (3)：135-137.

[73] 王秋雨，范智，付文斌，等. 关于碱式碳酸镁在气体发生剂中的作用研究 [J]. 当代化工，2015，44 (9)：2140-2142，2145.

[74] 王恩民，李文翠，雷成. 碱式碳酸镁催化酚醛聚合制备多孔炭及其 CO$_2$ 吸附性能 [J].2015，66 (7)：2565-2572.

[75] 樊河雲，李瑛，赖立跌，等. 钢渣/碱式碳酸镁新型复合脱硫剂的性能研究 [J]. 工业加热，2017，46 (4)：47-51.

[76] 谢发之，胡婷婷，付浩瀚，等. 碱式碳酸镁为新结合相的薄膜梯度扩散技术原位富集测定富营养水体中的磷 [J]. 分析化学研究报告，2016，44 (6)：965-969.

[77] 侯云峰，刘辉利，郑荷花，等. 碳酸镁与镉离子的吸附和沉淀作用研究 [J]. 工业安全与环保，2018，44 (4)：78-82.

[78] 王国胜，王迪，张天天. 利用硼酸母液制备碱式碳酸镁并用于母液除铁的研究 [J].2017，49 (5)：61-63.

[79] Zhang Z，Zheng Y，Chen J，et al. Facile synthesis of mono disperse magnesium oxide microspheres via seed-induced

precipitation and their applications in high-performance liquid chromatography [J]. Journal of Advanced Functional Materials，2007，17：2447-2454.

[80]　杨晨，宋兴福，黄姗姗，等. 十二烷基硫酸钠辅助下低温合成碱式碳酸镁微球 [J]. 无机化学学报，2012，28 (4)：757-762.

[81]　何昌斌，王宝和. 基于薄层干燥模型的碱式碳酸镁纳米花干燥动力学研究 [J]. 干燥技术与设备，2010，8 (6)：264-266.

[82]　王国胜，王蕾，曹颖，等. 反应温度对碱式碳酸镁结构及晶形影响的研究 [J]. 无机盐工业，2011，43 (3)：31-33.

[83]　王君，徐国财. 利用白云石制备碱式碳酸镁的实验研究 [J]. 中国非金属矿工业导刊，2004，3：20-21.

[84]　周大鹏，杜志平，赵永红，等. 均匀沉淀法制备纳米碱式碳酸镁粉体的研究 [J]. 盐业与化工，2009，38 (1)：21-23.

[85]　祁敏佳，宋兴福，杨晨，等. 微波对碱式碳酸镁结晶过程的影响 [J]. 无机化学学报，2012，28 (1)：1-7.

[86]　杨晨，杨小波，郑东，等. 微波作用下反应结晶制备碱式碳酸镁 [J]. 无机盐工业，2011，43 (6)：20-23，31.

[87]　Hopkinson L，Rutt K，Gressey G. The transformation of nesquehonite in the system CaO-MgO-H_2O-CO_2 an experimental spectroscopic study [J]. J Geo 2008，116 (4)：387-400.

[88]　张黎黎，刘家祥，李敏. 不同热解条件对碱式碳酸镁晶体形貌的影响 [J]. 硅酸盐学报，2008，36 (9)：1310-1314.

[89]　董梅，程文婷，李志宝，等. 三水碳酸镁（$MgCO_3 \cdot 3H_2O$）在 NaCl-NH_4Cl-H_2O 卤水体系中溶解度的研究 [J]. 中国稀土学报，2008，26 (8)：759-762.

[90]　翟学良，周相廷，张越. 微波制备均匀分散定组成 $Mg_5(CO_3)_4(OH)_2 \cdot 4H_2O$ [J]. 化学试剂，1999，21 (1)：4-5，31.

[91]　Mitsuhashi K，Tagami N，Tanabe K，el al. Synthesis and properties of a microtube photocatalyst with photoactive inner surface and inert outer surface [J]. Journal of Photochemistry and Photobiology A：Chemistry，2007，185 (2-3)：133-139.

[92]　Hao Z H，Pan J，Du F L. Synthesis of basic magnesium carbonate microrods with a surface of "house of cards" structure [J]. Materials Letters，2009，63 (12)：985-988.

[93]　Hao Z H，Du F L. Synthesis of basic magnesium carbonate microrods with a "house of cards" surface structure using rod-like particle template [J]. Journal of Physics and Chemistry of Solids，2009，70 (2)：401-404.

[94]　陈娟，黄志良，陈常连，等. 碱式碳酸镁晶须的均相沉淀法制备及其生长机理研究 [J]. 武汉工程大学学报，2015，37 (12)：16-20.

[95]　陈娟，黄小雨，黄志良. 不同碱源对碱式碳酸镁晶形的影响 [J]. 材料保护，2016，49：196-197.

[96]　李慧芳，仲剑初. 十二烷基苯磺酸钠作为添加剂制备球形碱式碳酸镁 [J]. 无机盐工业，2017，49 (2)：39-42.

[97]　阮恒，黄尚顺，桑艳霞，等. 花状碱式碳酸镁的合成及其阻燃性能 [J]. 化工技术与开发，2016，45 (6)：13-16.

[98]　赵丽娜. 碳酸钙的形貌控制及表面改性研究 [D]. 长春：吉林大学，2009.

[99]　李丽匣. 碳酸钙晶须一步碳化法制备及应用研究 [D]. 沈阳：东北大学，2008.

[100]　刘俊康，倪忠斌，冯骏晴，等. 纳米碳酸钙的改性及在硬聚氯乙烯中的应用 [J]. 江南大学学报（自然科学版），2006，5 (5)：573-575，580.

[101]　刘立华. 硬脂酸镁改性碳酸钙研究 [J]. 清洗世界，2011，27 (12)：9-14.

[102]　张连红. 硫酸钙晶须制备及应用研究 [D]. 沈阳：东北大学，2010.

[103]　印万忠，王晓丽，韩跃新，等. 硫酸钙晶须的表面改性研究 [J]. 东北大学学报（自然科学版），2007，28 (4)：580-583.

[104]　姜玉芝. 碱式硫酸镁和氢氧化镁晶须的制备及应用研究 [D]. 沈阳：东北大学，2006.

[105]　高传慧. 碱式硫酸镁晶须的合成及表面改性研究 [D]. 青岛：中国海洋大学，2010.

[106]　韩跃新，李丽匣，印万忠，等. 碱式硫酸镁晶须的表面改性 [J]. 东北大学学报（自然科学版），2009，30 (1)：133-136.

[107]　童柯锋，杨小波，杨冬冬，等. 硬脂酸改性氢氧化镁分散性能的研究 [J]. 盐业与化工，2013 (11)：32-38.

[108]　胡晓瑜，韩充，朱晓龙，等. 氢氧化镁晶须制备表征及改性研究 [J]. 无机盐工业，2013，45 (9)：15-17.

[109]　武汉大学，等校. 无机化学 [M]. 北京：高等教育出版社，1994.

[110]　邵长生，沈钟，孙洪流，等. $CaCO_3$ 的表面改性及其在橡胶中的应用 [J]. 江苏化工，1996，24 (4)：16-20.

[111]　胡庆福，胡晓波，宋丽英，等. 沉淀碳酸钙制造及其改性处理技术 [J]. 非金属矿，1999，2：33-35.

[112]　张毅，马秀清，金日光，等. 纳米 $CaCO_3$ 的表面改性及其与聚合物基的复合 [J]. 塑料，2003，32 (3)：

59-64.

[113] 裴锋，陈烨璞．用于碳酸钙表面改性的改性剂的研究进展 [J]．化工矿物与加工，2004，33（6）：3-6.

[114] Feng B，Yong A K，An H. Effect of various factors on the particle size of calcium carbonate formed in a precipitated process [J]. Materials Science and Engineering A，2007，445-446：170-179.

[115] Samuel I S，Paul V B. Molecular manipulation of microstructures：biomaterials，ceramics，and semiconductors [J]. Science，1997，277（5330）：1242-1248.

[116] Rao A V，Kulkarni M M，Amalnerkar D P，et al. Surface chemical modification of silica aerogels using various alkyl-alkoxy/chloro silanes [J]. Applied Surface Science，2003，206（l-4）：262-270.

[117] 温晓昃，包建军，刘艳．Mg（OH）$_2$ 表面处理对 LDPE 力学性能及加工性的影响 [J]．塑料工业，2006，34（4）：40-43.

[118] 桑艳霞．镁系阻燃剂的制备与表面改性研究 [D]．南宁：广西大学，2012.

[119] 杨柏林，胡跃鑫，雷良才，等．硬脂酸对轻质碳酸镁改性的研究 [J]．当代化工，2013，42（7）：897-900.

[120] 詹升军，杨保俊，刘元声，等．由氯化镁一步法制备阻燃氢氧化镁的工艺研究 [J]．合肥工业大学学报（自然科学版），2009，32（6）：833-836.

[121] 高长云，辛振祥．纳米碳酸钙改性聚丙烯力学性能及微观形态的研究 [J]．塑料工业，2010，38（11）：28-30，54.

[122] 朱德钦，生瑜，王剑峰．PP/EPDM/CaCO$_3$ 三元复合材料的相结构及力学性能研究 [J]．高分子学报，2008，11（11）：1061-1067.

[123] 徐笑非，王小华，宁艳梅，等．纳米碳酸钙微粒填充聚丙烯复合材料的力学性能和结晶行为的研究 [J]．分析测试技术与仪器，2003，9（3）：155-158.

[124] 姚军龙，胡强，高琳．改性滑石粉增强增韧聚丙烯研究 [J]．江汉大学学报（自然科学版），2014，42（2）：45-48.

[125] 姜玉芝，张丽丽，张忠阳，等．碱式硫酸镁晶须/聚丙烯复合材料力学性能的研究 [J]．2012，31（4）：60-63，71.

[126] 王扬丹，彭履瑶，王莹，等．纳米碳酸钙对 PP/SEBS 结晶和力学性能的影响 [J]．工程塑料应用，2013，41（10）：101-104.

[127] 廖明义，隗学礼．镁盐晶须增强聚丙烯力学性能研究 [J]．工程塑料应用，2000，28（1）：12-14.

[128] 杨柏林，雷良才，胡跃鑫，等．轻质碳酸镁对 PP 结晶行为的影响 [J]．塑料科技，2013，41（5）：61-65.

[129] 李建新，吴洁，孙洪巍．碳酸镁与氢氧化铝复配阻燃聚乙烯性能研究 [J]．河南师范大学学报（自然科学版），2009，37（4）：92-94.

[130] Hollingbery L A，Hull T R. The thermal decomposition of huntite and hydromagnisite-A review [J]. Thermochimica Acta，2010，509（1-2）：1-11.

[131] Rigolo M，Woodhams R T Basic magnesium carbonate flame retardants for polypropylene [J]. Polymer Engineering and Science，1992，32（5）：327-334.

[132] Laoutid F，Bonnaud L，Alexandre M，et al. New prospects in flame retardant polymer materials：From fundamentals to nanocomposites [J]. Materials Science & Engineering R，2009，63（3）：100-125.

[133] Zhang J，Wilkie C A. Fire retardancy of polypropylene-metal hydroxide nano composites [M]. Beijing：American Chemical Society，2005.

[134] Morganl A B，Cogent J M，Opperman R S，et al. The effectiveness of magnesium carbonate-based flame retardants for poly（ethylene-co-vinyl acetate）and poly（ethylene-co-ethyl acrylate）[J]. Fire and Materials，2007，31（6）：387-410.

[135] 王伟，江艳，张俊，等．碱式碳酸镁阻燃 LDPE/EVA 的性能研究 [J]．应用化工，2012，41（6）：1106-1108.

[136] 秦麟卿，刘以波，黄志雄，等．碱式碳酸镁阻燃环氧树脂的研究 [J]．武汉理工大学学报，2008，30（4）：19-23.

[137] 张俊，胡珊，韩宏昌，等．碱式碳酸镁阻燃低密度聚乙烯的性能研究 [J]．工程塑料与应用，2011，39（8）：11-13.

[138] 李承元．国内外菱镁矿资源开发应用现状及展望 [J]．世界有色金属，1997，12（12）：30-34.

[139] Li S W，Xu J H，Luo G S Control of crystal morphology through supersaturation ratio and mixing conditions [J]. Journal of Crystal Growth，2007，304：219-224.

[140] Genoveva G R，Enrique O R，Teresita R GE，et al. The influence of agitation speed on the morphology and size particle synthesis of Zr（HPO$_4$）$_2$ [J]. Journal of Minerals & Materials characterization & Engineering，2007，6（1）：39-51.

[141]　王万平，张懿．一种制备碳酸镁晶须的方法：CN02121351.8 [P]．2003-12-31.

[142]　马洁，李春忠，陈雪花，等．糖类添加剂对纳米碳酸钙形貌的影响 [J]．华东理工大学学报（自然科学版），2005，31（6）：817-820.

[143]　陈庆春，刘晓东，邓慧宇．添加剂和温度对氧化锌形貌的影响研究 [J]．无机盐工业，2005，37（10）：34-36.

[144]　张兆响，沈智奇，凌凤香，等．硝酸钠添加剂对氧化铝形貌的影响 [J]．石油炼制与化工，2013，44（9）：47-50.

[145]　杨亚囡，朱晓丽，孔祥正．沉淀反应制备碳酸钙粒子及其形貌和结构控制 [J]．无机材料学报，2013，28（12）：1313-1320.

3

菱镁矿法制备 $Mg(HCO_3)_2$ 溶液

3.1 原料与制备过程

3.1.1 原料与设备

3.1.1.1 原料

试验所用的原料为辽宁丹东菱镁矿,其化学组成如表 3-1 所示,图 3-1 为菱镁矿原矿的 XRD 图。

表 3-1 菱镁矿的化学组成

组分	MgO	SiO_2	CaO	其他
含量/%	47.61	0.66	0.50	51.23

从表 3-1 中可知菱镁矿原矿中 MgO 的含量达 47.61%,其理论含量为 47.81%,由此可计算出试验所用菱镁矿的纯度为 99.58%。从图 3-1 中可以看出,衍射峰强度高,半峰宽比较小,衍射峰均为 $MgCO_3$,说明原矿纯度高。

3.1.1.2 设备

试验过程中使用的主要化学试剂和设备如表 3-2 和表 3-3 所示。

表 3-2 主要化学药品

药品名称	分子式	分子量	规格	生产厂家
柠檬酸	$C_6H_8O_7 \cdot H_2O$	210.14	AR	沈阳力诚试剂厂
酚酞	$C_{20}H_{14}O_4$	318.33	AR	沈阳力诚试剂厂
无水乙醇	CH_3CH_2OH	46.07	AR	天津市富宇精细化工有限公司
浓盐酸	HCl	36.5	AR	北京化工厂
二氧化碳	CO_2	48	—	沈阳景泉气体厂
蒸馏水	H_2O	18	—	东北大学矿物加工所

表 3-3 主要试验仪器设备

仪器名称	型号	生产厂家
FA/JA 电子天平	FA2004	上海越平科学仪器有限公司
数显电动搅拌器	JJ-1	常州澳华仪器有限公司
数显恒温水浴锅	HH-S/1	常州澳华仪器有限公司
循环水式多用真空泵	SHB-Ⅲ	郑州长城科工贸有限公司
数控超声波清洗器	KQ-2500DE	昆山市超声仪器有限公司
pH 计	Phs-25	上海盛磁仪器厂

仪器名称	型号	生产厂家
电导率仪	DDS-11A	上海盛磁仪器厂
CO₂ 钢瓶	JX91	沈阳景泉气体厂
玻璃转子流量计	LZB-3	沈阳正兴流量仪表有限公司
马弗炉	XMT-C800	沈阳节能电炉厂
电热真空干燥箱	DZ-2BC	天津市泰斯特仪器有限公司

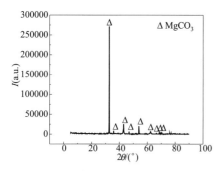

图 3-1　菱镁矿原矿的 XRD 图

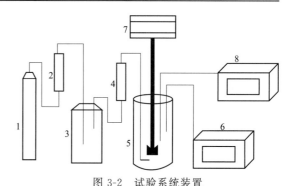

图 3-2　试验系统装置

1—CO₂ 钢瓶；2，4—流量计；3—缓冲瓶；5—反应
器；6—电导率仪；7—电动搅拌机；8—pH 计

试验系统装置如图 3-2 所示，试验过程如下：将氧化镁与水在电动搅拌机下搅拌进行水化反应，然后将 CO₂ 钢瓶的 CO₂ 通入至水化所得浆液，同时搅拌发生碳化反应，用流量计监控反应过程中通入的 CO₂ 的量，水化和碳化反应过程中均采用 pH 计和电导率仪来控制两个反应的终点。

3.1.2　制备过程

利用菱镁矿制备 Mg(HCO₃)₂ 溶液主要包括菱镁矿煅烧、轻烧氧化镁水化和氢氧化镁悬浊液碳化三个过程，分别如下所示：

（1）菱镁矿煅烧

将菱镁矿在马弗炉内于 600℃、650℃、700℃、750℃、800℃、850℃、900℃ 各个温度下分别煅烧 1.0h、2.0h、3.0h、4.0h、5.0h 制得轻烧氧化镁。在煅烧过程中主要发生如下化学反应：

$$MgCO_3 \rightleftharpoons MgO + CO_2 \tag{3-1}$$

据煅烧前后菱镁矿质量差计算菱镁矿煅烧的分解率，并将不同煅烧制度下得到的氧化镁研磨至 -0.125mm，再利用柠檬酸法检测氧化镁的活性，选择活性较高的氧化镁做后续的试验。

菱镁矿的分解率计算公式为：

$$\eta = \frac{W_1 - W_2}{W_1} \times \frac{84}{44} \times 100\% \tag{3-2}$$

式中，W_1 为煅烧前菱镁矿的质量；W_2 为煅烧后产物的质量。

（2）轻烧氧化镁水化（消化）

将一定量的氧化镁按照 1/40 固液比加入适量 80℃ 的热水，分别在 80℃ 恒温水浴、25℃ 恒温水浴、室温（冬季 20℃）这三种环境中以一定的搅拌速度进行水化反应，当达到相应的 pH 值时，用移液管移取等体积的悬浮液，用循环水式真空抽滤泵所得滤饼置于玻璃培养皿中，并用无水乙醇将其润湿后，在恒温箱中于 120℃ 烘干 2.0h。取出后准确称重，然后将烘干后滤饼置于已在 700℃ 马弗炉中恒重过的坩埚中，然后在 500℃ 马弗炉中煅烧 2.0h，使滤纸完全灰化，氢氧化镁完全分解。取出后在恒温干燥箱中冷却、称重，按照氧化镁水化率公式计算出不同 pH 值时氧化镁的水化率，绘制氧化镁水化曲线。对不同环境下，反应中不同 pH 值时 MgO 的水化程度进行考察，从而确定水化反应的环境和水化反应达终点时的最佳 pH 值。

　　称取一定量的轻烧氧化镁用一定体积的不同温度的热水稀释，水化反应的方程式为：

$$MgO + H_2O \Longrightarrow Mg(OH)_2 \tag{3-3}$$

　　当其他条件固定时，考察"水化水温分别为 60℃、70℃、80℃、90℃、95℃、100℃；氧化镁与水按一定比例配合，固定水量为 100mL，改变氧化镁加入量分别为 2.0g、2.5g、4.0g、6.0g、8.0g，即固液比分别为 1/50、1/40、1/25、1/16、1/12；水化时间为 0.5h、1.0h、2.0h、3.0h、4.0h"等因素对氧化镁水化率和溶液中 Mg^{2+} 浓度的影响，利用反应终点 pH 值来判断反应是否进行完全，通过分析水化率和 Mg^{2+} 浓度关系曲线图得出氧化镁水化反应的最佳条件。

　　氧化镁水化率计算公式为：

$$\varphi = \frac{m_1 - m_2}{m_1} \times \frac{40}{18} \times 100\% \tag{3-4}$$

　　式中，m_1 为水化产物煅烧前质量；m_2 为水化产物煅烧后质量。

　　(3) 氢氧化镁悬浊液碳化

　　搅拌水化反应所得氢氧化镁悬浊液［$Mg(OH)_2$ 浆液］的同时通入 CO_2 气体，当 pH 计和电导率仪显示一定数值时，停止通气和搅拌，并将浆料静置、过滤，得碳酸氢镁溶液。反应如下：

$$Mg(OH)_2 + 2CO_2 \Longrightarrow Mg(HCO_3)_2 \tag{3-5}$$

　　固定其他条件，考察"碳化温度为 20℃（冬季室温）、30℃、50℃、70℃、90℃；碳化时间为 1.0h、2.0h、3.0h、4.0h、5.0h；CO_2 流量为 100mL/min、200mL/min、400mL/min、600mL/min、800mL/min；搅拌速度为 200r/min、300r/min、400r/min、500r/min"等影响因素，根据碳化率公式计算出不同条件下浆液的碳化率，并用 ICP-AES 测出溶液中 Mg^{2+} 的浓度，通过分析碳化率和 Mg^{2+} 浓度关系曲线得出 $Mg(OH)_2$ 浆液碳化反应的最佳条件。

3.1.3　评价与分析

3.1.3.1　柠檬酸法测定氧化镁活性

　　柠檬酸法测定氧化镁活性的原理是柠檬酸与 $Mg(OH)_2$ 进行酸碱中和反应，测定 MgO 水化成为 $Mg(OH)_2$ 所需要的时间。将不同煅烧温度和煅烧时间得到的氧化镁研磨经 120 目标准筛过筛后，每次称取 (2.00 ± 0.05)g 轻烧氧化镁放于 100mL 含有酚酞指示剂的 0.2mol/L 柠檬酸溶液中，迅速搅拌，记录呈现红色（中和酸）的时间，以秒计，用来表示氧化镁的活性。

3.1.3.2　ICP-AES 分析

　　溶液中的元素含量用 ICP-AES（电感耦合等离子体发射光谱仪）测定。ICP 发射光谱分析过程主要分为三步，即激发、分光和检测。

　　利用等离子体激发光源（ICP）使试样蒸发汽化，离解或分解为原子状态，原子可能进一步电离成离子态，原子及离子在光源中激发发光。

　　利用光谱仪器将光源发射的光分解为按波长排列的光谱。

　　利用光电器件检测光谱，按测定得到的光谱波长对试样进行定性分析，按发射光强度进行定量分析。

光谱定量分析的依据是：

$$I = AC^b \tag{3-6}$$

式中，I 为谱线强度；C 为待测元素的浓度；A 为常数；b 为分析线的自吸系数，在 ICP-AES 中为 1。

按样品溶液中可能的元素浓度范围，配制一组有浓度梯度的标准溶液，依次测量标准溶液的强度值，绘出标准工作曲线。测量样品中待测元素的谱线强度值，利用已绘出的标准工作曲线，计算出样品中该元素的浓度。

3.1.3.3　X 射线衍射（XRD）分析

采用荷兰帕纳科公司 MPDDY2094 型 X 射线衍射仪检测样品的物相结构，获得 XRD 图谱。将获得的 XRD 图谱和标准 JCPDS 数据库检索数据比较，利用面网间距 d 值与 JCPDS 标准卡片 d 值的对应程度，确定产品的物相。XRD 测试条件为：Cu 靶 K_a，$\lambda = 0.1541$nm，固体探测器，管电压 40kV，管电流 40mA，扫描速度 12(°)/min，扫描范围 $2\theta = 5° \sim 90°$。

3.1.3.4　化学成分分析

采用化学成分分析法分析制备所得产物中各组分的质量分数。

3.2　菱镁矿煅烧制度研究

菱镁矿的煅烧过程是氧化镁团聚体的自由（非压块）烧结过程。菱镁矿高温分解生成 MgO 和 CO₂，在 $600 \sim 1000$℃ 的温度下煅烧菱镁矿可得到轻烧氧化镁，煅烧温度和保温时间不同，其分解率和得到的氧化镁的活性也不相同。

氧化镁活性是指在特定的试验条件下，氧化镁参与化学或物理化学过程的能力，是其本身的一种本能属性。活性是决定氧化镁功能的重要物理化学性质，其差异主要来源于氧化镁雏晶大小及结构不完整等因素。若 MgO 结构松弛、存在晶格畸变、缺陷较多，则表面吸附一定数量带有不同极性的基团。这种基团含有不饱和价键，易于进行物理化学反应，表现为氧化镁活性好。反之，氧化镁晶粒较大、结构紧密、晶格完整，其活性较差。因此，活性的主要因素有两个：一是氧化镁的比表面积，比表面积越大，氧化镁的活性越高；二是氧化镁的结晶结构，氧化镁的结晶性能越好，活性越低。氧化镁的活性与材料性能、应用领域密切相关。本研究利用菱镁矿制备微纳米碳酸镁晶须，其实质是利用煅烧菱镁矿得到的氧化镁与水进行水化反应后再进行碳化制备前驱溶液。氧化镁与水反应生成氢氧化镁溶液，水化程度由水化率来评价，其活性与水化率直接相关，氧化镁活性越高，越易与水反应生成氢氧化镁溶液，因此研究和测定氧化镁的活性十分重要。

研究煅烧制度，是保证产品指标的一个有效的方法，也是充分利用菱镁矿资源的一个保证。前人曾对碳酸盐分解的动力学规律及碳酸钙的分解动力学过程进行过研究，对于一般煅烧过程的研究，主是对传热、传质及分解速率的动力学分析，基于此有不同的研究模型。在这些模型中影响较大的主要是传热控制动力学模型和分解反应控制模型，这两种模型往往在实际煅烧过程中起交互作用。菱镁矿经煅烧，生成氧化镁的影响因素有煅烧温度、煅烧时间、升温速率等。由于升温速率只影响其分解动力和质点的扩散快慢，因此菱镁矿的煅烧过程中保证升温速率均相同，主要研究煅烧温度和煅烧时间对其分解率和氧化镁活性及其氧化镁水化率的影响。一般煅烧温度主要影响其分解速率和团聚烧结程度，煅烧时间则对质点的重排和烧结有显著的影响。因此，控制好煅烧分解产物的活性从微观上就转变为控制分解速率和质点重排速率的匹配问题，从宏观上就转变为协调好煅烧温度和煅烧时间两者的匹配关系。

3.2.1　煅烧制度对分解率的影响

将一定质量、块径均匀的菱镁矿均以 10℃/min 的升温速率分别升高至 600℃、650℃、700℃、750℃、800℃、850℃、900℃，然后在各个温度下分别煅烧 1.0h、2.0h、3.0h、4.0h、5.0h，其中 700℃在煅烧 5.0h 后继续再煅烧 6.0h、7.0h、8.0h。菱镁矿煅烧后自然冷却至室温称重，按照菱镁矿分解率公式计算分解率，考察煅烧温度和煅烧时间对其分解率的影响。

不同煅烧温度和煅烧时间对分解率的影响结果如图 3-3 所示。

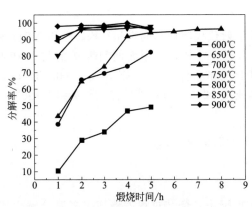

图 3-3　分解率与煅烧温度和煅烧时间关系

由图 3-3 可见，菱镁矿分解率随煅烧温度和煅烧时间的整体变化是：煅烧时间相同，当煅烧温度从 600℃升高至 750℃时，菱镁矿的分解率呈线性迅速增大，但温度继续升高至 900℃的过程中分解率变化不大；当煅烧温度相同时，分解率随煅烧时间的延长迅速增大，同时也可看到 700℃时，煅烧时间由 5.0h 延长至 8.0h 时，分解率基本保持恒定不再变化。

煅烧温度 600℃，煅烧时间 5.0h 时，菱镁矿分解率还不到 50%，而温度升高至 650℃，煅烧时间仅为 2.0h 时，分解率就接近 70%。650℃时，随着时间的延长，分解率呈线性增长，在 5.0h 时达到最大值，但仅接近 80%，这说明此温度下菱镁矿还未分解完全。当煅烧时间均为 1.0h 而煅烧温度从 700℃升高至 750℃时，分解率显著增加，由约 40% 增加到约 80%。700℃时，随着煅烧时间的延长，分解率呈线性增长，但分解率仍比较低，煅烧时间延长至 5.0h 时分解率才达到 91%，继续延长至 6.0h、7.0h、8.0h 时，分解率略有增长，但整体趋于平稳，说明即使延长煅烧时间，但由于煅烧温度过低，没有足够的热量进入菱镁矿里层促使其发生分解反应，菱镁矿中还有一部分二氧化碳未逸出，分解不完全会产生夹生现象。当煅烧温度提高至 750℃时，明显可以看出分解率达到 90% 以上所需时间仅为 2.0h，在 3.0h 时分解率达到 96.8%。在此温度下，延长煅烧时间，分解率略有增长，但基本保持恒定不再变化，说明在 750℃、煅烧时间为 3.0h 时，菱镁矿的分解反应已经基本达到平衡，尽管分解率未达到 100%，但继续延长煅烧时间对其分解反应影响不明显。当煅烧时间仍为 1.0h，煅烧温度由 800℃升高至 900℃时，分解率增幅明显，此时 900℃煅烧条件下的分解率已经达到了 98% 以上。并且在煅烧温度 900℃、煅烧时间 4.0h 的条件下，分解率达到了 100%，说明此煅烧制度下菱镁矿已充分分解。而在 800℃、850℃、900℃，当煅烧均由 4.0h 延长至 5.0h 时，菱镁矿的分解率均下降。这是因为在这三种煅烧温度下，有足够的热量传递至里层用于发生分解反应，煅烧时间过长，菱镁矿的分解速率小于氧化镁晶体的生长速率，氧化镁的空隙率会进一步缩小，内部结构发生烧结，产生死烧氧化镁，从而导致菱镁矿的分解率下降。

综上所述，煅烧温度相同时，煅烧时间越长，菱镁矿分解越充分，基于充分合理利用菱镁矿资源等因素考虑需要选择分解率高的煅烧制度，初步得出较为理想的煅烧制度：煅烧温度分别为 750℃、800℃、850℃、900℃；煅烧时间均为 2.0h、3.0h、4.0h。

分解率只是考察煅烧制度的一个因素，本研究是将菱镁矿分解反应得到的氧化镁进行水化碳化反应从而制备出碳酸镁晶须，因此不同煅烧制度所得到的氧化镁的活性也是一个重要的考察因素。

3.2.2　煅烧制度对氧化镁活性的影响

采用柠檬酸法并按照 3.1.3.1 节所述步骤检测菱镁矿煅烧所得氧化镁的活性，结果如表 3-4 所示。

表 3-4　不同煅烧制度下氧化镁活性的变化规律

煅烧温度/℃	煅烧时间/h	中和酸所用时间/s	煅烧温度/℃	煅烧时间/h	中和酸所用时间/s
600	2.0	60	750	4.0	13
600	3.0	42	750	5.0	16
600	4.0	40	800	1.0	18
600	5.0	47	800	2.0	25
650	1.0	33	800	3.0	40
650	2.0	40	800	4.0	46
650	3.0	39	800	5.0	49
650	4.0	38	850	1.0	48
650	5.0	28	850	2.0	90
700	1.0	29	850	3.0	70
700	2.0	32	850	4.0	87
700	3.0	24	850	5.0	180
700	4.0	22	900	1.0	90
700	5.0	15	900	2.0	120
750	1.0	26	900	3.0	175
750	2.0	23	900	4.0	210
750	3.0	11	900	5.0	230

从表 3-4 可以看出，与菱镁矿的分解率一样，氧化镁的活性与煅烧温度和煅烧时间均有关。菱镁矿在所研究的温度范围内，煅烧时间相同时，随煅烧温度升高到中和酸所用时间基本上是先缩短后增长的，即随温度的升高，氧化镁活性总的变化趋势为先升高后降低。当煅烧温度在 600～650℃时，煅烧时间延长，活性呈现先低后高的变化规律，这是因为 600℃，时间过短，热量不足，不足以进入里层，菱镁矿分解不完全，在活性测定试验中 MgO 水化生成 Mg(OH)₂ 的量不足以中和部分柠檬酸，以至指示剂不变色。随着温度升高至 650℃，延长煅烧时间，氧化镁化学活性高，这是因为此时热量虽然能进一步传递到菱镁矿内部，但热量仍不足以让菱镁矿充分分解，夹生现象严重，只有表面发生分解反应，生成的轻烧氧化镁能与水迅速反应生成氢氧化镁，从而使中和酸所需时间短。

显而易见的是，煅烧温度在 700～750℃时，随着煅烧时间延长，达到中和酸所需时间却越来越短。这是由于常压下菱镁矿约 500℃开始分解，分解产生氧化镁。在煅烧的初级阶段，菱镁矿的分解反应和氧化镁晶体的结构调整与晶体生长同时进行，但开始阶段以菱镁矿的分解反应为主，随着煅烧时间的延长，氧化镁的活性开始随着菱镁矿分解率的升高而增加。在煅烧温度为 700℃时，菱镁矿的分解反应占主导地位，从晶体结构角度出发，菱镁矿的分解过程是 Mg—[CO₃] 分解释放出 CO₂ 留下一个 O，变为 Mg—O，并使这些位置化学价键发生变化，成为物化性能活化点。在菱镁矿的煅烧温度由 700℃升高至 750℃时，随着时间的延长，热量传递，化学反应由表及里，化学组成由 MgCO₃ 转变成了 MgO，此时氧化镁为非晶体，排列疏松，价键则由 Mg—[CO₃] 转变为 Mg—O，但晶体结构仍维持菱镁矿的结构，因此与氧化镁的晶体结构相比，晶体结构缺陷多，因而化学活性高。

随着氧化镁含量的不断增加，晶体的结构调整和晶体生长在反应过程中的地位就会不断提升。到达一定程度后，菱镁矿的分解速率小于氧化镁晶体的生长速率，氧化镁的活性也就随着时间和分解率继续增加而下降了。由表 3-4 可见，在煅烧温度为 800℃，煅烧时间由

1.0h 延长至 5.0h 时，所得氧化镁活性均比较高，但呈现出下降的趋势。当煅烧温度升高至 850℃，氧化镁活性下降，随着煅烧时间的延长，活性继续降低。900℃时，不同煅烧时间得到的氧化镁活性较前两种温度所得氧化镁的活性均较差，在此温度下，进一步延长煅烧时间，可看出活性下降尤其明显，中和酸所需时间越来越长。这是由于随着煅烧温度的升高，氧化镁晶体完整性提高，晶粒不断长大，较短的煅烧时间，可得到晶粒细小、结构疏散的氧化镁。延长煅烧时间，菱镁矿的分解反应基本结束，随着反应的继续进行，小颗粒的 MgO 在分子内聚力的作用下结合成大颗粒，使表面积变小，晶粒尺寸变大，同时氧化镁晶粒充分地发生聚合，形成细小致密的结晶，晶体结构渐趋完善，水化反应时与水接触面积变小，不易水化，因而化学活性逐渐降低。

综上所述，并根据 3.2.1 节研究煅烧制度对菱镁矿分解率的结果，可得出结论如下：在煅烧温度为 750℃，煅烧时间分别为 2.0h、3.0h、4.0h、5.0h 的煅烧制度下，菱镁矿分解所得到的氧化镁活性比较高，有利于进行后续的反应。

3.2.3 煅烧制度对氧化镁水化率的影响

在 3.2.1 节和 3.2.2 节中分别研究了煅烧制度对菱镁矿分解率和氧化镁活性的影响，综合研究结果，初步得出理想的煅烧温度为 750℃，煅烧时间为 2.0～5.0h。在 750℃的煅烧温度条件下，当煅烧时间分别为 2.0h、3.0h、4.0h、5.0h 时，菱镁矿的分解率和氧化镁活性均比较高，但是煅烧时间长短涉及能耗高低的问题。

按照氧化镁水化率公式，本节考察了 5 种不同煅烧温度和不同煅烧时间下氧化镁的水化率，从而进一步优化煅烧时间。

固定煅烧时间为 4.0h 时，考察了当煅烧温度为 650℃、700℃、750℃、800℃、850℃ 时水化率和分解率与煅烧温度的关系，结果如图 3-4 所示。

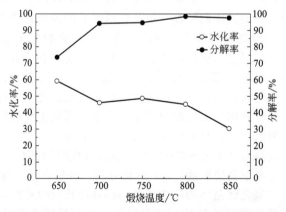

图 3-4 煅烧时间 4.0h 时水化率和分解率与煅烧温度的关系

从图 3-4 可以看出，煅烧时间相同时，菱镁矿的分解率随煅烧温度的升高先呈线性增长，在 800℃时达到最大值后温度继续升高但分解率不再变化，说明 800℃时菱镁矿的分解反应基本上进行完全了。但氧化镁的水化率随着煅烧温度的升高，呈现下降的趋势。煅烧温度由 650℃升高至 700℃时，以及由 800℃升高至 850℃时，水化率曲线下降显著，而在 700～800℃温度区间内，水化率变化曲线小幅度地先升高后下降。这是因为低温下菱镁矿分解不完全，产生夹生现象，表面生成的少量氧化镁颗粒来不及长大，很容易与水反应，故水化率比较高。700～800℃温度区间内，菱镁矿的分解反应和氧化镁晶粒的成长同时进行，但分解速率大于氧化镁的成长速率，氧化镁颗粒结晶性比较差，内部缺陷多，易与水反应，故水化率较高，但随着温度升高，氧化镁颗粒仍比较小，但氧化镁结晶性逐渐变强，活性稍微降低，所以水化率随之下降。800℃时菱镁矿的分解反应达到平衡，之后温度继续升高，氧化镁的生长速率大于菱镁矿的分解速率，氧化镁颗粒不断长大，内部缺陷越来越少，晶粒逐渐变得致密完整，也越难与水反应，所以水化率下降明显。综合分解率和水化率的结果，得出比较理想的煅烧温度为 750℃。

固定煅烧温度为 750℃时，进一步验证煅烧时间对氧化镁水化率的影响，结果如图 3-5 所示。

由图 3-5 可见，同一煅烧温度时，煅烧时间由 1.0h 延长至 2.0h 时，分解率曲线呈线性急剧上升，随着时间延长，曲线趋于平和，分解率基本上保持不变化，5.0h 时分解率小幅增大。与之相反，随着时间的延长，氧化镁的水化率却呈线性下降，煅烧时间为 2.0h 和 3.0h 时，水化率差别很小，继续延长煅烧时间，水化率继续下降并渐渐趋于稳定。这是由于温度一定，煅烧时间过短，热量来不及进入里层，菱镁矿分解不充分，存在夹生现象，使得氧化镁活性高，但是分解率低，不能充分利用菱镁矿资源，而随着煅烧时间延长，氧化镁的生长速率大于菱镁矿的分解速率，会进一步缩小氧化镁的

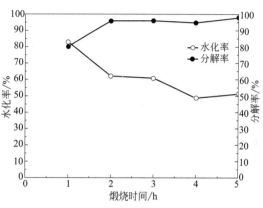

图 3-5　煅烧温度 750℃时水化率和
分解率与煅烧时间的关系

空隙率，内部结构发生烧结，产生死烧氧化镁，活性下降，与水接触面积越来越小，不易与水反应，故水化率下降。

基于合理利用菱镁矿资源、保证较高的氧化镁活性等因素考虑，得出理想的煅烧制度为：煅烧温度为 750℃，煅烧时间为 3.0h。

3.2.4　煅烧产物的表征

经 750℃分别煅烧 2.0h 和 3.0h 所得氧化镁进行 XRD 衍射检测，结果如图 3-6 所示。

如图 3-6 所示，对比在 750℃分别煅烧 2.0h 和 3.0h 的氧化镁 XRD 图，显而易见，煅烧时间为 3.0h 时其氧化镁衍射峰强度比 2.0h 的大，两者半峰宽均比较小，最大衍射峰位置略有差异。但煅烧时间为 3.0h 所得氧化镁其杂质峰比煅烧 2.0h 的少，并且存在的两个 MgCO₃ 衍射峰强度特别低，将其与氧化镁标准衍射卡（PDF004-0829）对比，两者的衍射峰位置相同，强度相近，说明在 750℃、3.0h 的煅烧制度下菱镁矿基本分解完全。而 750℃、2.0h 的煅烧制度下得到的氧化镁，明显可见两个具有较高强度的 MgCO₃ 的衍射峰，这说明此种煅烧制度下，还有少量菱镁矿没有分解。

将 750℃煅烧 3.0h 的氧化镁进行化学组分分析，所得结果如表 3-5 所示。

从表 3-5 中可以看出，在 750℃煅烧 3.0h 得到的氧化镁其含量达 96.89%，其他杂质含量很

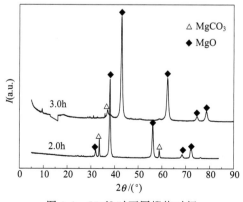

图 3-6　750℃时不同煅烧时间
所得氧化镁的 XRD 图

低，因此，综合考虑选择煅烧温度 750℃、煅烧时间 3.0h 为最佳煅烧制度。

表 3-5   氧化镁化学组成（质量分数）

组分	MgO	CaO	SiO$_2$	TFe	烧失量	总计
含量/%	96.89	1.03	0.28	0.46	1.34	100

3.3   活性氧化镁水化过程研究

3.3.1   氧化镁水化原理

氧化镁水化属于固液异相反应，固相物质在水中的水化反应属于缩壳机理。缩壳机理的模型主要有两种。一种是反应生成物附着在反应物表面，形成固态膜，即粒径不变的缩壳模型；另一种是生成物扩散到液相中，不形成固态膜，从而采用粒径减小的缩壳模型。氧化镁的水化过程符合后一种模型。

氧化镁水化反应的机理可描述为：氧化镁首先吸附周围的水，进行化学反应形成氢氧化镁表面层，这个表面层并不稳定，很快向周围水中扩散，至溶液饱和后形成沉淀析出。水化过程中氧化镁的粒径会不断缩小，故可称为缩壳机理。

氧化镁的水化方程式为：

$$MgO + H_2O \Longrightarrow Mg(OH)_2 \qquad \Delta G = +49.8kJ/mol \qquad (3-7)$$

这是一个放热反应，但是由于水合反应发生在固-液界面，反应速率较慢，为了提高反应速率，必须给体系提供能量，因此，采用一定温度的热水进行水化反应。

氧化镁生成结晶氢氧化镁大概包括两个密切相关的过程，即水合过程和晶体生长过程。水合过程示意如下：

$$(3-8)$$

在固体状态下，金属氧化物表面的金属离子具有较小的配位数，表现为配位不饱和。当有水存在时，表面金属离子首先倾向于与水分子配位，继而，由于 Mg—O—H 键的形成，使得水分子中的另一个 O—H 键断裂，释放出质子；同时，氧化镁分子中的氧原子通过氢键与水结合，形成水合物 Mg—O····H—O—H，但是，由于上述 Mg—O—H 的形成，造成 Mg 原子电正性增强，使得氢键增强，导致水分子中的另一键断裂，释放出羟基。

溶液的碱性增强，羟基会催化水合反应，过程示意如下：

$$(3-9)$$

在碱性溶液中，氧化镁中的镁原子首先与羟基配位，其氧原子则通过氢键发生水合。但是，由于配位羟基的负电性很强，造成氢键的加强并最终形成新的 O—H，释放出另一羟基。这一过程同时生成氢氧化镁晶核，由于表面层的溶解-结晶作用，第一过程不断向氧化镁固体内部渗透，同时氢氧化镁晶体不断长大，最终形成产物。

3.3.2   水化环境的选择

氧化镁与水反应生成 Mg(OH)$_2$ 难溶物，溶液呈碱性，并在 pH = 10.85 时形成 Mg(OH)$_2$ 沉淀。溶液中生成的氢氧化镁多以白色悬浮物存在，溶液中所含 Mg^{2+} 浓度比较低，其量越多，水化率就越高。同时氧化镁水化是固液异相反应，为了给体系提供能量，提高反应速率，故本水化试验过程中均采用热水进行水化，但水化环境不同，试验能耗不同，因此选择适宜的水化环境是试验必需的。

试验中所用氧化镁质量 2.5g，固液质量比 1∶40，水化水温为 80℃，水化时间为 1.0h，考察了三种不同水化环境中氧化镁的水化率和悬浮浆液中 Mg^{2+} 浓度与 pH 值的关系，结果如图 3-7～图 3-9 所示。

从图 3-7～图 3-9 可以看出，在这三种水化环境中，当达到最大水化率时，随着反应的进行，水化率均出现略有减小的现象，这是因为大量氢氧化镁沉附在未水化的氧化镁表面，阻止了水分子进入氧化镁表面，从而出现水化率降低。

图 3-7 为水化水温和恒温水浴锅温度均为 80℃ 时，不同 pH 值所对应的氧化镁水化率值和悬浮浆液中 Mg^{2+} 浓度。从图 3-7可以看出，水化时间为 1.0h 时，pH 最大值只达到 10.55，并且随着 pH 值的升高，氧化镁的水化率先呈线性增大后略有减小；而悬浮浆液中 Mg^{2+} 的浓度越来越低，最终保持恒定。氧化镁水化反应所得溶液呈碱

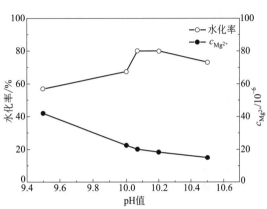

图 3-7   80℃恒温水浴时水化率和
Mg^{2+} 浓度与 pH 值的关系

性，pH 值为 9.5 时，悬浮浆液中 Mg^{2+} 浓度为 40×10^{-6}，氧化镁水化率约为 60%。pH 值由 10.1 升高至 10.2 时，Mg^{2+} 浓度继续降低，但下降趋于平缓，最后保持恒定。而氧化镁水化率在 pH 值 10.1 附近达到最大值 80%；pH 值升高至 10.2 时，水化率增大趋势不明显；pH 值继续升高，水化率略有减小。

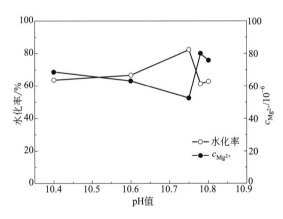

图 3-8   25℃恒温水浴时水化率和
Mg^{2+} 浓度与 pH 值的关系

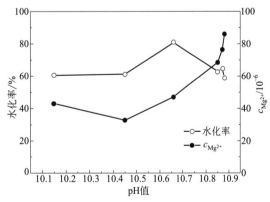

图 3-9   室温下水化率和
Mg^{2+} 浓度与 pH 值的关系

此外，图 3-7 中，溶液 pH 最低值为 9.5，故在 pH＝10.1 水化率就已经达到最大值，这是由于水化水温和恒温水浴均为 80℃ 时，氧化镁与水混合后没有温度差，反应液的碱性较低，随着反应的进行，氢氧化镁颗粒存在于悬浮液中，阻碍氧化镁与水的进一步接触，并且过高的水浴温度会蒸发反应容器中的水化液，使得反应液体积越来越小，与氧化镁反应的水量越来越少，故 pH 值增加缓慢，水化率也随之减小。

图 3-8 为水化水温 80℃、恒温水浴锅温度 25℃ 时，不同 pH 值所对应的氧化镁水化率值

和悬浮浆液中 Mg^{2+} 浓度。如图 3-8 所示，在相同的水化时间内，最大 pH 值可达 10.80，而且氧化镁的水化率和悬浮浆液中 Mg^{2+} 浓度随着 pH 值的升高此消彼长。在水化浆液初始 pH 值 10.4 时，氧化镁水化率为 60%，悬浮浆液中 Mg^{2+} 浓度为 70×10^{-6}，pH 值由 10.40 升高至 10.60，水化率增长趋势和 Mg^{2+} 浓度下降趋势均趋于平缓，pH 值继续升高至 10.75 时，水化率达到最大值 81%，而 Mg^{2+} 浓度降低到最小值 50×10^{-6}。随着溶液碱性的增强，水化率先迅速减小到最小值，之后增大趋势不明显；与之相反，Mg^{2+} 浓度迅速升高至最大值 80×10^{-6} 后又小幅下降。

图 3-9 是水化水温为 80℃、在室温环境下（冬季室温 20℃），不同 pH 值所对应的氧化镁水化率值和悬浮浆液中 Mg^{2+} 浓度。由图 3-9 可见，氧化镁与 80℃ 热水混合后初始 pH 值为 10.15，反应 1.0h 后，pH 最大值可达 10.88。随着 pH 值的升高，氧化镁水化率的变化趋势同样是先增大后减小；溶液中 Mg^{2+} 浓度的变化与之相反，是先降低后升高。pH 值由 10.15 升高至 10.45 时，两者所对应的氧化镁水化率基本持平，无明显变化；随着溶液的碱性增至 10.70 附近时，氧化镁水化率达到最大值，约为 81.5%；而 pH 值继续升高，水化率却越来越慢，在 10.80~10.88 区间，氧化镁水化率先略有增大后略微减小。而在 pH 值由 10.15 增加至 10.45 时，Mg^{2+} 浓度值线性下降，并在 10.45 处达到最低值 30×10^{-6}；随溶液碱性的增强，在 10.45~10.88 区间内，其浓度迅速升高，并保持增加的趋势。

图 3-7~图 3-9 中，Mg^{2+} 浓度变化与水化率均相反，这是因为反应开始时，Mg^{2+} 浓度较大，反应晶核较多，因此容易形成小颗粒的 $Mg(OH)_2$，而这些颗粒又来不及长大，所以难以沉淀下来，表现为水化率较低；随着反应进行，Mg^{2+} 浓度逐步减小，有利于生成较大的颗粒以及小颗粒的增长和聚沉。所以随 Mg^{2+} 浓度的减小，$Mg(OH)_2$ 的沉淀速度逐步增加，水化率增长。但当反应接近终点时，由于 OH^- 浓度很大，产生的 $Mg(OH)_2$ 颗粒较小，因此难以沉降，又表现为水化率下降。

综上所述，三种水化环境的最大水化率相差不大，只是最大水化率所对应的 pH 值略微不同。考虑到第一、第二种水化环境所需要的能耗比较大，而第三种水化环境为室温，环境条件温和，因此选择室温为水化环境。

3.3.3　水化反应终点的选择

pH 值用于反应终点的判断是无机化学合成中的有效手段，而且对于工业放大，也是比较简单易行的方法。为了确定达到水化反应终点时的 pH 值，本节考察了室温下当水化水温为 90℃、水化时间为 1.0h、固液质量比为 1∶40 时，pH 值随水化时间的变化规律，结果如图 3-10 所示。

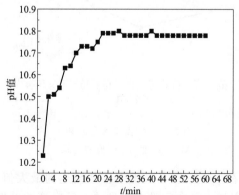

图 3-10　室温下 pH 值随水化时间的变化规律

从图 3-10 中可以看出，反应初期 pH 值增加迅速，从 10.20 升高至 10.80 只需 22min，这是因为氧化镁与热水反应进程快，能迅速生成 $Mg(OH)_2$ 难溶物，溶液呈碱性，因此 pH 值变化较快。而在 24min 后 pH 值保持短暂的恒定后又略有下降，仍继续保持短时间的恒定，在 40min 时稍有上升，之后 pH 值保持恒定不再变化。这是因为氧化镁与水反应生成氢氧化镁碱性溶液，同时生成的氢氧化镁会从氧化镁表面溶解出来，导致 pH 值出现微小的突变。通常 $Mg(OH)_2$ 难溶物在 pH=10.85 时形成沉淀，而从

42min 开始，pH 值达 10.78 后保持恒定不再变化，说明 pH＝10.78 时水化反应已经结束，因此选择 pH＝10.78 作为水化反应的终点。

3.3.4　水化水温的影响

氧化镁水化反应属放热反应，提高反应温度不利于反应的进行，但从反应动力学角度出发，提高反应温度对加快反应时间有利。综合这两个因素，并以 pH＝10.75～10.78 作为反应终点判断，称取 2.5g 氧化镁，按照固液比为 1:40，与一定体积和温度的热水混合，分别对水化水温为 60℃、70℃、80℃、90℃、95℃、100℃时的水化过程进行了跟踪探讨，如图 3-11 所示，并研究了不同水化水温对氧化镁水化率和溶液中 Mg^{2+} 浓度的影响，结果见图 3-12。

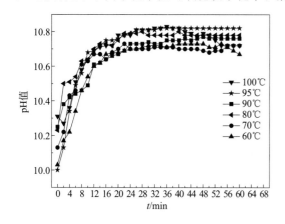

图 3-11　不同水化水温下反应过程的探讨

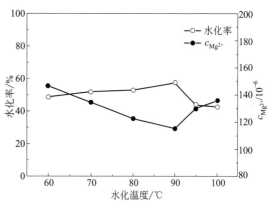

图 3-12　水化率和 Mg^{2+} 浓度与水化水温的关系

由图 3-11 可以看出，相同体积的反应液，在不同水化水温时，溶液的初始 pH 值相差不大，反应达到平衡时的时间差别不大，约为 25min，但不同温度达到平衡时所对应的 pH 值略有不同。60～70℃达到平衡时的 pH 值较 80～95℃达到平衡时的 pH 值有所降低，而 100℃达到平衡时的 pH 值却反而有所下降。这是因为当水温越来越接近水的沸点温度时，随着反应的进行，溶液中的水分有所蒸发，使得氧化镁与水的接触面积越小，并且表面生成的氢氧化镁溶解出来，使得 pH 值有所降低。

图 3-12 为水化水温对氧化镁水化率和溶液中 Mg^{2+} 浓度的影响结果。从图 3-12 可以看出，随着水化水温的升高，氧化镁的水化加快，在 90℃时达到最大值，而溶液中 Mg^{2+} 浓度却呈线性降低，在 90℃时达到最低值；继续升高水化水温，水化率却迅速减小，在 95～100℃区间内水化率基本上保持恒定，但溶液中 Mg^{2+} 浓度开始呈现增加趋势，随着温度升高，增加趋势减弱。

这是因为氧化镁的水化是 Mg^{2+} 逐渐溶解到溶液中，与溶液中的 OH^- 结合生成氢氧化镁的过程，属于固-液反应，反应进程相对较慢。氧化镁水化反应包括下述几个步骤：①表面的氧化镁分子水化生成氢氧化镁；②氢氧化镁向水溶液中扩散；③水分子穿过颗粒表面的氢氧化镁层与氧化镁接触；④氢氧化镁晶体的长大和团聚。

水化水温较低时，氧化镁与水反应较弱，Mg^{2+} 溶解到溶液中，不能充分与 OH^- 结合生成氢氧化镁，水化产物中大部分仍是氧化镁，煅烧前后质量变化不大，故水化率较小，Mg^{2+} 浓度较高。随着水化水温升高，从反应动力学上讲，水化反应逐渐增强，更多的 Mg^{2+} 与 OH^- 络合形成大量的氢氧化镁，并且开始向水溶液中扩散，使得煅烧前物质质量增加。煅烧后氢氧化镁分解生成氧化镁，质量减少，最终使得水化率增长，由于溶液中 Mg^{2+} 都用于形成 $Mg(OH)_2$ 后以难溶物形式存在，故其浓度降低。水化率在水化水温为

90℃时达到最大值，说明在此温度下，Mg^{2+}充分溶解到溶液中，并充分与OH^-结合，水溶液中氢氧化镁量达到最大值。水化水温进一步升高，溶液表面的$Mg(OH)_2$溶解出来，因此出现水化率减小、Mg^{2+}浓度增加的现象。

3.3.5 固液比的影响

从结晶学角度出发，增加氧化镁悬浮液的过饱和度有利于氧化镁的快速成核和生长，可以提高其水化程度。本试验中将氧化镁与90℃的热水按一定比例配合，固定水量为100mL，改变氧化镁加入量分别为2g、2.5g、4g、6g、8g，考察当固液比分别近似为1∶50、1∶40、1∶25、1∶16、1∶12时对氧化镁水化率和溶液中Mg^{2+}浓度的影响，结果见图3-13。

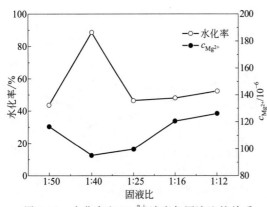

图3-13 水化率和Mg^{2+}浓度与固液比的关系

从图3-13中可以看出，随着氧化镁质量的增加，氧化镁水化率先增大后减小，最后保持恒定不再变化；而溶液中Mg^{2+}浓度却与之相反，呈现先迅速降低后缓慢增加的变化趋势。在固液比为1∶40时，氧化镁水化率达到最大值，约为90%，固液比提高到2∶50时，水化率迅速减小，再进一步提高固液比，水化率保持恒定。而Mg^{2+}浓度在固液比1∶40时达到最低值$95×10^{-6}$，随着固液比继续提高，浓度开始呈线性缓慢增加，当固液比由3∶50提高到4∶50时，增加趋势不明显。

这是因为对结晶体系而言溶液中固相成分略微过饱和而长时间处于稳定状态的情况是可能存在的。当溶液的过饱和度增加时，就会产生沉淀。氢氧化镁晶体的产生同其他结晶过程一样，通常分为3个阶段：成核作用、晶体长大和颗粒的附聚及生长。其中晶体生长经历3个步骤：①结晶物质借扩散作用穿过靠近晶面的液层，从溶液中转移到晶体表面；②到达晶体表面的溶质长入晶面，使晶体长大同时释放出结晶热；③释放的结晶热通过传导回到溶液中。结晶物质长入晶面的机理尚无定论，但都离不开分子或离子在空间晶格上排列成有规则的结构。如何排列，关系到晶体的形貌。当水化温度恒定时，晶体的成核速率和生长速率分别为：

$$B^* = Zc × \exp[-A/B(\ln S)^2] \tag{3-10}$$

$$U = A_1 RT \ln S × \exp(-B/T) \tag{3-11}$$

式(3-10)中，B^*为成核速率；U为生长速率；Zc为频率因子；A、B为与系统性质有关的常数；S为过饱和比（过饱和度的一种表示方法）。式(3-11)中，A_1、B为与系统性质有关的常数。从式中可以看出，当温度一定时，过饱和比对生长速率的影响远没有对成核速率的影响大，因此适当地增加氧化镁悬浮液浓度，可以提高其水化率。刘欣伟等研究结果确定氧化镁水化动力学为内扩散模型。当固液比在1∶（50~40）时，氧化镁的水化反应属于内扩散类型，适当地增加氧化镁悬浮液的浓度，有利于氢氧化镁的快速成核和生长，可以提高水化程度。随着氧化镁质量浓度的增加，水化率迅速减小，这是因为氧化镁质量浓度越大，反应生成的氢氧化镁向溶液中扩散，并覆盖在未反应的氧化镁颗粒上，使得悬浮的固体颗粒物越不易分散，固液反应物之间的有效接触面积越小，在一定程度上限制了表面化学反应，导致水化速率下降。再继续增加溶液中氧化镁的质量，水化率和溶液中Mg^{2+}浓度变化不大，说明当溶液的浓度由于较大颗粒的长大而变小的时候，较小的颗粒就溶解了，随着水化反应进一步深入，氢氧化镁颗粒的溶解-生长趋于平衡，再增加氧化镁的量对水化反应没有太大影响，故该阶段的水化程度和 Mg^{2+} 浓度增长趋势均不明显。

3.3.6　水化时间的影响

　　将氧化镁与水按照质量比为 1:40，水化水温为 70℃，室温下，当反应时间分别控制为 0.5h、1.0h、2.0h、3.0h、4.0h 时，考察水化时间对水化率和溶液中 Mg^{2+} 浓度的影响，结果如图 3-14 所示。

　　由图 3-14 可见，水化率随水化时间的延长呈线性增大，而 Mg^{2+} 浓度变化却与之相反。反应时间由 0.5h 延长至 1.0h 时，水化率增长不明显，Mg^{2+} 浓度却略有升高，随着反应时间继续延长，水化率不断迅速增长，在水

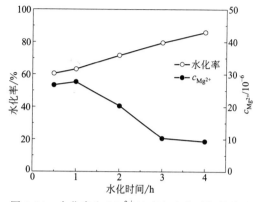

图 3-14　水化率和 Mg^{2+} 浓度与水化时间的关系

化时间为 4.0h 时，水化率达到最大值，此时 Mg^{2+} 浓度降至最低值。

　　这是因为，氢氧化镁晶体的形成包括两个阶段，即晶体的成核和长大。水化初期，形成的氢氧化镁晶体还未来得及长大，同时还有大量的氧化镁存在。随着水化的继续进行，溶液成核速率比较高，溶液中产生大量氢氧化镁晶核，表现为氧化镁快速水化为氢氧化镁，因此水化率呈线性增长。氧化镁的水化反应是 Mg^{2+} 逐渐溶解到溶液中，与溶液中的 OH^- 结合生成氢氧化镁，是不断消耗 Mg^{2+} 的过程，因此 Mg^{2+} 浓度随水化时间的延长而一直降低。

　　由于反应时间的长短直接影响搅拌设备的磨损程度，并且反应时间的确定还与反应器体积、pH 值以及目标产品的指标均有关，因此试验中用 pH 值代替水化时间来判断水化反应终点是可行的。

3.4　氢氧化镁悬浊液碳化制备 Mg(HCO₃)₂ 溶液

　　在 Mg(HCO₃)₂ 溶液制备过程中，Mg(OH)₂ 浆液的碳化过程是核心环节。碳化过程是在气-液-固三相反应体系中进行的，涉及 Mg(OH)₂ 的溶解、CO_2 气体的吸收和 Mg(HCO₃)₂ 的形成等，其反应过程比较复杂。

　　由于 Mg(OH)₂ 浆液的碳化需要一定的温度、时间等，因此确定碳化反应终点后，以碳化率和溶液中 Mg^{2+} 浓度为评价参数，通过单因素条件试验分别考察了碳化温度、碳化时间、CO_2 流量、搅拌速度等因素对碳化过程的影响。

3.4.1　碳化原理

　　碳化过程是一个包括气-固-液的多相反应，该反应的实质是水溶液中的离子反应。当引入 CO_2 气体，溶液 pH 值下降。随着碳化的进行，Mg(OH)₂ 固体颗粒逐步溶解而缩小，即碳酸化反应的实质是 Mg(OH)₂ 的缩壳过程。溶液中 Mg(OH)₂ 固体颗粒的逐步溶解，化学方程式为：

$$Mg(OH)_2(aq) \longrightarrow Mg^{2+}(aq) + 2OH^-(aq) \tag{3-12}$$

　　产生的 Mg^{2+}、$2OH^-$ 通过液膜向液相主体扩散。因此整个碳化过程可分为气-液传质和液-固传质两个过程，实际应包括下述反应历程：

　　(1) CO_2 的水合

$$CO_2 + H_2O \Longleftrightarrow H_2CO_3 \tag{3-13}$$

CO_2 由气相进入液相，形成溶解态的 CO_2，通过气-液界面的液膜向液相主体扩散，并由液相本体在整个碳化体系中扩散。

（2）H_2CO_3 的解离

$$H_2CO_3 \Longleftrightarrow H^+ + HCO_3^- \tag{3-14}$$

$$HCO_3^- \Longleftrightarrow H^+ + CO_3^{2-} \tag{3-15}$$

气相 CO_2 与 H_2O 反应生成的 H_2CO_3 液相本体解离，生成 H^+ 以及 HCO_3^-，碳化初期由于溶液中 OH^- 浓度高，HCO_3^- 立即与 OH^- 结合生成 CO_3^{2-}，故溶液中 CO_3^{2-} 浓度高，而 HCO_3^- 浓度低。

（3）溶液中 CO_3^{2-}、HCO_3^-、Mg^{2+} 发生反应

$$Mg^{2+} + CO_3^{2-} \longrightarrow MgCO_3(s) \tag{3-16}$$

$$Mg^{2+} + 2HCO_3^- \longrightarrow Mg(HCO_3)_2 \tag{3-17}$$

碳化初期反应（3-16）、反应（3-17）进行得相对缓慢。

随着碳化的进行，溶液中 Mg^{2+} 浓度逐渐增加，CO_2 的不断通入使溶液 pH 值不断下降。$Mg(OH)_2$ 溶解逐渐增加，$Mg(HCO_3)_2$ 开始明显增加。并且在氢氧化镁表面形成的碳酸氢镁水合分子由溶液扩散并离解成 Mg^{2+} 和 HCO_3^-。

$$Mg(HCO_3)_2(aq) \longrightarrow Mg^{2+} + 2HCO_3^- \tag{3-18}$$

由于菱镁矿原矿中含有少量的 $CaCO_3$，因此水化液中含有微量的 Ca^{2+}，故整个碳化过程可以用一个反应方程式来表示：

$$Mg(OH)_2 + Ca^{2+} + CO_2 \Longleftrightarrow Mg^{2+} + CaCO_3 + H_2O \tag{3-19}$$

综合上述讨论，可知 $Mg(OH)_2$ 浆液碳酸化过程中有两个扩散步骤，即 CO_2 水合分子向 $Mg(OH)_2$ 表面的扩散和在 $Mg(OH)_2$ 表面形成的产物 $Mg(HCO_3)_2$ 向溶液中的扩散，这两个扩散步骤都有可能是控速步，其碳化反应机理可表述为以下几个步骤：①CO_2 分子形成水合分子；②CO_2 水合分子向 $Mg(OH)_2$ 固体表面扩散；③CO_2 水合分子与 $Mg(OH)_2$ 发生化学反应；④固体表面及附近形成的 $Mg(HCO_3)_2$ 水合分子向溶液扩散并离解成 Mg^{2+}、HCO_3^-。

3.4.2   碳化反应终点的选择

试验中采用电导率仪和 pH 计跟踪观察碳化反应过程中 pH 值和电导率随碳化时间的变化规律，并以溶液中 Mg^{2+}、Ca^{2+}、Fe^{2+} 浓度为评价参数，得出达到碳化反应终点所对应的 pH 值。

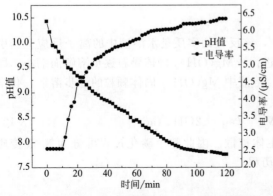

图 3-15   pH 值、电导率随碳化反应时间变化规律

为了确定碳化反应终点所对应的最佳 pH 值，将 $Mg(OH)_2$ 浆液在碳化温度 $T=$ 25℃、碳化时间 $t=2.0h$，CO_2 流量为 200mL/min、搅拌速度为 300r/min 时进行碳化，其溶液的 pH 值和电导率随碳化时间的变化曲线见图 3-15。

如图 3-15 所示，碳化反应初期 $Mg(OH)_2$ 浆液呈强碱性，当通入 CO_2 气体后，溶液 pH 值迅速线性下降，当碳化时间为 90min 时，pH 值降至 7.70 左右，随着反应的进行，pH 值变化缓慢，基本上保持恒定不再

变化。而电导率约在通入 CO_2 气体后的 $0\sim15min$ 内保持不变；在 $20\sim90min$ 这个时间区间，又迅速呈线性增大；$90min$ 后随着气体的继续通入，电导率变化也趋于平缓。

出现上述现象的原因是：$Mg(OH)_2$ 浆液的碳化过程实质是水合 CO_2 分子与 $Mg(OH)_2$ 反应生成的 $Mg(HCO_3)_2$ 向溶液不断扩散并解离出 Mg^{2+}、HCO_3^- 的过程。随着 CO_2 的不断通入，气相 CO_2 与 H_2O 反应生成的 H_2CO_3 液相本体解离，生成 H^+ 以及 HCO_3^-，碳化初期由于溶液中 OH^- 浓度高，HCO_3^- 立即与 OH^- 结合生成 CO_3^{2-}，导致溶液中 CO_3^{2-} 浓度高，而 HCO_3^- 浓度低，因此出现了 pH 值的快速下降。同时碳化初期也是溶液中 $Mg(OH)_2$ 和 $Ca(OH)_2$ 固体不断溶解的过程，溶液中同时存在 CO_3^{2-}、HCO_3^-、Ca^{2+}、Mg^{2+}、OH^- 等多种具体导电性能的离子，使得溶液的电导率逐渐升高。

随着碳化反应的不断进行，溶液中固体 $Mg(OH)_2$ 和 $Ca(OH)_2$ 继续溶解，溶解阻力渐渐增大，当溶解完全，悬浮液中 $Mg(OH)_2$ 固相消失时，说明碳化反应已经结束，因为溶液中已无法继续提供反应所消耗的 Mg^{2+} 和 OH^-，因此 pH 值和电导率变化趋于稳定。

本节中还考察了 pH 值由 8.0 逐渐降低直至不再变化过程中溶液中 Mg^{2+}、Ca^{2+}、Fe^{2+} 浓度的变化，结果见图 3-16。

如图 3-16 所示，在 pH 值的变化过程中，Ca^{2+}、Fe^{2+} 的浓度较 Mg^{2+} 浓度相差很大，并且这两者浓度值差距很小，几乎没有变化，说明碳化液中只存在少量的 Ca^{2+}、Fe^{2+}。在 pH 值由 8.00 降至 7.78 时，溶液中 Mg^{2+} 浓度整体变化不明显，但在 $pH=7.78$ 时略有增大并达到最大值 800×10^{-6}。当 pH 值继续降低时，Mg^{2+} 浓度首先出现略微的降低后保持恒定不再变化，说明碳化反应结束。溶液中 Mg^{2+}、Ca^{2+}、Fe^{2+} 浓度变化趋势与分析图 3-15 所得结果吻合。同时 $Mg(OH)_2$ 浆液与 CO_2 反应越充分，生成的 $Mg(HCO_3)_2$ 量

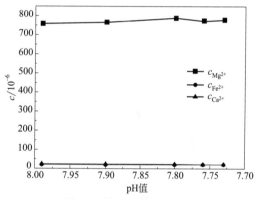

图 3-16　Mg^{2+}、Ca^{2+}、Fe^{2+} 浓度与 pH 值的关系

越多，溶液中 Mg^{2+} 浓度越高，有利于从液体中析出晶体，可以提高产品的产率，而 pH 值为 7.80 时，Mg^{2+} 浓度最高。

综上所述，选择 $pH=7.80\sim7.75$ 作为碳化反应终点。

确定碳化反应终点后，根据碳化率计算公式，并利用 ICP-AES 检测溶液中 Mg^{2+} 浓度，考察了碳化温度、碳化时间、CO_2 流量、搅拌速度等对碳化率和溶液中 Mg^{2+} 浓度的影响。

其中，碳化率计算公式为：

$$\eta=\frac{m_1-m_2}{m_1}\times100\% \tag{3-20}$$

式中，m_1 为初始 MgO 的质量；m_2 为碳化后抽滤所得滤饼经 1000℃ 煅烧后的质量。

碳化率越高，溶液中 Mg^{2+} 浓度越高，说明碳化反应生成的 $Mg(HCO_3)_2$ 量越多，热解反应时析出的晶体越多。不同影响因素对碳化率和溶液中 Mg^{2+} 浓度影响结果分别如 3.4.3 节~3.4.6 节所述。

3.4.3　碳化温度的影响

试验中，$Mg(OH)_2$ 浆液浓度、体积均相同，碳化时间 $t=2.0h$、CO_2 流量为 200mL/

min，搅拌速度为 300r/min，分别取碳化温度 20℃、30℃、50℃、70℃、90℃ 做单因素对比试验，得到碳化率和 Mg^{2+} 浓度与碳化温度的关系，如图 3-17 所示。

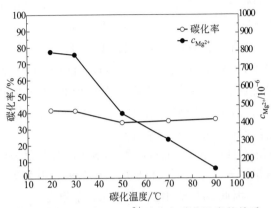

图 3-17　碳化率和 Mg^{2+} 浓度与碳化温度的关系

由图 3-17 可见，20～30℃间碳化率没有明显变化，碳化温度升高至 50℃，碳化率显著下降，随着温度继续升高，逐渐保持恒定不再变化，而溶液中 Mg^{2+} 浓度却随温度的升高呈线性迅速降低。这是因为：首先，碳化反应本身是个放热反应，$Mg(OH)_2$ 浆液的碳化是水化料浆吸收 CO_2 并与之反应的过程，温度太高会降低料浆中 CO_2 的溶解度，影响碳化程度，使得碳化率下降；其次，$Mg(OH)_2$ 浆液的碳化反应生成碳酸氢镁溶液，碳酸氢镁是不稳定的物质，随着温度升高，CO_2 的溶解度系数降低，液相中 CO_2 分压也将降低，使得部分碳酸氢镁易分解为碱式碳酸镁并放出 CO_2，从而降低了水化料浆中镁的浓度。而当碳化温度由 50℃ 升高至 90℃，碳化率保持恒定，这是由于温度过高，$Mg(OH)_2$ 浆液蒸发，溶液中 OH^- 以气体水分子形式挥发，从而没有多余的 OH^- 与 CO_2 结合生成 HCO_3^-，使得碳化程度小，因此碳化率变化不明显。

利用菱镁矿为原料制备碳酸镁晶须工艺中，氧化镁水化反应得到 $Mg(OH)_2$ 浆液以及浆液碳化过程的实质可以概括为固体氧化镁转化为碳酸氢镁进入液相的过程，为了得到更多的碳酸镁晶须，要使氧化镁主要转变为 $Mg(HCO_3)_2$ 溶液进入液相，而不是转变为碱式碳酸镁沉淀出来，因此选择碳化率和 Mg^{2+} 浓度均较高的温度，即 20～30℃ 或者更低温度。

3.4.4　碳化时间的影响

试验中，$Mg(OH)_2$ 浆液浓度、体积均相同，碳化温度 $T=30℃$、CO_2 流量为 200mL/min，搅拌速度为 300r/min，分别取碳化时间 1.0h、2.0h、3.0h、4.0h 做单因素对比试验，得到碳化率和 Mg^{2+} 浓度与碳化时间的关系，如图 3-18 所示。

从图 3-18 中可以看出，碳化时间由 1.0h 延长至 2.0h 时，碳化率和 Mg^{2+} 浓度显著增大，并均在 2.0h 时达到最大值，随着碳化时间的继续延长，两者没有明显变化，基本保持恒定。这是因为碳化过程是一个 $Mg(OH)_2$ 浆液吸收 CO_2 生成碳酸氢镁和碳酸氢镁热解析出沉淀的平衡过程，碳化时间由 1.0h 延长至 2.0h 时，生成碳酸氢镁的反应速率大于沉淀析出速率，碳化程度高，故溶液中游离的 Mg^{2+} 较多，浓度高，进一步延长碳化时间，碳化反应程度增大，但同时热解生成碱式碳酸镁程度也增大，使得沉淀增多，所以 Mg^{2+} 浓度出现小幅降低。

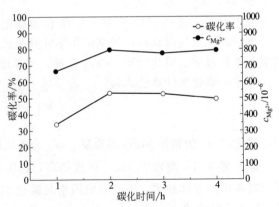

图 3-18　碳化率和 Mg^{2+} 浓度与碳化时间的关系

碱式碳酸镁沉淀不是所需要的目标晶须，故选择 2.0h 为碳化时间。

3.4.5　CO₂ 流量的影响

试验中，$Mg(OH)_2$ 浆液浓度、体积均相同，碳化温度 $T=30℃$、碳化时间 $t=2.0h$，搅拌速度为 300r/min，分别取 CO_2 流量 100mL/min、200mL/min、400mL/min、600mL/min、800mL/min 做单因素对比试验，得到碳化率和 Mg^{2+} 浓度与 CO_2 流量的关系、pH 值和电导率随 CO_2 流量的变化规律，分别见图 3-19 和图 3-20。

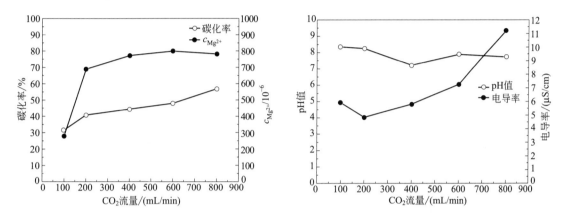

图 3-19　碳化率和 Mg^{2+} 浓度与 CO_2 流量的关系　　图 3-20　pH 值和电导率随 CO_2 流量的变化规律

如图 3-19 所示，CO_2 流量在 $100\sim200mL/min$、$600\sim800mL/min$ 时，碳化率显著增加，Mg^{2+} 浓度则是先迅速增大后略有降低。当 CO_2 流量在 $200\sim600mL/min$ 时，碳化率和 Mg^{2+} 浓度随 CO_2 流量的增加有小幅增大。

从图 3-20 中可以看出，溶液的 pH 值随 CO_2 通入量的增加迅速降低，在其为 400mL/min 时，pH 值降至最低值，当继续增大 CO_2 流量，pH 值逐渐增大，而在 $100\sim200mL/min$ 时溶液的电导率有所减小，从 200mL/min 之后电导率一直增大。

这是因为 $Mg(OH)_2$ 浆液吸收 CO_2 迅速生成 $Mg(HCO_3)_2$，CO_2 流量较少时，生成碳酸氢镁的反应占主导地位，浆液的碱性迅速下降。溶液电导率在流量较低时出现减小是因为 OH^- 等离子数量减少，但由于 CO_2 在溶液中的溶解度有限，CO_2 气体流量升高，溶液中溶解的 CO_2 并无明显变化，溶液中其他离子较多，故碳化率、溶液中 Mg^{2+} 和溶液 pH 值变化也不明显，而电导率继续增大。

因此选择二氧化碳流量 200mL/min 为最佳值。

3.4.6　搅拌速度的影响

$Mg(OH)_2$ 浆液的碳化反应是在气-液-固界面上进行，CO_2 的传质以及碳化形成的 $Mg(HCO_3)_2$ 向溶液的扩散受限于液膜阻力，因此试验中还考察了搅拌速度对碳化速率的影响。

试验中，$Mg(OH)_2$ 浆液浓度、体积均相同，碳化温度 $T=30℃$、碳化时间 $t=2.0h$，CO_2 流量为 400r/min，分别取搅拌速度 200r/min、300r/min、400r/min、500r/min 做单因素对比试验，得到碳化率和 Mg^{2+} 浓度与搅拌速度的关系，见图 3-21。

由图 3-21 可见，碳化率和 Mg^{2+} 浓度均随搅拌速度的增大呈现先增大后下降的变化总趋势。当搅拌速度由 200r/min 增大至 300r/min 时，两者迅速增大，并均在 400r/min 时达到最大值，分别为 77% 和 475×10^{-6}。继续增大搅拌速度，碳化率先迅速下降，最终下降趋势较为平缓，变化不明显。而 Mg^{2+} 浓度则是先降低，继续增大搅拌速度至 500r/min，浓

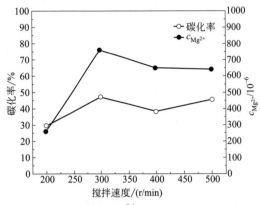

图 3-21 碳化率和 Mg^{2+} 浓度与搅拌速度的关系

度略有升高。

这是因为：一方面，对于同一来源的 Mg(OH)$_2$，在其他条件相同的情况下，搅拌速度的提高有助于提高 CO$_2$（aq）扩散到 Mg(OH)$_2$ 固体颗粒表面的速率及在 Mg(OH)$_2$ 颗粒表面形成的 Mg(HCO$_3$)$_2$ 向溶液中扩散的速率，从而提高 Mg(OH)$_2$ 的碳化速率；另一方面，提高搅拌速度有助于固体颗粒的进一步分散，增大反应物的接触面积，从而提高碳酸化速率。但搅拌速度过高，反应物来不及发生作用就被分散，因此碳化率有所下降。

综合考虑，选择 300r/min 为适宜的碳化搅拌强度。

3.5　本章小结

① 研究得出菱镁矿的最佳煅烧制度为：煅烧温度 750℃、煅烧时间 3.0h。此种煅烧制度下得到的菱镁矿分解率达 96% 以上，所得氧化镁进行柠檬酸活性检测变红时间为 11s，其水化率高达 61%，XRD 分析结果中 MgO 衍射峰强度高，杂质峰较少，化学组成中 MgO 含量达 88.95%。

② 氧化镁最佳水化环境为室温，选择 pH＝10.70～10.75 来判断反应终点；并将菱镁矿在 750℃ 煅烧 3.0h 所得氧化镁研磨至 −0.125mm 后，与 90℃ 的热水，按照氧化镁与水的质量比 1:40 混合后，室温下搅拌进行反应，pH 值达到 10.70～10.75 时停止搅拌，其水化率可达到 80% 以上。

③ 选择 pH＝7.80～7.75 来判断 Mg(OH)$_2$ 浆液的碳化反应终点，此外 Mg(OH)$_2$ 浆液适宜的碳化工艺条件为：碳化温度 20～30℃ 或更低，冬季室温即可；碳化时间 2.0h；CO$_2$ 流量 200mL/min；搅拌速度 300r/min。这种碳化工艺能有效地分离钙、镁离子，除去原料中的 CaO 等杂质，制备所得的 Mg(HCO$_3$)$_2$ 溶液纯度高。

参 考 文 献

[1] 邸素梅. 我国菱镁矿资源及市场 [J]. 非金属矿, 2001, 24 (1): 5-6.
[2] 王小娟. 菱镁矿的综合利用及纳米氧化镁的制备与性能研究 [D]. 上海: 华东师范大学, 2010: 5.
[3] 杨晨, 郑东, 杨小波, 等. 特殊形貌碳酸镁用途、制备及表征 [J]. 无机盐工业, 2011, 43 (7): 5.
[4] 胡庆福. 镁化合物生产与应用 [M]. 北京: 化学工业出版社, 2004: 11-77.
[5] 李承元. 国内外菱镁矿资源开发应用现状及展望 [J]. 世界有色金属, 1997, 12 (12): 30-34.
[6] 王兆敏. 中国菱镁矿现状与发展趋势 [J]. 中国非金属矿工业导刊, 2006, 57 (5): 6-8.
[7] 于淞. 我国菱镁矿的开发利用 [J]. 建材工业信息, 1993, 6 (6): 14-15.
[8] 伊弘. 循环碳化法制备轻质碳酸镁、氧化镁工艺研究 [D]. 武汉: 武汉工程大学, 2009: 5.
[9] 李俊强. 利用含镁副产品制备高纯碳酸镁及氧化镁研究 [J]. 大连: 大连理工大学, 2008: 6.
[10] 潘金生, 陈永华. 晶须及其应用 [J]. 复合材料学报, 1995, 12 (4): 1-7.
[11] 李武. 无机晶须 [M]. 北京: 化学工业出版社, 2005.
[12] 党争先. 无机晶须的应用现状 [J]. 辽宁化工, 2007, 36 (11): 777.
[13] 孟季茹, 赵磊, 梁国正, 等. 无机晶须在聚合物中的应用 [J]. 化工新型材料, 2001, 29 (12): 1-6.
[14] Wang X L, Xue D F. Direct observation of the shape evolution of MgO whiskers in a solution system [J]. Materials Letters, 2006, 60 (9): 3160-3164.
[15] 闫平科, 马正先, 高玉娟. 碳酸镁晶须的研究进展概述 [J]. 中国非金属矿工业导刊, 2009, 3: 23.

[16] 崔小明. 无机晶须的研究和应用进展 [J]. 精细化工原料及中间体, 2007 (5): 25-28.

[17] 徐兆瑜. 晶须的研究和应用新进展 [J]. 化工技术与开发, 2005, 34 (2): 16.

[18] 项久兴, 孙秋菊, 武士威, 等. 碳酸钙晶须的应用研究进展 [J]. 精细与专用化学品, 2010, 1: 15.

[19] 胡克伟, 钟辉, 吴小王. 镁盐晶须填充材料的研究进展和应用前景 [J]. 广州化学, 2005, 4: 58.

[20] 陈葳. 镁盐晶须复合材料的开发应用 [J]. 工程塑料应用, 2002, 30 (10): 60.

[21] 周祚万, 胡书春. 晶须的特点及产业化前景分析 [J]. 新材料产业, 2002, 103 (6): 18-20.

[22] 罗五魁, 杜森, 刘振, 等. 由菱镁矿制备氧化镁晶须的工艺研究 [J]. 非金属矿, 2008, 31 (6): 25.

[23] 李斌. 无机晶须 [M]. 北京: 化学工业出版社, 2005.

[24] Hahn R, Brunner J G, Kunze J, et al. A novel approach for the formation of Mg(OH)₂/MgO nana-owhiskers on magnesium: rapid anodization in chloride containing solutions [J]. Electrochemistry Communications, 2008 (10): 288-292.

[25] 孙新华. 硼酸铝晶须的应用与制备 [J]. 化工新型材料, 1998, 26 (4): 33-35.

[26] 靳治良, 李武, 张志宏. 硼酸镁晶须的合成研究 [J]. 无机盐工业, 2003, 35 (3): 22-24.

[27] 汪海东, 原力, 蔚敬华, 等. 微波固相合成硼酸镁晶须 [J]. 盐湖研究, 1998 (6): 98-102.

[28] 李强, 周启立, 宋晓莉. 硼酸镁晶须的制备及应用 [J]. 无机盐工业, 2004, 36 (2): 13-14.

[29] 李武, 高世扬, 夏树屏. 纤维硼镁石的高温水热合成研究 [J]. 盐湖研究, 1996, 4 (3): 43-47.

[30] 杨晨, 郑东, 杨小波, 等. 特殊形貌碳酸镁用途、制备及表征 [J]. 无机盐工业, 2011, 43 (7): 5.

[31] 三菁幸平, 田辺克幸, 田上直树. 碱式碳酸镁及其制备方法和用途: PCT/JP2003/001437 [P]. 2003-02-12.

[32] Kloprogge J T, Martens W N, Nothdurft L, et al. Low Temperature Synthesis and Characterization of Nesquehonite [J]. J Mater Sci Lett, 2003, 22 (11): 825-829.

[33] Mitsuhashi K, Tagami N, Tanabe K, et ai. Synthesis of Microtubes with a Surface of "House of Cards" Structure via Needlelike Particles and Control of Their Pore Size [J]. Langmuir, 2005, 21: 3659-3663.

[34] 王晓丽. 氧化镁晶须的制备工艺研究 [D]. 大连: 大连理工大学, 2006.

[35] 陈敏, 李月圆, 王健东, 等. 利用菱镁矿制备碳酸镁晶须 [J]. 硅酸盐学报, 2009, 37 (10): 1649-1653.

[36] 邵明浩, 史永刚, 胡泽善. 碳酸镁晶须的制备、表征与分析方法 [J]. 后勤工程学院学报, 2008, 24 (1): 37-40.

[37] 薛冬峰, 邹龙江, 闫小星, 等. 氧化镁晶须制备及影响因素考查 [J]. 大连理工大学学报, 2007, 47 (4): 488-492.

[38] 王万平, 张懿. 碳酸盐热解法制备氧化镁晶须 [J]. 硅酸盐学报, 2002, 30: 93-95.

[39] Zhang Z P, Zheng Y J, Ni Y W. Temperature and pH-dependent Morphology and FT-IR Analysis of Magnesium Carbonate Hydrates [J]. J Phys Chem B, 2006, 110: 12969-12973.

[40] Zhang Z P, Zheng Y J, Zhang J X, et al. Synthesis and Shape Evolution of Monodisperse Basic Magnesium Carbonate Microspheres [J]. Cryst Growth Design, 2007, 7: 337-342.

[41] 郑亚君, 党利琴, 张智平, 等. 搅拌时间对水合碳酸镁形貌和组成的影响 [J]. 精细化工, 2007, 24 (9): 836-837.

[42] 李月圆. 利用菱镁矿制备氧化镁晶须及其应用的研究 [D]. 沈阳: 东北大学, 2009.

[43] 唐小丽, 刘昌胜. 重烧氧化镁粉的活性测定 [J]. 华东理工大学学报, 2001, 27 (2): 157-160.

[44] 王宝和, 范方荣, 等. 煅烧工艺对纳米氧化镁粉体活性的影响 [J]. 无机盐工业, 2005, 37 (12): 15-16.

[45] 王小娟, 任爽, 武艳妮, 等. 煅烧非晶质菱镁矿对氧化镁活性的影响 [J]. 盐业与化工, 2009, 39 (1): 7-8.

[46] 张诗英. 菱镁粉 MgO 活性测定方法研究——Cl⁻测定法 [J]. 武汉工业大学学报, 1994, 16 (3): 114-118.

[47] 钱海燕, 邓敏, 徐玲玲, 等. 轻烧氧化镁活性测定方法的研究 [J]. 化工矿物与加工, 2005, 1: 22.

[48] Birchal V S S, Rocha S D F, Ciminelli V S T. Technical note: The effect of magnesite calcination conditions on magnesia hydration [J]. Minerals Engineering, 2000, 13 (14-15): 1629-1633.

[49] 从长杰, 易同寅, 洪建和, 等. CoC₂O₄·2H₂O 在空气中的热分解动力学研究 [J]. 无机化学学报, 2006, 22 (2): 379-383.

[50] 曹瑰华, 从长杰, 陶友田, 等. 碱式碳酸铜在空气中的热分解动力学 [J]. 武汉大学学报 (理学版), 2005, 51 (4): 416-420.

[51] 李代禧. 粒径对固相反应机理的影响——碳酸钙热分解动力学的研究 [D]. 贵州: 贵州大学, 2001.

[52] 路贵民, 邱竹贤. 菱镁矿煅烧动力学 [J]. 轻金属, 1992 (6): 36-39.

[53] 周旭良. 菱镁矿热选机理研究 [D]. 阜新: 辽宁科技大学, 2007.

[54] 翟学良, 杨永社. 活化氧化镁水化动力学研究 [J]. 无机盐工业, 2007, 32 (4): 16-18.

[55] 白丽梅, 韩跃新, 印万忠, 等. 菱镁矿制备优质活性镁技术研究 [J]. 有色矿冶, 2005, 7 (25): 47-48.

[56] 严永华，刘期崇，夏代宽，等．磷酸分解磷矿石的动力学 [J]．高校化学工程学报，1998，12（3）：265-270.

[57] Snocyink V L，Jenkins D．水的化学 [M]．北京：中国建筑工业出版，1990：181-185.

[58] 丁绪淮，谈遒．工业结晶 [M]．北京：化学工业出版社，1985：74-78.

[59] 刘欣伟，冯雅丽，李浩然，等．菱镁矿制备轻烧氧化镁及其水化动力学研究 [J]．中南大学学报（自然科学版），2011，42（12）：3914-3915.

[60] 刘宝树，乔满辉，胡庆福，等．自云石灰浆碳化反应动力学研究 [J]．河北科技大学学报，2005，26（2）：118-123.

[61] Shlraki R，Dunn T L．Experimental study on water—rock interactions during CO_2 flooding in the Tensleep Formation，Wyoming，USA [J]．Appl Geochem，2000，15（3）：265-279.

[62] Jesehke A A Dreybrodt W．Pitfalls in the determination of empirical dissolution rate equations of minerals from experimental data and a way out：an iterative procedure to find valid rate equations，applied to Ca-carbonates and sulphates [J]．Chemical Geol，2002，192（34）：183-194.

[63] 翟学良，杨永社，汤集刚．利用碳酸化动力学研究确定 $Mg(OH)_2$ 中残余氯的存在形式 [J]．化学试剂，1996，18（3）：144-146.

[64] Kato Y，Norimichi T，Kei K．Kinetic study of the hydration of magnesium oxide for a chemical heat pump [J]．Applied Thermal Engineering，1996，16（11）：853-862.

[65] 王万平，张懿．一种制备碳酸镁晶须的方法：CN02121351.8 [P]．2003-12-31.

[66] 李武．无机晶须 [M]．北京：化学工业出版社，2005.

4 微纳米三水碳酸镁的制备

4.1 原料与制备方法

4.1.1 原料与设备

4.1.1.1 原料

试验所用菱镁矿主要为辽宁岫岩和宽甸菱镁矿，自现场采集有代表性的矿样200kg，经挑选后破碎到9cm，按照人工堆分物料的方法，进行三次堆分混合，所得试样的化学分析结果如表4-1所示，图4-1为两种产地的菱镁矿原矿的XRD图。

表4-1　菱镁矿的化学组成（质量分数）　　　　　　　单位：%

产地	MgO	CaO	SiO$_2$	TFe	烧失量
岫岩	46.83	0.49	0.40	0.43	51.85
宽甸	47.61	0.50	0.66	—	51.23

从表4-1中可知两种产地菱镁矿中CaO、SiO$_2$、FeO等固体杂质含量合计均低于1.4%，而MgO的含量为46.83%和47.61%，其理论含量47.81%，由此可计算出试验所用岫岩和宽甸菱镁矿（以MgCO$_3$计）的纯度分别为97.95%和99.58%。从图4-1中可以看出，两种产地菱镁矿的衍射峰均为MgCO$_3$，基底平滑，强度高，半峰宽比较小，无其他杂相，说明原矿纯度高，结晶良好，其中岫岩菱镁矿的衍射峰强度远远高于宽甸菱镁矿的峰强。

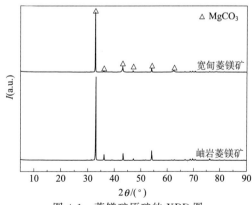

图4-1　菱镁矿原矿的XRD图

将两种产地的菱镁矿样品于750℃的马弗炉中煅烧3.0h，煅烧所得氧化镁的组成如表4-2所示。

由表4-2可知，相同的煅烧制度下，煅烧两种产地菱镁矿所得氧化镁的化学组成略有差异。煅烧宽甸菱镁矿所得产物中MgO含量为96.89%，比煅烧岫岩菱镁矿所得产物提高了1.3%，而其他杂质含量差别较小。

表 4-2　氧化镁化学组成（质量分数）　　　　　　　单位：%

产地	MgO	CaO	SiO$_2$	TFe	烧失量
岫岩	95.59	1.06	0.33	0.46	2.56
宽甸	96.89	1.03	0.28	0.46	1.34

　　试验所用的药剂均为市售产品，药剂的规格、生产厂家如表 4-3 所示。

表 4-3　试验试剂

试剂名称	化学式	规格	生产厂家
二氧化碳	CO$_2$	工业纯	沈阳景泉气体有限公司
氢氧化钠	NaOH	分析纯	国药集团化学试剂有限公司
氯化镁	MgCl$_2$·6H$_2$O	分析纯	天津市福晨化学试剂厂
无水氯化钙	CaCl$_2$	分析纯	国药集团化学试剂有限公司
氯化钡	BaCl$_2$·2H$_2$O	分析纯	沈阳新兴试剂厂
磷酸二氢钾	KH$_2$PO$_4$	分析纯	沈阳市东兴试剂厂
多聚磷酸钠	—	分析纯	沈阳新兴试剂厂
硝酸镁	Mg(NO$_3$)$_2$·6H$_2$O	分析纯	天津市科密欧化学试剂有限公司
五水硫代硫酸钠	Na$_2$S$_2$O$_3$·5H$_2$O	分析纯	西陇化工股份有限公司
柠檬酸	C$_6$H$_8$O$_7$·H$_2$O	分析纯	沈阳力诚试剂厂
酒石酸	C$_4$H$_6$O$_6$	分析纯	天津市福晨化学试剂厂
草酸	C$_2$H$_2$O$_4$·2H$_2$O	分析纯	沈阳力诚试剂厂
乳酸	C$_3$H$_6$O$_3$	分析纯	国药集团化学试剂有限公司
丁二酸（琥珀酸）	C$_4$H$_6$O$_4$	分析纯	国药集团化学试剂有限公司
苯甲酸	C$_7$H$_6$O$_2$	工业纯	成都天华科技股份有限公司
己二酸	C$_6$H$_{10}$O$_4$	分析纯	国药集团化学试剂有限公司
无水乙醇	CH$_3$CH$_2$OH	分析纯	天津市富宇精细化工有限公司
乙二醇	C$_2$H$_6$O$_2$	分析纯	天津市科密欧化学试剂有限公司
异丙醇	(CH$_3$)$_2$CHOH	分析纯	天津市富宇精细化工有限公司
丙氨酸	C$_3$H$_7$NO$_2$	生化试剂	国药集团化学试剂有限公司
甘氨酸	C$_2$H$_5$NO$_2$	生化试剂	北京奥博星生物技术有限责任公司
谷氨酸	C$_5$H$_9$NO$_4$	生化试剂	北京奥博星生物技术有限责任公司
亮氨酸	C$_6$H$_{13}$NO$_2$	生化试剂	国药集团化学试剂有限公司
十二烷基硫酸钠	C$_{12}$H$_{25}$NaO$_4$S	分析纯	国药集团化学试剂有限公司
聚乙二醇-2000	H(OCH$_2$CH$_2$)$_n$OH	化学纯	国药集团化学试剂有限公司
去离子水	H$_2$O	自制	东北大学矿物工程实验室

4.1.1.2　设备

　　试验所用主要设备如表 4-4 所示。

表 4-4　试验主要设备、型号及生产厂家

设备名称	型号	生产厂家
FA/JA 电子天平	FA2004	上海越平科学仪器有限公司
数显悬臂式搅拌机	RW20.n	广州仪科实验室技术有限公司
数显恒温水浴锅	HH-S/1	常州澳华仪器有限公司
循环水式多用真空泵	SHB-Ⅲ	郑州长城科工贸有限公司
数控超声波清洗器	KQ-2500DE	昆山市超声仪器有限公司
实验室 pH 计	pHs-25	上海盛磁仪器厂
实验室电导率仪	DDS-11A	上海盛磁仪器厂
CO$_2$ 钢瓶	JX91	沈阳景泉气体厂
玻璃转子流量计	LZB-3	沈阳正兴流量仪表有限公司
马弗炉	XMT-C800	沈阳节能电炉厂
电热真空干燥箱	DZ-2BC	天津市泰斯特仪器有限公司

续表

设备名称	型号	生产厂家
X 射线衍射仪	MPDDY 2094	荷兰帕纳科公司
扫描电子显微镜	JSM-6360LV	日本 JEOL 公司
热重-差示扫描仪	409 PC/PG	NETZSCH STA 公司
傅里叶变换红外光谱仪	380	Nicolet 公司

4.1.2 制备方法

4.1.2.1 碳酸氢镁溶液的制备

称取一定质量的氧化镁粉体，按照 $m(MgO):m(H_2O)$ 为 1∶40 的比例与热水混合后放入反应器中。将反应器置于 60℃恒温水浴锅中搅拌水化一定时间后，冷却至室温并经 75μm 标准筛过筛，除去未反应的大颗粒物质，得 $Mg(OH)_2$ 悬浊液。将装有 $Mg(OH)_2$ 悬浊液的反应器置于有冰块的水浴锅中，并往悬浊液中通入 CO_2。碳化过程中采用电导率仪和 pH 酸度计跟踪记录悬浊液的电导率值和 pH 值，当 pH 值为 7.5（或更低）时，停止通气和搅拌，过滤得前驱溶液 $Mg(HCO_3)_2$。

4.1.2.2 微纳米三水碳酸镁的制备

量取一定体积的 $Mg(HCO_3)_2$ 溶液置于反应器中，采用 5.0mol/L 的 NaOH 溶液调节 pH 值，再将一定量的添加剂溶解到其中，混合均匀。将装有上述混合溶液的反应器置于一定温度的恒温水浴锅中，并以一定的速率搅拌一定时间后，停止搅拌，过滤并将滤饼置于恒温干燥箱中干燥一定时间，即可得到三水碳酸镁晶须样品。其试验装置如图 4-2 所示。

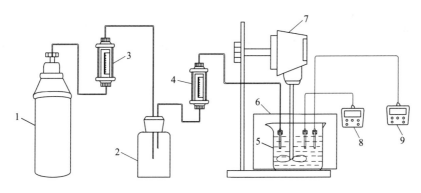

图 4-2   三水碳酸镁制备试验装置图

1—CO_2 钢瓶；2—缓冲瓶；3，4—玻璃转子流量计；5—反应器；
6—集热式恒温水浴锅；7—数显搅拌机；8—电导率仪；9—pH 酸度计

4.1.3 检测方法与性能表征

4.1.3.1 X射线衍射（XRD）分析

采用荷兰帕纳科公司 MPDDY2094 型 X 射线衍射仪检测样品的物相结构，获得 XRD 图谱。将获得的 XRD 图谱和标准 JCPDS 数据库检索数据比较，利用面网间距 d 值与 JCP-DS 标准卡片 d 值的对应程度，确定产品的物相。XRD 测试条件为：Cu 靶 K_a，$\lambda = 0.1541$nm，固体探测器，管电压 40kV，管电流 40mA，扫描速度 12（°）/min，扫描范围 $2\theta = 5° \sim 90°$。

4.1.3.2   扫描电镜（SEM）分析

将粉末分散，取其微量均匀涂在载物台上，经喷金处理后采用 JEOL 公司 JSM-6360LV 型扫描电子显微镜在不同倍率下观察粉末的形貌。每个试样通过选择具有代表性的晶体 100 根，测量其长度和直径，分别计算平均值，然后计算平均长径比，作为衡量水合碳酸镁晶体的主要质量指标之一。

4.1.3.3   红外光谱（FT-IR）分析

采用 Nicolet 公司 380 型傅里叶变换红外光谱仪检测改性前后三水碳酸镁晶须的化学基团组成。采用 KBr 压片法制样。KBr 压片法是指取 0.5～2.0mg 样品，用玛瑙研钵研细后，加入 100～200mg 干燥 KBr 粉末，再经研磨后置于压模具内，压成透明薄片进行测试。红外光谱仪工作参数为：扫描范围 4000～400cm^{-1}，分辨率为 2cm^{-1}，扫描次数 20。

4.1.3.4   热重-差示扫描量热（TG-DSC）分析

采用 NETZSCH STA 公司 409 PC/PG 型号热重分析仪测定试样的热稳定性，设定条件为：空气气氛下，升温速率 10℃/min，升温范围 20～900℃；并获得相应的热重差热（DSC-TGA）曲线。

4.1.3.5   化学成分分析

采用化学成分分析法分析制备所得水合碳酸镁中各组分的质量分数。

4.2   热解温度对三水碳酸镁制备过程的影响

固定热解时间 120min、搅拌速率 500r/min、Mg(HCO$_3$)$_2$ 溶液浓度 3.20g/L、Mg(HCO$_3$)$_2$ 溶液 pH 值为自然 pH 值（约为 7.7＋0.05）、无添加剂作用等条件，考察了热解温度对产物组成和形貌的影响，选择热解温度分别为 30℃、40℃、50℃、60℃和 70℃。图 4-3 为不同热解温度制备所得产物的 XRD 图。

从图 4-3 可以看出，在 30～50℃制备所得产物的全部衍射峰与单斜晶系的三水碳酸镁（MgCO$_3$·3H$_2$O）的 XRD 标准图谱（JCPDS 00-020-0669）相符合，其空间群为 $P12_1/n_1$(14)，晶格常数为 $a=$ 12.11Å，$b=5.365$Å，$c=7.697$Å，$\beta=90.42°$。尤其热解温度为 50℃时，衍射峰形尖锐，强度较高，无其他杂质峰的存在，说明该温度下制备的 MgCO$_3$·3H$_2$O 结晶良好。当温度升高至 60～70℃时，所得产物的衍射峰与单斜晶系的碱式碳酸镁 [4MgCO$_3$·Mg(OH)$_2$·4H$_2$O] 的 XRD 标准图谱（JCPDS 00-025-0513）一致，其晶格常数为 $a=10.11$Å，$b=$ 8.95Å，$c=8.38$Å，$\beta=114.44°$。由此可知，在较低的温度下（≤50℃）热解 Mg(HCO$_3$)$_2$ 溶液首先得到 MgCO$_3$·3H$_2$O，温度继续升高（＞50℃），

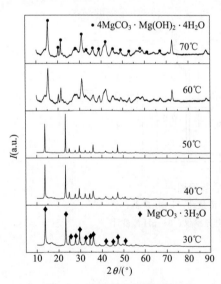

图 4-3   不同热解温度制备
所得产物的 XRD 图

MgCO$_3$·3H$_2$O 开始转化成 4MgCO$_3$·Mg(OH)$_2$·4H$_2$O，其反应过程为：

$$Mg(HCO_3)_2 + 2H_2O \longrightarrow MgCO_3 \cdot 3H_2O\downarrow + CO_2\uparrow \qquad (4-1)$$

$$5[MgCO_3 \cdot 3H_2O] \longrightarrow 4MgCO_3 \cdot Mg(OH)_2 \cdot 4H_2O + 10H_2O + CO_2\uparrow \qquad (4-2)$$

图 4-4 是不同热解温度下制备所得产物的 SEM 图。如图 4-4 所示，热解温度不同，产

物的形貌和尺寸发生明显的变化。随着热解温度的升高，产物形貌的变化过程为：针状→棒状→表面由多孔结构组成的棒状或表面被玫瑰花状覆盖的微球。当热解温度控制在 $30\sim50$℃时，得到表面光滑的针状或棒状 $MgCO_3 \cdot 3H_2O$ 晶体 [图 4-4(a)和图 4-4(b)]，随着温度的升高，晶体粒径均匀性变好，长径比增大，50℃时晶须最大长度达 $110\mu m$，长径比 18 [图 4-4(c)]。当热解温度升高到 60℃时，晶体为表面由多孔结构组成的短粗棒状 [图 4-4(d)]，其平均直径 $10\mu m$，平均长度 $40\mu m$，根据 XRD 检测结果可知，此时得到多孔短粗棒状产物为 $4MgCO_3 \cdot Mg(OH)_2 \cdot 4H_2O$；当反应温度进一步升高到 70℃时，通过 SEM 可以观察到，$4MgCO_3 \cdot Mg(OH)_2 \cdot 4H_2O$ 的形貌发生了改变，由多孔棒状晶体变为平均直径 $13\mu m$、表面被多孔玫瑰花状结构覆盖的微球颗粒 [图 4-4(e) 和图 4-4(f)]，玫瑰花状结构由厚度仅为几纳米的片叠加而形成，片与片之间存在间隙从而形成孔状结构。

图 4-4　不同热解温度下制备所得产物的 SEM 图
(a) 30℃；(b) 40℃；(c) 50℃；(d) 60℃；(e) 70℃；(f) 70℃产物局部放大图

　　试验结果表明，热解温度对产物的形貌和组成具有重要的影响。当温度高于 50℃，容易生成 $4MgCO_3 \cdot Mg(OH)_2 \cdot 4H_2O$。因此考虑到三水碳酸镁晶须的纯度、粒径的均匀性以及长径比的大小等因素，需要将 $Mg(HCO_3)_2$ 溶液的热解温度控制在 50℃。

4.3　热解时间对三水碳酸镁制备过程的影响

　　由 4.2 节可知，当热解温度升高到 60℃时，$MgCO_3 \cdot 3H_2O$ 转变为热力学上最稳定的 $4MgCO_3 \cdot Mg(OH)_2 \cdot 4H_2O$，也即 $MgCO_3 \cdot 3H_2O$ 是亚稳相，在一定条件下会向热力学上最稳定的 $4MgCO_3 \cdot Mg(OH)_2 \cdot 4H_2O$ 转变。固定热解温度 50℃、搅拌速率 500r/min、$Mg(HCO_3)_2$ 溶液浓度 3.20g/L、$Mg(HCO_3)_2$ 溶液 pH 值为自然 pH 值（约为 7.7＋0.05）、无添加剂作用等条件，改变热解时间 0~240min，考察了热解时间对产物的组成和形貌的影响。图 4-5 为不同热解时间制备所得产物的 XRD 图，图 4-6 是不同热解时间制备所得产物的 SEM 图。

　　由图 4-5 可知，120min 时所得产物的衍射峰位置全部与 $MgCO_3 \cdot 3H_2O$ 的特征峰一致，其峰窄且强度高，基底平滑，无其他杂峰，说明此时 $MgCO_3 \cdot 3H_2O$ 结晶良好。$150\sim180$min 时产物衍射峰位置全部与 $4MgCO_3 \cdot Mg(OH)_2 \cdot 3H_2O$ 的特征峰相对应，与 120min 时 $MgCO_3 \cdot 3H_2O$ 的特征峰相比，$4MgCO_3 \cdot Mg(OH)_2 \cdot 3H_2O$ 的衍射峰宽，强度低，且基底不平滑，说明在该段

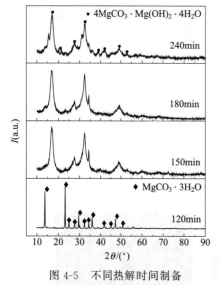

图 4-5　不同热解时间制备
所得产物的 XRD 图

时间内所得 $4MgCO_3 \cdot Mg(OH)_2 \cdot 3H_2O$ 尺寸小，结晶度较差。240min 时产物的衍射峰位置与 $4MgCO_3 \cdot Mg(OH)_2 \cdot 3H_2O$ 一致，峰窄且基底平滑，说明此时所得 $4MgCO_3 \cdot Mg(OH)_2 \cdot 3H_2O$ 结晶良好。XRD 检测结果表明，保持其他条件不变，120min 时制备所得产物为结晶良好的 $MgCO_3 \cdot 3H_2O$，当热解时间继续延长，$MgCO_3 \cdot 3H_2O$ 逐渐转变为 $4MgCO_3 \cdot Mg(OH)_2 \cdot 3H_2O$。

从图 4-6 中可以看出，5min 时溶液中产物为无定形颗粒 [图 4-6(a)]，30～120min 无定形颗粒逐渐转变为光滑针状晶体或棒状晶须，随着热解时间的延长，棒状晶须长度不断增加，长径比增大，粒径均匀性变好 [图 4-6(b)～图 4-6(d)]。120min 时棒状 $MgCO_3 \cdot 3H_2O$ 晶须表面非常光滑，其平均直径为 6.0μm，平均长度为 100μm [图 4-6(e)]。150min 时，所得产物仍为长径比较大的棒状晶须 [图 4-6(f)]，但从放大图 [图 4-6(g)] 中可以看出，棒状晶须表面变粗糙，明显长着片状颗粒。180min 时，表面不光滑的棒状晶体长度变短，并且产物中还夹杂部分短粗柱状晶体 [图 4-6(h)]，240min 时，光滑棒状晶体消失，产物全部为表面由多孔结构组成的棒状 $4MgCO_3 \cdot Mg(OH)_2 \cdot 3H_2O$ 晶体，多孔结构由纳米片交叉重叠构成，叶片成弯曲状，叶片的厚度仅为几纳米 [图 4-6(i)]。

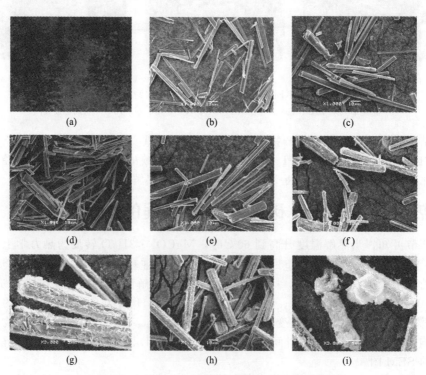

(a)　　　　(b)　　　　(c)

(d)　　　　(e)　　　　(f)

(g)　　　　(h)　　　　(i)

图 4-6　不同热解时间制备所得产物的 SEM 图
(a) 5min；(b) 30min；(c) 60min；(d) 90min；(e) 120min；
(f) 150min；(g) 150min 产物局部放大；(h) 180min；(i) 240min

综上所述，当热解温度为 50℃，随着热解时间的延长，$MgCO_3 \cdot 3H_2O$ 不稳定会转变为 $4MgCO_3 \cdot Mg(OH)_2 \cdot 3H_2O$，因此选择热解时间为 120min。

4.4　搅拌速率对三水碳酸镁制备过程的影响

诸多文献发现搅拌对晶体形貌具有影响。固定热解温度 50℃、热解时间 120min、$Mg(HCO_3)_2$ 溶液浓度 3.20g/L、$Mg(HCO_3)_2$ 溶液 pH 值为自然 pH 值（约为 7.7＋0.05）、无添加剂作用等条件，考察搅拌速率对热解产物形貌的影响，改变搅拌速率 0～800r/min，分别为 0r/min、200r/min、400r/min、500r/min、600r/min、800r/min。图 4-7 为不同搅拌速率下所得产物的 SEM 图。

图 4-7　不同搅拌速率下所得产物的 SEM 图
(a) 0r/min；(b) 200r/min；(c) 400r/min；(d) 500r/min；(e) 600r/min；(f) 800r/min

由图 4-7 可见，搅拌速率对产物形貌无显著影响，不同搅拌速率下均得到光滑棒状 $MgCO_3 \cdot 3H_2O$ 晶须，但在低转速下，产物的产率较低，结晶速度慢，而高转速下，已生成的棒状晶体容易被搅拌桨搅断，会使晶体长度变短，长径比下降。因此，综合考虑各方面因素，选择较适宜的搅拌速率为 500r/min。

4.5　碳酸氢镁溶液浓度对三水碳酸镁制备过程的影响

固定热解温度 50℃、热解时间 120min、搅拌速率 500r/min、$Mg(HCO_3)_2$ 溶液 pH 值为自然 pH 值（约为 7.7＋0.05）、无添加剂作用等条件，考察 $Mg(HCO_3)_2$ 溶液浓度对热解产物组成和形貌的影响。通过加入去离子水来改变溶液浓度至 2.75～3.87g/L，其中 c_1 是 $Mg(HCO_3)_2$ 溶液自然浓度，为 3.87g/L；c_2 为 3.39g/L；c_3 为 2.75g/L。图 4-8 为热解不同浓度 $Mg(HCO_3)_2$ 溶液所得产物的 XRD 图，图 4-9 为热解不同浓度 $Mg(HCO_3)_2$ 溶液所得产物的 SEM 图。

由图 4-8 可知，温度为 50℃时，热解不同浓度 $Mg(HCO_3)_2$ 溶液所得产物均为 $MgCO_3 \cdot 3H_2O$，其衍射峰基底平滑，无其他杂峰，表明不同浓度下所得 $MgCO_3 \cdot 3H_2O$ 晶体结晶良好，纯度高；但较低浓度所得 $MgCO_3 \cdot 3H_2O$ 晶体衍射峰强度远远大于较高浓度下所得产物的峰强，说明较低浓度下所得 $MgCO_3 \cdot 3H_2O$ 晶体结晶度优于较高浓度下所得晶体。

由图 4-9 可知，在高浓度下，所得产物均为表面长着颗粒状碎末的 $MgCO_3 \cdot 3H_2O$ 晶

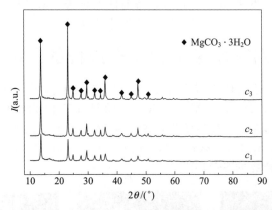

图 4-8　热解不同浓度 $Mg(HCO_3)_2$ 溶液所得产物的 XRD 图

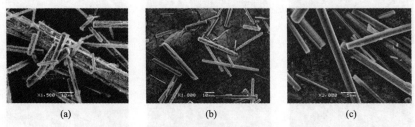

图 4-9　热解不同浓度 $Mg(HCO_3)_2$ 溶液所得产物的 SEM 图

(a) c_1; (b) c_2; (c) c_3

体，其粒径均匀性变差，长径比较小 [图 4-9(a)]。当浓度降低至 c_2 时，产物中同时存在表面不光滑、长着碎末状颗粒以及表面非常光滑的棒状 $MgCO_3 \cdot 3H_2O$ 晶须，其平均直径 $4\sim6\mu m$、平均长度 $40\mu m$ [图 4-9(b)]。$Mg(HCO_3)_2$ 溶液浓度进一步降低至 c_3 时，产物全部为表面非常光滑、粒径均匀、平均直径 $2.5\mu m$、平均长度 $30\mu m$ 的棒状 $MgCO_3 \cdot 3H_2O$ 晶须 [图 4-9(c)]。

因此，为了得到纯度高、结晶良好、表面光滑的三水碳酸镁晶须，控制 $Mg(HCO_3)_2$ 溶液浓度在 $2.75\sim3.39g/L$。

4.6　碳酸氢镁溶液 pH 值对三水碳酸镁制备过程的影响

本小节固定热解温度 50℃、热解时间 120min、搅拌速率 500r/min、$Mg(HCO_3)_2$ 溶液浓度 3.20g/L 以及无添加剂作用等条件，考察 $Mg(HCO_3)_2$ 溶液 pH 值对热解产物组成和形貌的影响。采用 5mol/L 的 NaOH 溶液作为 pH 值调整剂，溶液 pH 值的变化范围为 $7.75\sim10.05$，其中 pH_0 是 $Mg(HCO_3)_2$ 溶液自然 pH 值，其值约为 $7.7+0.05$，$pH_1\sim pH_3$ 为加入 NaOH 溶液调节之后的 pH 值，分别为 $8.0+0.05$、$9.0+0.05$ 和 $10.0+0.05$。图 4-10 为热解不同 pH 值的 $Mg(HCO_3)_2$ 溶液所得产物的 XRD 图，图 4-11 为热解不同 pH 值的 $Mg(HCO_3)_2$ 溶液所得产物的 SEM 图。

如图 4-11 所示，热解自然 pH 值下的 $Mg(HCO_3)_2$ 溶液所得产物为光滑棒状 $MgCO_3 \cdot 3H_2O$ 晶体，其平均直径 $2.0\mu m$，平均长度 $50\mu m$ [图 4-11(a)]。pH 值为 $8.0+0.05$ 时，棒状晶体的表面由光滑变粗糙，其表面长着许多细颗粒状物质 [图 4-11(b)]，由 4.2 节、4.3 节的分析结果可知，粗糙的表面是由棒状结构表面逐渐溶解造成的，这些颗粒状物质是少量的棒状 $MgCO_3 \cdot 3H_2O$ 晶体开始溶解，并和溶液中的 OH^- 发生反应，形成了

$4MgCO_3 \cdot Mg(OH)_2 \cdot 4H_2O$ 所致。但在 XRD 图谱（图 4-10）中并没有发现强度较弱的 $4MgCO_3 \cdot Mg(OH)_2 \cdot 4H_2O$ 衍射峰，只是其衍射强度大大低于自然 pH 值下所得产物，表明其结晶度的降低，因此在 pH 值为 8.0+0.05 时所得产物为 $MgCO_3 \cdot 3H_2O$ 和 $4MgCO_3 \cdot Mg(OH)_2 \cdot 4H_2O$ 的混合物。pH 值升高到 9.0+0.05 时，所得产物主要由表面是多孔结构的棒状晶体和表面被玫瑰花状覆盖的微球晶体组成，所得多孔状和玫瑰花状结构尺寸较小，而且交叉排列得很紧密 [图 4-11(c)]。当 pH 值进一步升高到 10.0+0.05 时，所得产物全部为粒径均匀、扁平的纳米片状 $4MgCO_3 \cdot Mg(OH)_2 \cdot 4H_2O$ [图 4-11(d)]，且未发现多孔棒状晶体存在。

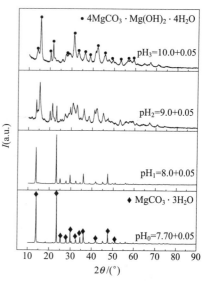

图 4-10　热解不同 pH 值的 $Mg(HCO_3)_2$ 溶液所得产物的 XRD 图

试验结果表明，$Mg(HCO_3)_2$ 溶液的初始 pH 值对晶体的组成和形貌具有重要的影响，当 pH 值高于 8.00 时，容易生成 $4MgCO_3 \cdot Mg(OH)_2 \cdot 4H_2O$。因此为了得到纯度高、结晶良好的三水碳酸镁晶须，选择 $Mg(HCO_3)_2$ 溶液的 pH 值为溶液自然 pH 值即可。

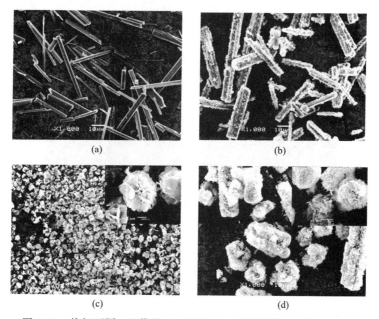

图 4-11　热解不同 pH 值的 $Mg(HCO_3)_2$ 溶液所得产物的 SEM 图
(a) pH_0；(b) pH_1；(c) pH_2；(d) pH_3

4.7　不同产地原料对三水碳酸镁制备过程的影响

不同产地的菱镁矿其结晶性质不同，由表 4-1 可知辽宁省宽甸和岫岩地区菱镁矿资源尤其丰富，并且矿产资源纯度高，本小节固定热解温度 50℃、热解时间 120min、搅拌速率 500r/min、$Mg(HCO_3)_2$ 溶液浓度 3.20g/L、$Mg(HCO_3)_2$ 溶液 pH 值为自然 pH 值（约为 7.7+0.05）和无添加剂作用等条件，考察这两个产地的菱镁矿对热解产物组成和形貌的影响。图 4-12 为两种产地菱镁矿制备所得产物的 XRD 图，图 4-13 为不同产地菱镁矿制备所得产物的 SEM 图。

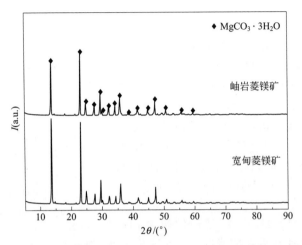

图 4-12　不同产地的原料制备所得三水碳酸镁晶须的 XRD 图

由图 4-12 可知，不同产地的菱镁矿制备所得产物的衍射峰全部与 $MgCO_3 \cdot 3H_2O$ 的特征峰对应，无其他衍射峰存在，说明产物具有较高的纯度；衍射峰窄且强度高，表明 $MgCO_3 \cdot 3H_2O$ 结晶良好。由图 4-13 可见，两种原料制备所得产物均为结晶良好、表面光滑的棒状 $MgCO_3 \cdot 3H_2O$ 晶须。对比两种原料制备所得棒状晶须的尺寸可知，以宽甸菱镁矿为原料制备所得晶体直径较小，长径比大，其平均直径为 $0.5 \sim 1.0 \mu m$，长径比为 $20 \sim 40$。

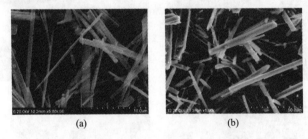

图 4-13　不同产地的原料制备所得的三水碳酸镁晶须的 SEM 图
(a) 宽甸菱镁矿；(b) 岫岩菱镁矿

试验结果表明，菱镁矿的产地对三水碳酸镁晶须的组成和形貌影响不大，由此说明本研究这种制备工艺具有普遍的适用性，可以综合利用我国菱镁矿矿产资源。为了保证试验条件的统一性，在 4.2 节~4.7 节以及后续的所有单因素试验中，均采用宽甸菱镁矿为原料。

4.8　添加剂种类对三水碳酸镁制备过程的影响

当生长环境中存在杂质时，晶体的生长对杂质极为敏感，杂质进入晶体后，不仅直接影响晶体的物理性能，而且会导致晶体的形态发生变化。添加剂相当于广义上的杂质，一般指的是微量的阳离子和阴离子，阳离子主要为金属离子，阴离子主要为有机离子或高分子电解质。添加剂离子吸附在晶体的晶面、台阶或扭折上，并替代晶格离子，阻碍晶格离子的迁移和吸附，从而抑制晶体的生长；有些添加剂则对个别晶面的作用较强，使晶体生长表现为各向异性，晶体形状改变；有些添加剂的加入会使晶体构造发生改变。

鉴于添加剂对晶体的生长具有显著的作用，固定热解温度 50℃、热解时间 120min、搅

拌速率 $500r/min$、$Mg(HCO_3)_2$ 溶液浓度 $3.20g/L$、$Mg(HCO_3)_2$ 溶液 pH 值为自然 pH 值等条件，分别研究了无机盐类、醇类、有机酸类、表面活性剂类、氨基酸类五大种类添加剂对热解产物组成和形貌的影响。

4.8.1　无机盐类添加剂对三水碳酸镁制备过程的影响

试验考察了六种无机盐类添加剂对制备过程的影响，分别为氯化钡、氯化钙、磷酸二氢钾、氯化镁、硝酸镁和多聚磷酸钠，添加量均为 $5.0g/L$。图 4-14 为不同种类无机盐类添加剂作用下产物的 SEM 图。

图 4-14　不同种类无机盐类添加剂作用下产物的 SEM 图
(a) 氯化钡；(b) 氯化钙；(c) 磷酸二氢钾；(d) 氯化镁；(e) 硝酸镁；(f) 多聚磷酸钠

从图 4-14 中可以看出，无机盐类添加剂作用下得到的产物均为棒状晶体，但晶体的长径比及光洁度与添加剂种类密切相关。氯化钡和氯化钙作用下，棒状晶体表面长着球状颗粒，其平均长度 $45\mu m$，长径比 15 ［图 4-14(a)和图 4-14(b)］。磷酸二氢钾作用下，产物为棒状晶体和絮状碎末混合体，晶体长径比小，表面长着由絮状物构成的花状物质［图 4-14(c)］。氯化镁作用下，所得产物为表面光滑、分散性能良好、粒径均匀的棒状晶须，其平均长度 $75\mu m$，平均直径 $4.5\mu m$，长径比接近 20 ［图 4-14(d)］。硝酸镁作用下，得到表面长着片状物的不光滑棒状晶体，平均长度 $55\mu m$，长径比 11 ［图 4-14(e)］。多聚磷酸钠作用下，所得产物为团聚生长的圆柱状晶体，长度明显缩短，长径比减小 ［图 4-14(f)］。

由于氯化钡、氯化钙、氯化镁、硝酸镁和磷酸二氢钾作用下所得晶体表面不光滑，长有颗粒状或片状物质，因此对所得产物进行 XRD 检测，结果如图 4-15 和图 4-16 所示。

由图 4-15 可知，不同种类无机盐类添加剂作用下，热分解重镁水所得产物的全部衍射峰均符合单斜晶系的三水碳酸镁（$MgCO_3 \cdot 3H_2O$）的 XRD 标准图谱（JCPDS 00-020-0669），其空间群为 $P12_1/n_1(14)$，晶格常数为 $a=12.11\text{Å}$，$b=5.365\text{Å}$，$c=7.697\text{Å}$，$\beta=90.42°$。衍射峰形尖锐，强度较高，未发现杂质峰，说明氯化钡、氯化钙、氯化镁和硝酸镁作用下所制备的 $MgCO_3 \cdot 3H_2O$ 结晶良好，无其他物质存在，表明上述四种添加剂不影响产物的组成。

由图 4-16 可知，磷酸二氢钾作用下，所得产物的衍射峰与五水碳酸镁 ［$MgCO_3 \cdot 5H_2O$（JCPDS 00-035-0680）］晶体的特征峰基本一致，说明该添加量下所得产物为 $MgCO_3 \cdot 5H_2O$，其衍射峰强度高，基底较为平滑，表明所得 $MgCO_3 \cdot 5H_2O$ 具有良好的晶体结构。$MgCO_3 \cdot 5H_2O$ 属于单斜晶系，其所属空间群为 $P12_1/C_1(14)$，晶格参数分别为：$a=$

$7.36Å$，$b=7.63Å$，$c=12.49Å$，$\beta=101.75°$，$V=687.1Å^3$。观察图 4-16 发现，在 $2\theta=14.8°$附近出现强度较高的 $MgCO_3 \cdot 3H_2O$ 衍射峰，同时还存在 $4MgCO_3 \cdot Mg(OH)_2 \cdot 4H_2O$ 和 $5MgCO_3 \cdot Mg(OH)_2 \cdot 8H_2O$ 的衍射峰 [$5MgCO_3 \cdot Mg(OH)_2 \cdot 8H_2O$ 是一种水合碳酸镁，其热力学稳定性远不如 $4MgCO_3 \cdot Mg(OH)_2 \cdot 4H_2O$]，说明产物中还存在少量其他水合碳酸镁，其纯度还有待提高，这也证实了 $MgCO_3 \cdot 5H_2O$ 总是和 $MgCO_3 \cdot 3H_2O$ 等水合碳酸镁一起产出的结论。

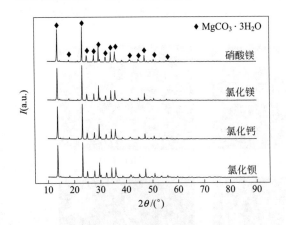

图 4-15　不同种类添加剂作用下产物的 XRD 图

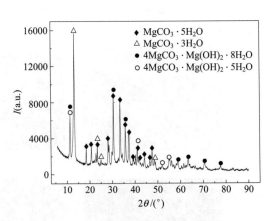

图 4-16　磷酸二氢钾添加量为 5.0g/L 时产物的 XRD 图

综上所述，与无添加剂作用下所得三水碳酸镁晶体相比，无机盐类添加剂中氯化镁和多聚磷酸钠对三水碳酸镁晶体的表面光洁度无明显影响，而对其直径和长径比影响较大；氯化钡、氯化钙、磷酸二氢钾以及硝酸镁对晶体的表面光洁度和形貌均具有明显影响。氯化镁作用下晶须直径变小，长径比增大；而多聚磷酸钠作用下，晶体直径增大，长径比减小。氯化钡和氯化钙作用下，晶体表面均长着球状颗粒；磷酸二氢钾作用下，晶体表面长着花状物质；而硝酸镁作用下晶体表面长着片状物质。综合可知，氯化钙、氯化钡和磷酸二氢钾对晶体的形貌影响较大，但氯化钙和氯化钡作用下晶体形貌相类似，因此本节详细研究氯化钡作为添加剂时的三水碳酸镁晶体结晶过程，而磷酸二氢钾作为添加剂时的晶体结晶过程将在第 6 章进行探究。

选取氯化钙作为添加剂，保持其他条件不变，考察氯化钙的添加量对制备过程的影响，分别选取添加量为 0.5g/L、1.5g/L、3.0g/L、5.0g/L、7.5g/L。图 4-17 为氯化钙添加量对产物形貌的影响。

如图 4-17 所示，氯化钙作为添加剂时，其添加量对三水碳酸镁晶体的表面光洁度有着显著影响。当氯化钙添加量为 0.5g/L 时，产物为均匀棒状晶体，晶体表面不光滑，长着条状颗粒，晶体平均长度 $30\mu m$，平均直径 $4.0\mu m$，长径比 7.5 [图 4-17(a)]。添加量增大到 1.5g/L 时，晶体长径比无明显变化，但长在晶体表面的条状颗粒变为球状颗粒 [图 4-17(b)]。3.0g/L 时，产物为表面由树叶状结构组成的短粗棒状晶体，其长径比略下降 [如图 4-17(c)]。5.0g/L 时，产物具有两种形貌，即棒状晶体和球状晶体，部分棒状晶体表面附着球状晶体，球状晶体粒径均匀 [图 4-17(d)]。当添加量进一步增加到 7.5g/L 时，产物仍具有两种形貌，即棒状晶体和球状晶体，棒状晶体基本上无变化，而球状晶体数量明显增加 [图 4-17(e)]。由上述可知，当添加量为 5.0g/L 时，产物形貌变化较大，由两种形貌的晶体组成，因此选取氯化钙添加量为 5.0g/L，进一步考察了在此添加量的氯化钙作用下，产物的形貌随热解时间的变化过程，结果如图 4-18 所示。

如图 4-18 所示，保持其他条件不变，氯化钙添加量为 5.0g/L 时，随着热解时间的延长，产物的形貌变化过程如下：30min 时产物主要为棒状晶体，棒状晶体表面非常光滑，但零星长着碎末状物质［图 4-18(a)］。60min 时长在棒状晶体表面的碎末状物质数量明显增加，此外棒状晶体周围也出现碎末状物质［图 4-18(b)］。90min 时棒状晶体表面以及晶体周围的碎末状物质明显长大变成细小的微球状晶体，且球状晶体数量明显增加［图 4-18(c)］。120min 时，棒状晶体表面长着粒径均匀的微球状颗粒［图 4-18(d)］。时间延长至180min，其形貌与 120min 时所得产物相比无明显变化［图 4-18(e)］，进一步延长至360min，晶体表面的微球变成纳米片状或碎末状［图 4-18(f)］。

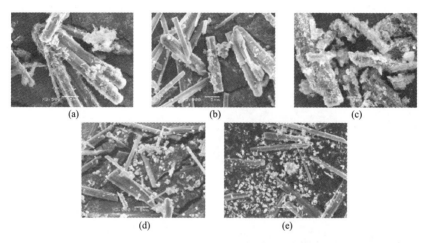

图 4-17　氯化钙添加量对产物形貌的影响
(a) 0.5g/L；(b) 1.5g/L；(c) 3.0g/L；(d) 5.0g/L；(e) 7.5g/L

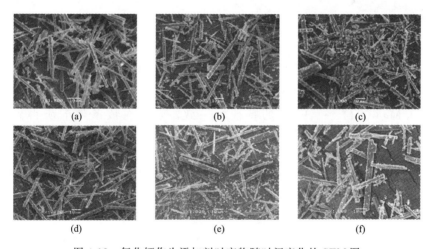

图 4-18　氯化钙作为添加剂时产物随时间变化的 SEM 图
(a) 30min；(b) 60min；(c) 90min；(d) 120min；(e) 180min；(f) 360min

综上所述，氯化钙作为添加剂且其添加量为 5.0g/L 时，其对晶体形貌的影响主要体现在对晶体表面光洁度以及对晶体表面附着物形貌的影响，而对棒状晶体的直径和长径比无明显影响，由此可认为氯化钙对三水碳酸镁晶体的定向生长并无调控作用。

4.8.2　醇类添加剂对三水碳酸镁制备过程的影响

试验考察了四种醇类添加剂对制备过程的影响，分别为无水乙醇、乙二醇、丙三醇和异丙醇，按照 1∶2 的添加量比 $[V_{无水乙醇}$ 与 $V_{Mg(HCO_3)_2}$ 之比$]$ 添加醇类添加剂。图 4-19 为不同种类醇类添加剂作用下产物的 SEM 图。

由图 4-19 可知，醇类添加剂种类对产物的形貌影响显著。无水乙醇作用下，得到表面长着片状物的短粗棒状晶体和花状晶体，棒状晶体长短不一，粒径不均匀 [图 4-19(a)]。乙二醇作用下，得到粒径均匀、平均长度 $120\mu m$、长径比 20 的棒状晶须，晶须表面长着竹节一般的横纹 [图 4-19(b)]。丙三醇作用下，产物为光滑棒状晶体，但其长度和长径比较乙二醇作用下所得产物略有减小 [图 4-19(c)]。异丙醇作用下，所得产物全部为表面由树叶状结构组成的短棒状晶体，其粒径均匀，平均直径为 $5.0\mu m$，平均长度 $15\mu m$ [图 4-19(d)]。由 4.2 节~4.6 节研究结果可知，无水乙醇和异丙醇作为添加剂时所得产物的形貌与碱式碳酸镁的形貌极为相似，因此对上述两种产物进行了 XRD 表征，结果如图 4-20所示。

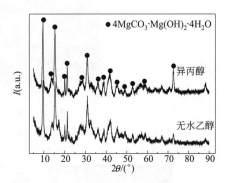

图 4-19　不同种类醇类添加剂作用下产物的 SEM 图
(a) 无水乙醇；(b) 乙二醇；(c) 丙三醇；(d) 异丙醇

图 4-20　无水乙醇和异丙醇作为添加剂时所得产物的 XRD 图

由图 4-20 的 XRD 分析结果可知，无水乙醇和异丙醇作用下所得产物的全部衍射峰位置与 $4MgCO_3 \cdot Mg(OH)_2 \cdot 4H_2O$ 的特征峰一致，表明在该条件下所得到的产物为 $4MgCO_3 \cdot Mg(OH)_2 \cdot 4H_2O$。

综上所述，醇类添加剂作用下，乙二醇和丙三醇对产物的组成和形貌无明显影响，而无水乙醇和异丙醇对产物组成和形貌具有显著影响，因此分别对无水乙醇和异丙醇作为添加剂时的制备过程进行详细研究。

4.8.2.1　无水乙醇作为添加剂时对制备过程的影响

选取无水乙醇作为添加剂，保持其他条件不变，考察无水乙醇的添加量对制备过程的影响，分别选取添加量比为 1∶10、1∶2、1∶1、2∶1、5∶1。图 4-21 为无水乙醇添加量对产物形貌的影响。

从图 4-21 中可以看出，无水乙醇作为添加剂时，其添加量对产物的形貌影响明显。当添加量比为 1∶10 时，获得的是表面光滑、平均直径为 500nm、最小直径约为 55nm、最大长径比达 40 的棒状晶须 [图 4-21(a)]。添加量比为 1∶2 时，产物由表面长着无定形片状物的不光滑棒状晶体组成，此外在不光滑棒状晶体周围也存在着无定形片状物 [图 4-21(b)]，由 XRD 分析结果（图 4-20）可知，不光滑棒状晶体和无定形片状物为 $4MgCO_3 \cdot Mg(OH)_2 \cdot 4H_2O$。添加量比增大到 1∶1 时，产物形貌开始变化，不光滑棒状晶体表面的无定形片状物长大成棉絮状结构 [图 4-21(c)]。随着添加量比继续增大，棉絮状结构继续长大成疏松结构 [图 4-21(d)]，添加量比进一步增大到 5∶1，不光滑棒状晶体完全消失，产物由大量的棉花糖状晶体组成，棉花糖状结构由纳米片一层一层叠加而成 [图 4-21(e)]。由前述结果可知，无水乙醇添加量比为 1∶2 时，所得不光滑棒状晶体为 $4MgCO_3$·$Mg(OH)_2$·$4H_2O$，而添加量比为 1∶1 时，产物的形貌开始发生显著变化，因此分别对添加量比为 1∶1、2∶1 及 5∶1 时所得三种产物的组成进行了 XRD 检测，结果如图 4-22 所示。

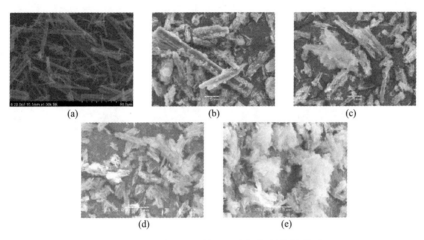

图 4-21　无水乙醇添加量对产物形貌的影响

(a) 1∶10；(b) 1∶2；(c) 1∶1；(d) 2∶1；(e) 5∶1

　　从图 4-22 可以看出，当添加量比由 1∶1 增大到 5∶1 时，所得产物的衍射峰位置均与 $4MgCO_3$·$Mg(OH)_2$·$4H_2O$ 的特征峰一致，衍射峰窄且强度低，基底不平滑，并且还存在少量的其他碱式碳酸镁 [$4MgCO_3$·$Mg(OH)_2$·$5H_2O$（JCPDS00-023-1218），也称球碳酸镁石] 的特征峰，说明所得产物有杂相，结晶度较不理想，形貌不均匀，这一结果与图 4-22 的分析结果一致。

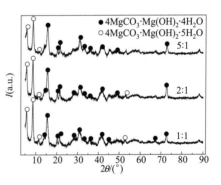

图 4-22　不同添加量无水乙醇作用下所得产物的 XRD 图

　　由 XRD 和 SEM 分析结果可知，保持其他条件不变，无水乙醇作为添加剂时，其添加量比对产物的组成和形貌影响较大。通过增大无水乙醇添加量比即可在热解温度为 50℃ 的条件下直接热解 $Mg(HCO_3)_2$ 溶液得到 $4MgCO_3$·$Mg(OH)_2$·$4H_2O$，换言之，在无水乙醇辅助下可低温制备 $4MgCO_3$·$Mg(OH)_2$·$4H_2O$，尽管所得 $4MgCO_3$·$Mg(OH)_2$·$4H_2O$ 纯度还有待提高，但这一现象目前国内外尚未见报道。另外，当添加量比≥1∶2 时，产物开始由 $MgCO_3$·$3H_2O$ 转变为 $4MgCO_3$·$Mg(OH)_2$·$4H_2O$，而这一结论与文献报道不一致，这可能是由制备前驱溶液 $Mg(HCO_3)_2$ 的原料、无水乙醇的添加方式以及其他反应条件等因素不同所造成。另外，为了进一步探讨无水乙醇对结晶过程的影响，试验考察了其添加量比为 1∶2 时，产物的形貌随热解时间的变化过程，结果如图 4-23 所示。

　　观察图 4-23 发现，无水乙醇作为添加剂，固定其他条件，产物的形貌受热解时间影响较大。30～90min 区间内，所得产物为光滑棒状晶体，随着时间的延长，产物的长度明显增加，长径比增大 [图 4-23(a)～图 4-23(c)]。当热解时间为 120min 时，产物的形貌开始发生变化，棒状晶体表面由光滑变粗糙，并且部分棒状晶体表面被多孔结构覆盖［图 4-23 (d)］，由前述结果与讨论可知，此时所得产物为 $4MgCO_3 \cdot Mg(OH)_2 \cdot 4H_2O$。时间延长至 180min 时，产物全部为长短不一的多孔棒状 $4MgCO_3 \cdot Mg(OH)_2 \cdot 4H_2O$ 晶体［图 4-23(e)］，进一步延长热解时间至 360min 时，产物形貌无明显变化［图 4-23(f)］。

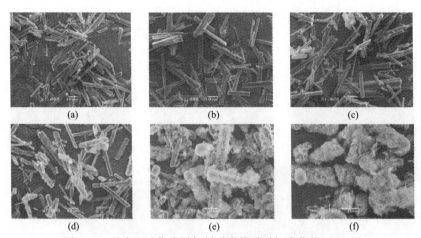

图 4-23　无水乙醇作为添加剂时产物随时间变化的 SEM 图
(a) 30min；(b) 60min；(c) 90min；(d) 120min；(e) 180min；(f) 360min

综上所述，当无水乙醇添加量比为 1:2 时，随着热解时间延长，产物由光滑棒状 $MgCO_3 \cdot 3H_2O$ 晶须变为多孔棒状 $4MgCO_3 \cdot Mg(OH)_2 \cdot 4H_2O$ 晶体。由此可认为在热解 $Mg(HCO_3)_2$ 溶液过程中，无水乙醇的添加量比及热解时间对产物的组成和形貌具有显著的作用。

4.8.2.2　异丙醇作为添加剂时对制备过程的影响

选取异丙醇作为添加剂，保持其他条件不变，考察异丙醇的添加量对制备过程的影响，分别选取添加量比为 1:10、1:2、1:1、2:1、5:1。图 4-24 为异丙醇添加量对产物形貌的影响。

图 4-24　异丙醇添加量对产物形貌的影响
(a) 1:10；(b) 1:2；(c) 1:1；(d) 2:1；(e) 5:1

从图 4-24 中可以看出，异丙醇作为添加剂时，其添加量对产物的形貌影响较大。当添加量比为 1:10 时，产物为平均长度 $50\mu m$、长径比 20 的棒状晶须，晶须表面不光滑，长着碎末状颗粒［图 4-24(a)］。当添加量比为 1∶2 时，所得产物全部为细小木耳状晶体，该结构比较疏松，由具有光滑表面的纳米片组装而成，由图 4-21 的 XRD 分析结果可知，该木耳状晶体为 $4MgCO_3 \cdot Mg(OH)_2 \cdot 4H_2O$［图 4-24(b)］。添加量比为 1∶1 时，产物为表面是树叶状的棒状晶体，其平均直径为 $1.0\mu m$，长径比为 25［图 4-24(c)］。当添加量比增大到 2∶1 时，产物形貌无明显变化，但长径比减小，且不光滑棒状晶体团聚生长［图 4-24(d)］。添加量比进一步增大到 5∶1 时，产物仍为表面是树叶状的棒状晶体，但晶体长度和直径明显减小［图 4-24(e)］。由前述结果可知，异丙醇添加量比为 1∶2 时，所得不光滑棒状晶体为 $4MgCO_3 \cdot Mg(OH)_2 \cdot 4H_2O$，而添加量比为 1∶1 并继续增大时，产物的形貌开始发生明显变化，因此分别对其添加量比为 1∶1、2∶1 及 5∶1 时所得三种产物的组成进行了 XRD 检测，结果如图 4-25 所示。

由图 4-25 可知，当异丙醇的添加量比由 1∶1 增大到 2∶1 时，产物衍射峰位置基本上与 $4MgCO_3 \cdot Mg(OH)_2 \cdot 4H_2O$ 一致，尽管还存在少量的 $MgCO_3 \cdot 3H_2O$，但前者衍射峰强度和数目均远远大于后者，说明在这两种添加量比的异丙醇作用下，所得产物主要为 $4MgCO_3 \cdot Mg(OH)_2 \cdot 4H_2O$，同时混有少量的 $MgCO_3 \cdot 3H_2O$ 晶体。当添加量比增大至 5∶1 时，所得产物的全部衍射峰位置与 $4MgCO_3 \cdot Mg(OH)_2 \cdot 4H_2O$ 一致，衍射峰明显宽化，无其他杂峰，说明此时所得 $4MgCO_3 \cdot Mg(OH)_2 \cdot 4H_2O$ 纯度高，粒径小，这一结果与图 4-24 的分析结果一致。

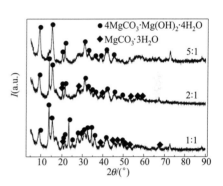

图 4-25 不同添加量异丙醇作用下所得产物的 XRD 图

由图 4-24 和图 4-25 所示的 SEM 和 XRD 结果可知，保持其他条件不变，异丙醇作为添加剂，其添加量比对产物的组成和形貌的影响较大。通过增大异丙醇添加量比即可在热解温度为 50℃的条件下直接热解 $Mg(HCO_3)_2$ 溶液制备得到组成稳定、结晶良好的 $4MgCO_3 \cdot Mg(OH)_2 \cdot 4H_2O$，换言之，在异丙醇辅助下可低温制备 $4MgCO_3 \cdot Mg(OH)_2 \cdot 4H_2O$，但这一现象目前国内外亦尚未见报道。另外，为了进一步探讨异丙醇对制备过程的影响，试验考察了其添加量比为 1∶2 时，产物的形貌随热解时间的变化过程，结果如图 4-26 所示。

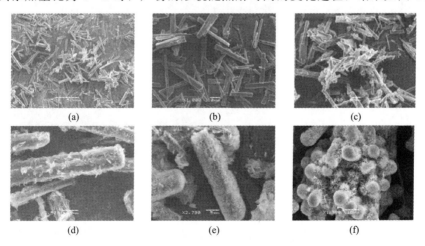

图 4-26 异丙醇作为添加剂时产物随时间变化的 SEM 图
(a) 30min；(b) 60min；(c) 90min；(d) 120min；(e) 180min；(f) 360min

如图 4-26 所示，异丙醇作为添加剂，固定其他条件，产物的形貌受热解时间影响较大。热解时间在 30～60min 时，所得产物为光滑棒状晶体，热解时间延长，产物的长度和长径比亦无明显变化［图 4-26(a) 和图 4-26(b)］。热解时间为 90min 时，产物的形貌开始发生变化，棒状晶体团聚生长，表面由光滑变粗糙，零星片状物长在其表面［图 4-26(c)］。热解时间进一步延长至 120min，不光滑棒状晶体尺寸无明显变化，其平均直径为 5μm，但长在棒状晶体表面的片状物质数量明显增多，由图 4-25 的 XRD 结果可知，该产物为 $4MgCO_3 \cdot Mg(OH)_2 \cdot 4H_2O$［图 4-26(d)］。热解时间为 180min 时，产物为多孔棒状晶体，多孔状结构由纳米片紧密堆积而成［图 4-26(e)］。当热解时间继续延长至 360min 时，多孔棒状晶体表面生长着许多粒径均匀的多孔微球颗粒，这些微球颗粒均匀分布在多孔棒状晶体表面［图 4-26(f)］。

对比研究可知，添加量比相同，无水乙醇作为添加剂，当反应时间为 120min 时，产物的组成和形貌发生变化，开始由光滑棒状三水碳酸镁晶须向表面为树叶状结构的碱式碳酸镁晶体转变；而异丙醇作为添加剂，反应时间仅为 90min 时，产物的组成和形貌就开始发生变化。也就是说，异丙醇作用下三水碳酸镁晶体发生转变所需时间短于无水乙醇作用下晶体发生转变所需时间。简单分析如下：无水乙醇分子式为 CH_3CH_2OH，异丙醇分子式为 $(CH_3)_2CHOH$，前者的分子量大于后者。而分子量与溶解度成反比，分子量越大，溶解度越小，故异丙醇的溶解度小于无水乙醇的溶解度。当分别加入无水乙醇和异丙醇时，后者反应体系的溶解度降低速度大于前者，并且过饱和度降低速度亦大于前者，从而使得后者反应速率加快，更易促进相转移的发生，因此异丙醇作用下晶体发生转变所需时间短于无水乙醇作用下晶体发生转变所需时间。

4.8.3　有机酸类添加剂对三水碳酸镁制备过程的影响

试验考察了六种有机酸类添加剂对制备过程的影响，分别为苯甲酸、草酸、琥珀酸、酒石酸、柠檬酸和乳酸，其添加量均为 5.0g/L。图 4-27 为不同种类有机酸类添加剂作用下产物的 SEM 图。

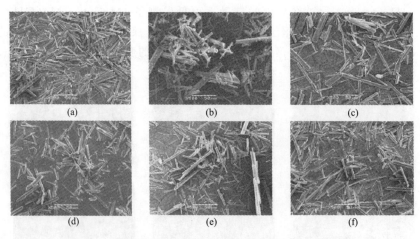

图 4-27　不同种类有机酸类添加剂作用下产物的 SEM 图
(a) 苯甲酸；(b) 草酸；(c) 琥珀酸；(d) 酒石酸；(e) 柠檬酸；(f) 乳酸

观察图 4-27 可以发现，有机酸类添加剂作用下，所得产物均为棒状三水碳酸镁晶须。草酸作用下，所得产物为平均长度 70μm、平均长径比 13、表面光滑、团聚生长的棒状晶体，晶体表面长着许多无定形碎末［图 4-27(b)］。苯甲酸、琥珀酸、酒石酸、柠檬酸和乳酸作用下，所得棒状晶须分散性能良好，表面光滑，其中琥珀酸作用下，所得晶须平均长度 $100\mu m$，长径比接近 30 ［图 4-27(c)］，而其他四种酸作用下所得晶须平均长度 $60\mu m$，但普遍长径比比较小［图 4-27(a)、图 4-27(d)～图 4-27(f)］。

综上所述可知，有机酸类添加剂作用下，苯甲酸、酒石酸、柠檬酸和乳酸对晶体的表面光洁度和长径比无明显作用；草酸对晶体的长径比无明显作用，但对其光洁度有所影响；琥珀酸作用下，晶体的长径比明显增大，其质量也较好。因此，试验对琥珀酸作为添加剂时的制备过程进行详细研究。

保持其他条件不变，考察琥珀酸的添加量对制备过程的影响，分别选取添加量为 $0.5g/L$、$1.5g/L$、$3.0g/L$、$5.0g/L$、$7.5g/L$。图 4-28 为琥珀酸添加量对产物形貌的影响。

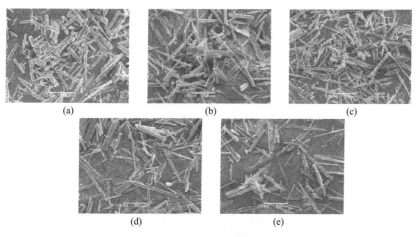

图 4-28　琥珀酸添加量对产物形貌的影响
(a) $0.5g/L$；(b) $1.5g/L$；(c) $3.0g/L$；(d) $5.0g/L$；(e) $7.5g/L$

由图 4-28 可见，琥珀酸作为添加剂时，所得产物均为棒状晶体，其添加量对产物形貌的作用不明显，但对晶体长径比的影响较为显著。当琥珀酸添加量为 $0.5\sim3.0g/L$ 时，随着琥珀酸添加量的增加，晶体长度增加，长径比增大［图 4-28(a)～图 4-28(c)］。当添加量为 $5.0g/L$ 时，所得棒状晶体表面光滑，平均长度 $100\mu m$，长径比接近 30 ［图 4-28(d)］，当添加量进一步增大到 $7.5g/L$，晶体平均长度和长径比无明显变化［图 4-28(e)］。因此选取琥珀酸添加量为 $5.0g/L$，进一步考察了在此添加量的琥珀酸作用下，产物的形貌随热解时间的变化过程，结果如图 4-29 所示。

观察图 4-29 可以发现，保持其他条件不变，$30\sim180min$ 内，所得产物均为表面光滑的棒状晶须，随着热解时间的延长，其平均长度和长径比均增大［图 4-29(a)～图 4-29(c)］。当热解时间为 $240min$ 时，产物的长度和长径比变化不大，但形貌开始变化，表面由光滑变粗糙并长着球状颗粒［图 4-29(d)］。热解时间继续延长，表面粗糙的棒状晶体长度变短，产物中出现了微细球状颗粒［图 4-29(e)］，时间进一步延长至 $360min$，微细球状颗粒长大成多孔微球晶体，且其数量明显增多，同时产物中还混有短粗多孔棒状晶体和多孔微球晶体［图 4-29(f)］。由前述的 XRD 分析结果可知，这种表面被多孔结构覆盖的棒状晶体以及多孔微球晶体为 $4MgCO_3 \cdot Mg(OH)_2 \cdot 4H_2O$，由此可知 $MgCO_3 \cdot 3H_2O$ 不稳定，随着热解时间的延长，会转变为 $4MgCO_3 \cdot Mg(OH)_2 \cdot 4H_2O$。综上所述可知，琥珀酸作用下所得晶须长径比明显增大，其对 $MgCO_3 \cdot 3H_2O$ 的定向生长过程具有明显的调控作用，但对于 $MgCO_3 \cdot 3H_2O$ 转变为 $4MgCO_3 \cdot Mg(OH)_2 \cdot 4H_2O$ 的过程并无明显抑制或促进作用。

图 4-29　琥珀酸作为添加剂时产物随时间变化的 SEM 图

(a) 30min；(b) 120min；(c) 180min；(d) 240min；(e) 300min；(f) 360min

4.8.4　表面活性剂类添加剂对三水碳酸镁制备过程的影响

　　试验考察了六种表面活性剂类添加剂对制备过程的影响，分别为十二烷基硫酸钠（SDS）、油酸钠、硬脂酸钠、单硬脂酸甘油酯、羧甲基纤维素钠（CMC）、聚乙二醇-2000，添加量均为 5.0g/L。图 4-30 为不同种类表面活性剂类添加剂作用下产物的 SEM 图。

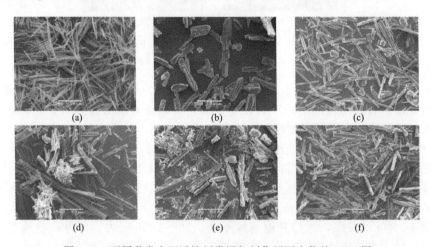

图 4-30　不同种类表面活性剂类添加剂作用下产物的 SEM 图

(a) SDS；(b) 油酸钠；(c) 硬脂酸钠；(d) 单硬脂酸甘油酯；(e) CMC；(f) 聚乙二醇-2000

　　观察图 4-30 发现，与无添加剂作用下所得产物相比，SDS 作用下所得产物为表面光滑、分散性能良好、粒径均匀的棒状晶须，其平均长度 $150\mu m$，平均直径 $3.0\mu m$，长径比接近 50。由此可知 SDS 对三水碳酸镁晶须的定向生长具有积极的调控作用 [图 4-30(a)]。与同为阴离子表面活性剂的 SDS 相比，油酸钠作用下，所得产物为短粗块状晶体，平均长度为 $50\mu m$，长径比 4.2，因此油酸钠对晶体的定向生长并无调控作用 [图 4-30(b)]。硬脂酸钠作用下，所得产物为棒状晶须，平均长度和长径比分别为 $50\mu m$ 和 16，晶须分散性能相当良好 [图 4-30(c)]，其分散性好可能是由于硬脂酸钠常用作无机粉体的表面改性剂，在晶体结晶过程中添加硬脂酸钠，相当于在线改性，从而使得晶须的分散性能得到改善。单硬脂酸甘油酯作用下，产物分散性较差，团聚生长，晶须最大长度达 $240\mu m$，但大部分晶须长度较短，其平均长度和长径比分别为 $71\mu m$ 和 8.9 [图 4-30(d)]。CMC 作用下，产物主要为棒状晶体，并混有许多结晶较差的块状体，棒状晶体平均长度和长径比均比较小 [图 4-30(e)]。聚乙二醇-2000 作用下，产物为分散性能较好的棒状晶体，但长径比小，约为 6.4 [图 4-30(f)]。

综上所述，表面活性剂类添加剂中，SDS 对晶体的表面光洁度、分散性能和长径比均具有较好的调控作用，其作用下所得晶须长径比高达 50。单硬脂酸甘油酯对晶体的长径比具有积极的调控作用，但所得晶体分散性能较差。油酸钠和 CMC 对晶体的分散性能具有提高作用，但对晶体的表面光洁度和长径比无明显作用。硬脂酸钠和聚乙二醇-2000 对晶体的分散性能和长径比均具有积极的调控作用，但调控效果不如 SDS。对比分析可知，SDS 的加入有利于生成高长度和高长径比的一维棒状三水碳酸镁晶须。因此试验将详细研究 SDS 作为添加剂时的制备过程。

保持其他条件不变，考察 SDS 的添加量对制备过程的影响，分别选取添加量为 $0.5g/L$、$1.5g/L$、$3.0g/L$、$5.0g/L$、$7.5g/L$。图 4-31 为 SDS 添加量对产物形貌的影响。

图 4-31　SDS 添加量对产物形貌的影响
(a) 0.5g/L；(b) 1.5g/L；(c) 3.0g/L；(d) 5.0g/L；(e) 7.5g/L

从图 4-31 中可以看出，SDS 作用下，所得产物均为光滑棒状晶须，其添加量为 0.5～3.0g/L 时，晶须的长度和长径比随 SDS 添加量的增加而增大 [图 4-31(a)～图 4-31(c)]。当添加量为 5.0g/L 时，棒状晶须结晶良好，表面光滑，粒径均匀，平均长度 $150\mu m$，长径比接近 50 [图 4-31(d)]。当添加量进一步增大到 7.5g/L 时，棒状晶须长度和长径比略有减小，并且部分晶须团聚生长 [图 4-31(e)]。由上述可知，SDS 添加量由 0.5g/L 增大到 7.5g/L 时，产物全部为棒状三水碳酸镁晶须，并在添加量为 5.0g/L 时长径比达最佳值，因此选取 SDS 添加量为 5.0g/L，进一步考察了在此添加量的 SDS 作用下，产物的形貌随热解时间的变化过程，结果如图 4-32 所示。

由图 4-32 可知，在 SDS 作用下，随着热解时间的延长，棒状晶体表面光洁度无明显变化，但其长度和长径比变化较为明显。热解时间为 30～120min 时，随着热解时间的延长，棒状晶体的长度和长径比均增大 [图 4-32(a)～图 4-32(c)]，并在 120min 时长度和长径比均达到最大 [图 4-32(d)]。反应继续进行，棒状晶体长度变短，长径比减小 [图 4-32(e)]，当热解时间为 360min 时，产物全部为折断的棒状晶体。试验结果表明，SDS 作为添加剂，即使热解时间延长至 360min，棒状三水碳酸镁晶体也并未向碱式碳酸镁转变，这一现象与文献所得结论不一致，可能是由反应原料以及 SDS 的添加量等因素不同所引起的。

图 4-32　SDS 作为添加剂时产物随时间变化的 SEM 图
(a) 30min；(b) 60min；(c) 90min；(d) 120min；(e) 180min；(f) 360min

综上所述，SDS 作为添加剂且其添加量为 5.0g/L 时，所生成的三水碳酸镁晶体组成较稳定，质量较好，其对晶体形貌的影响主要体现在增大长径比等方面，由此可认为 SDS 对三水碳酸镁晶体的定向生长具有积极的调控作用。

4.8.5　氨基酸类添加剂对三水碳酸镁制备过程的影响

试验考察了四种氨基酸类添加剂对制备过程的影响，分别为丙氨酸、甘氨酸、谷氨酸和亮氨酸，添加量均为 5.0g/L。图 4-33 为不同种类氨基酸类添加剂作用下产物的 SEM 图。

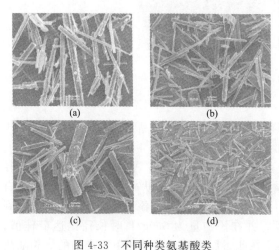

图 4-33　不同种类氨基酸类
添加剂作用下产物的 SEM 图
(a) 丙氨酸；(b) 甘氨酸；(c) 谷氨酸；(d) 亮氨酸

由图 4-33 可知，丙氨酸作用下，产物为表面不光滑的棒状晶体，晶体表面长着片状颗粒，平均长度 40.5μm，平均直径 3.5μm，长径比 11.6 ［图 4-33(a) ］。甘氨酸作用下，所得产物为表面光滑、粒径均匀的棒状晶体，平均长度 60μm，平均直径 2.5μm，长径比 25 ［图 4-33(b) ］。谷氨酸作用下，所得产物为光滑的棒状晶体，平均长度 42μm，平均直径 3.0μm，长径比 14 ［图 4-33(c) ］。亮氨酸作为添加剂时，产物仍为棒状晶体，平均长度 50μm，平均直径 3.0μm，长径比约为 15 ［图 4-33(d) ］。综上所述，在氨基酸类添加剂作用下，所得产物均为分散性能良好的棒状晶体。其中，甘氨酸对晶体的定向生长调控作用显著，因此保持其他条件不变，进一步研究甘氨酸作为添加剂时其添加量和热解时间对制备过程的影响，图 4-34 是不同甘氨酸添加量下产物的 SEM 图。

由图 4-34 可知，甘氨酸作为添加剂，所得产物为分散性能良好的棒状晶体，甘氨酸添加量对产物长度和长径比的影响较大。当添加量为 0.5～3.0g/L 时，随着添加量增大，棒状晶体的长度和长径比变化不大 [图 4-34(a)～图 4-34(c)]。当添加量为 5.0g/L 时，所得晶体表面光滑，平均长度和长径比分别为 60μm 和 25，晶体品质也较好 [图 4-34(d)]，说明在该添加量下甘氨酸具有提高晶体长径比的作用。当添加量继续增大至 7.5g/L 时，所得产物表面由光滑变粗糙，晶体表面长着无定形片状物，其长度和长径比急剧减小，产物为针状和棒状晶体混合物 [图 4-34(e)]。试验结果表明，甘氨酸添加量为 5.0g/L 时所得产物品质较佳，而添加量增大至 7.5g/L 时，产物质量变差。因此选取甘氨酸添加量为 5.0g/L，进一步考察了在此添加量的甘氨酸作用下，产物的形貌随热解时间的变化过程，结果如图 4-35 所示。

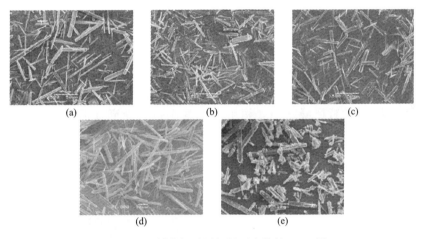

图 4-34　不同甘氨酸添加量下产物的 SEM 图
(a) 0.5g/L；(b) 1.5g/L；(c) 3.0g/L；(d) 5.0g/L；(e) 7.5g/L

图 4-35　甘氨酸作为添加剂时产物随时间变化的 SEM 图
(a) 30min；(b) 60min；(c) 120min；(d) 180min；(e) 300min；(f) 360min

观察图 4-35 发现，添加量为 5.0g/L 的甘氨酸作为添加剂时，所得产物为棒状晶体，热解时间为 30～120min 时，随着热解时间的延长，棒状晶体长度和长径比增大 [图 4-35(a)和图 4-35(b)]。当热解时间为 120min 时，所得晶体表面光滑，分散性能良好，平均长度和长径比分别为 60μm 和 25 [图 4-35(c)]。当热解时间继续延长，棒状晶体长径比减小，晶体团聚生长 [图 4-35(d)]，尤其热解时间为 300min 时，部分棒状晶体团聚成放射状集合体［图 4-35(e)］；热解时间为 360min 时，产物全部由棒状晶体团聚形成的放射状集合体［图 4-35(f)］。

综上所述，甘氨酸作为添加剂且其添加量为 5.0g/L 时，其对晶体形貌的影响主要体现在对晶体表面光洁度、分散性以及长径比的影响，因此认为甘氨酸对晶体的定向生长具有一定的调控作用。

4.9　三水碳酸镁晶须性能表征

在热解温度 50℃、热解时间 120min、搅拌速率 500r/min、$Mg(HCO_3)_2$ 溶液浓度 3.20g/L、$Mg(HCO_3)_2$ 溶液 pH 为自然 pH（约为 7.7＋0.05）、SDS 作为添加剂且添加量为 5.0g/L 等工艺条件下，热解 $Mg(HCO_3)_2$ 溶液得到白色沉淀，将白色沉淀过滤洗涤并在 75℃恒温干燥箱中干燥 12.0h，得最终产物。分别采用 X 射线衍射、扫描电镜、化学成分分析、综合热分析仪和红外光谱检测产品的物相、形貌以及组成。

图 4-36 为所得产物的 XRD 图。从图 4-36 中可以看出，热解产物的全部衍射峰位置均与 $MgCO_3 \cdot 3H_2O$ 的特征峰一致，衍射峰基底平滑，峰窄且强度高，表明 $MgCO_3 \cdot 3H_2O$ 发育良好，结晶度高，无其他杂质峰，说明添加剂 SDS 的加入并不影响热解产物的组成。

图 4-37 为所得产物三水碳酸镁晶须的 SEM 图。由图 4-37 可见，三水碳酸镁为表面光滑、分散性能良好的棒状晶须，平均长度约 150μm，平均直径 3.0μm，长径比接近 50。

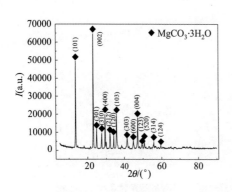

图 4-36　三水碳酸镁晶须的 XRD 图

图 4-37　三水碳酸镁晶须的 SEM 图

表 4-5 为产物三水碳酸镁晶须的化学组成。由表 4-5 可知，试验所得三水碳酸镁晶须中杂质如 CaO、SiO_2 等含量约为或低于 0.1%，其 MgO 含量为 30.7%，而目前市场上已有的所谓纯度≥99% 的三水碳酸镁其 MgO 含量仅为 30.16%。

表 4-5　三水碳酸镁晶须的化学组成（质量分数）

组分	MgO	CaO	SiO_2	烧失量
含量/%	30.7	0.012	0.007	69.03

图 4-38 为三水碳酸镁晶须的 FT-IR 图谱。由图 4-38 可知，3583.65～3307.08cm^{-1} 处附近强而宽的吸收峰是 H_2O 中 H—O—H 和吸附水中 OH（呈 M—OH 键）的弯曲振动峰。1628.08cm^{-1} 处是 H_2O 中 H—O—H 的变形振动峰，1463.70～1413.59cm^{-1} 附近的双峰占主导地位，由文献可知是碳酸氢盐的特征谱线。1096.60cm^{-1} 附近的较宽吸收峰，是碳酸氢根中 O—H⋯O 的非平面弯曲振动峰。经分析得出，$MgCO_3 \cdot 3H_2O$ 中的 CO_2 不是以

CO_3^{2-} 而是以 HCO_3^- 与金属离子结合成碳酸氢盐的形式存在，即 $MgCO_3 \cdot 3H_2O$ 的结构式应为 $Mg(HCO_3)(OH) \cdot 2H_2O$，进一步证实了溶液中离子的化学键合作用促进了 $MgCO_3 \cdot 3H_2O$ 晶体的成核和生长。

图 4-39 为三水碳酸镁晶体的 TG-DSC 曲线。据图 4-39 可知，$101.6 \sim 371.7℃$，质量损失率为 37.95%，对应于 $MgCO_3 \cdot 3H_2O$ 中 3 个 H_2O 的脱除，质量损失率略小于理论值 (39.12%)，可能是部分水分子未完全脱去，表明脱去最后 1 个 H_2O 分子水是缓慢而艰难的，故认为 $MgCO_3 \cdot 3H_2O$ 分子中存在结晶水和结构水，且比例为 $2:1$。$374.7 \sim 523.6℃$ 时，为 $MgCO_3 \cdot 3H_2O$ 分解释放出 CO_2 阶段，质量损失率为 32.33%，略大于理论值 (31.88%)，其原因可能是剩余的 H_2O 在此阶段脱去。$MgCO_3 \cdot 3H_2O$ 的化学结构式为 $Mg(HCO_3)(OH) \cdot 2H_2O$，首先脱去 2 个 H_2O 分子，再脱去 CO_2 分子，最后在较高的温度下脱去最后 1 个 H_2O 分子。在 $530℃$ 以上基本无质量损失，表明 $MgCO_3$ 已完全分解为 MgO。

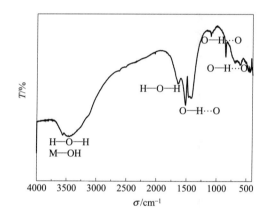

图 4-38 三水碳酸镁晶体的 FT-IR 图谱　　　图 4-39 三水碳酸镁晶体的 TG-DSC 曲线

4.10 三水碳酸镁晶须生长机理

由 4.1 节～4.9 节研究结果可知，在一定条件下热解 $Mg(HCO_3)_2$ 溶液，会有白色沉淀析出，该白色沉淀则为三水碳酸镁（$MgCO_3 \cdot 3H_2O$）晶体，故三水碳酸镁晶体的制备过程属于溶液结晶过程。溶液结晶过程可分为晶核生成（成核）和晶体生长两个阶段，过饱和度（s）是结晶过程的推动力。

$MgCO_3 \cdot 3H_2O$ 晶体的成核过程属于均相成核过程。成核速率 $\dot{N}$ 是 $Mg(HCO_3)_2$ 溶液中产生碳酸镁晶核的主要特征之一，其主要决定于 $Mg(HCO_3)_2$ 溶液过饱和度、热解温度和添加剂等多种因素。

过饱和溶液中有碳酸镁晶核形成后，在过饱和度的推动下，碳酸镁晶核继续长大的过程称为三水碳酸镁晶体生长。三水碳酸镁晶体生长过程常用晶体生长速率或结晶速率 $\dot{m}$ 来表征，主要取决于晶体自身内部结构（如生长基元的构筑方式）和生长环境［如 $Mg(HCO_3)_2$ 溶液过饱和度、热解温度和添加剂等因素］。

由经典结晶理论可知，通常采用过饱和度 s、成核速率 $\dot{N}$ 和晶体生长速率 $\dot{m}$ 表征整个结晶动力学，因此研究三水碳酸镁结晶过程主要体现在对晶核形成和晶体生长这两个过程的把控上。

4.10.1 $MgCO_3 \cdot 3H_2O$ 晶体的生长基元

晶体生长过程实质上是生长基元（原子、分子、离子基团等）在化学势驱动下，由其他聚集态向晶体相转变的过程，主要包括输运过程和界面过程。晶体生长理论，目前研究使用较多的有表面粗糙模型、BFDH 法则、PBC 理论、AE 模型、BCF 理论、平衡形态理论以及负离子配位多面体生长基元理论等。在一些重要的配位型晶体的生长过程中，构成晶体生长的基本单元往往不是简单的分子、离子，而是一些负离子配位多面体。在生长介质中，配位多面体结构生长基元构筑方式直接影响着生长晶体的形貌。因此研究 $MgCO_3 \cdot 3H_2O$ 晶体中生长基元的构筑方式对于研究其形貌具有重要的意义。

由 XRD 研究结果可知，$MgCO_3 \cdot 3H_2O$ 属于单斜晶系：其空间群为 $P12_1/n_1$（14），晶格常数为 $a=7.701$Å，$b=5.365$Å，$c=12.126$Å，$\beta=90.42°$，$V=501.0$Å^3。根据以上晶胞参数，并采用 Diamond 软件模拟绘制 $MgCO_3 \cdot 3H_2O$ 沿 a 轴 [100] 方向和沿 b 轴 [010] 方向的晶体结构图，分别如图 4-40 和图 4-41 所示。

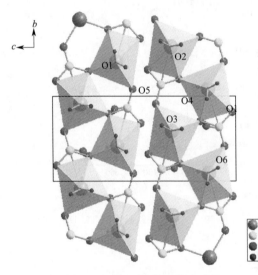

图 4-40   沿 a 轴 [100] 方向的
三水碳酸镁的晶体结构

由图 4-40 和图 4-41 可知，结晶过程发生前形成的较强的 O—H 和 C—O 键相互作用分别形成了 $MgCO_3 \cdot 3H_2O$ 晶体结构中的 H_2O 和 CO_3^{2-}，而结晶过程中形成的较弱的 Mg—O 键则沿着 [010] 方向构成扭曲的 MgO_6 正八面体。三水碳酸镁晶体结构则是由这些扭曲的 MgO_6 正八面体通过共顶点连接方式形成的长链状结构。链状结构中，每个 CO_3^{2-} 连接三个 MgO_6 正八面体，其中两个通过共顶点（O3、O4）方式连接，另一个通过共棱（O4—O5）的方式连接。Mg 原子不处于 MgO_6 正八面体的中心，每个 Mg 原子与 2 个水分子（O1，O2）和来自 CO_3^{2-} 基团中的 4 个 O 原子（O5，O3，O4，O4）配位，形成 [4+2] 配位；晶体中的另 1 个自由水分子（O6）则结合在 CO_3^{2-} 上，水分子通过氢键与 CO_3^{2-} 中的氧原子相连接。因此，$MgCO_3 \cdot 3H_2O$ 晶体生长基元的构筑方式符合负离子配位多面体生长理论。

鲍林第三规则指出：配位结构中，共用棱，尤其是共用面的存在，会降低该结构的稳定性。鲍林第三规则的物理基础在于：两个多面体中央正离子间的库仑斥力会随它们之间共用顶点数的增加而激增。在两个正八面体中心间距离，共用一个顶点、共用棱和共用面时，分别为 1、0.71 和 0.58。这种距离的显著缩短，必然导致离子间库仑斥力的激增，其结果会降低结构的稳定性。由晶面淘汰规律可知，生长过程中快速生长的晶面将隐没而慢速生长的晶面将显露。根据负离子配位多面体生长理论，$MgCO_3 \cdot 3H_2O$ 晶体中不同晶面的生长速率与生长基元 MgO_6 正八面体在这些面上的连接方式密切相关。负离子多面体顶角相对的面族，晶面显露面积小，显露概率小，往往容易消失；与负离子配位多面体相对的面族因显露面积大，在许多情况下均顽强显露；而负离子配位多面体棱所对向的面族，显露的概率及面积均介于上述两者之间。MgO_6 正八面体以顶点、棱和面连接方式形成生长面时，对应的晶体稳定性依次降低，生长速率逐渐变小，这是因为 MgO_6 正八面体以顶点连接时，Mg^{2+} 原子距离相对较大，斥力较小，最终生长速率慢的晶面被包围。观察图 4-41 发现，沿着 [100] 和 [001] 方向，MgO_6 正八面体被 Mg—O 键和 C—O 键以共顶点或共棱的方式连接；而沿着 [010] 方向，MgO_6 正八面体通过 Mg—O 键以共顶点的方式紧密相连，由此可知，MgO_6 正八面体生长基元沿 [010] 方向的生长速率最快。综上所述，在 $MgCO_3 \cdot 3H_2O$ 结晶生长过程中，MgO_6 正八面体生长基元沿化学键作用力较强的 [010] 方向无限连接成长链，从而最终形成棒状形貌。

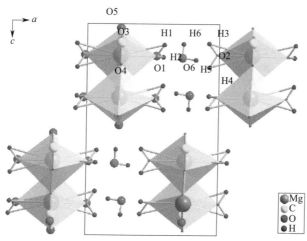

图 4-41　沿 b 轴 [010] 方向的三水碳酸镁的晶体结构

4.10.2　三水碳酸镁晶须的生长机制

晶体生长过程还与界面的性质紧密相关，可以说，界面的微观结构决定了晶体的生长机制，同时晶体的生长机制又决定了它所遵循的动力学规律。固-液界面按照微观结构可以分为两种，即粗糙界面和光滑界面。所谓粗糙界面，是指用原子的尺度来衡量高低不平、存在厚度为几个原子间距的过渡层的固-液界面。光滑界面从原子尺度看是光滑的，但从宏观来看却不平整。光滑界面的长大，只能依靠在界面上出现台阶，由液相中扩散来的原子沉积在台阶的边缘，依靠台阶向其侧面扩展而进行长大，故其又称为"侧面长大"。在光滑界面上出现台阶的方式有三种：二维成核、螺型位错、孪晶面。目前，界面结构存在多种模型，对本晶须生长机制研究具有借鉴意义的主要有以下两种：科塞尔（Kossel）模型和弗兰克（Frank）模型。

科塞尔模型认为，晶体是理想完整的，光滑界面不能自发地产生台阶，因而晶体只能通过二维成核机制不断地产生台阶以维持晶体的持续生长。弗兰克模型认为，二维成核并不是必需的，因为晶体中存在螺型位错，这些位错可以提供无穷尽的台阶源，使得晶体可以在远低于二维成核临界驱动力的情况下继续生长。二维成核机制对于阐述晶体在理想条件下的生长过程具有重要意义，但与实际情况下晶体的生长过程具有一定的差距。而三水碳酸镁晶体的生长属于溶液结晶，其影响因素复杂繁多，并且由于各种各样的工艺原因，所得晶体并不是理想完整的，因此采用弗兰克模型解释本晶须的生长机制。

图 4-42 为适宜工艺条件下制备三水碳酸镁晶须的 SEM 图，观察图 4-42 发现，三水碳酸镁棒状晶须表面及侧面比较光洁，图中所标注的第"1"处晶须顶端显露出螺旋状生长台阶，第"2"～第"6"处晶须表面及侧面存在曲折并平行于轴向的台阶状，这一现象符合弗

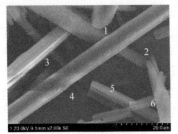

图 4-42 三水碳酸
镁晶须的 SEM 图

兰克螺型位错理论，即晶须中存在一定数量的平行于晶须轴的螺型位错，因此这足以说明三水碳酸镁晶须的生长是按照螺型位错机制进行的。

晶体生长过程中，生长基元往往通过表面扩散向结晶的尖端迁移，给晶体尖端（或基面）上露头的螺型位错提供养料。由螺型位错在界面上的露头点所形成的台阶便是晶体的生长源，其源于界面边缘终止于界面上位错的露头点，为晶体生长提供了能量"优惠区"。图 4-43 是一个单螺型位错台阶在驱动力作用下不同时刻的生长图。

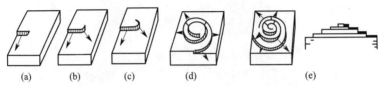

(a)	(b)	(c)	(d)	(e)

图 4-43 晶须单螺型位错生长示意图

如图 4-43(a) 所示，台阶以位错露头点为中心绕着位错线的露头点在晶体表面上扫动并螺旋式地扩展接合形成一弯曲呈螺旋型的并合台阶群，如图 4-43(b) 和图 4-43(c) 所示。台阶发生并合是由于杂质在生长表面上发生吸附所致，生长表面上存在杂质时台阶的运动速度会减慢，当速度足够慢以致随后的台阶能够跟得上时，在台阶均匀分布的表面上就会发生并合现象；而并合台阶群是弯曲的，其原因是局部过饱和度的变化或者存在杂质的吸附，使它们不能均匀地掠过表面而升高所致。图 4-43 中阶段（d）至阶段（e）处若干个并合台阶群接合形成螺线，这样的螺线一旦产生，它可以继续存在并且充当可以重复的台阶源，螺线越卷越紧，最终在光滑界面上形成一系列圆台阶达到了稳定的形状。此后，晶体的生长是整个形状稳定的螺线台阶以等角速度旋转。生长过程中，随着界面的推移，位错沿着法线方向不断延伸。

综上所述可知，三水碳酸镁晶须生长是螺型位错延伸的结果。另外，为使晶须生长，应保证晶须的侧面是低能面，并保证侧面的过饱和度足够低，从而防止可能引起径向生长的二维成核。

4.10.3　三水碳酸镁结晶的热力学条件

由热力学第二定律可知，物质系统总是自发地从自由能较高的状态向自由能较低的状态转变。三水碳酸镁晶体成核过程能否自动进行，取决于 $Mg(HCO_3)_2$ 溶液系统总的吉布斯自由能 ΔG 的变化。

$$\Delta G = \Delta G_V + \Delta G_S \tag{4-3}$$

式中，ΔG_V 为 $Mg(HCO_3)_2$ 溶液中出现了 $MgCO_3 \cdot 3H_2O$ 晶体时所引起的体自由能的变化；ΔG_S 为 $Mg(HCO_3)_2$ 溶液中出现了 $MgCO_3 \cdot 3H_2O$ 晶体时所引起的界面能的变化。

由 4.10.1 节可知，三水碳酸镁晶体是由生长基元 MgO_6 正八面体沿 [010] 方向构成的链状结构，故晶体是由无数个生长基元形成的多面体。若忽略界面能的各向异性，多面体则退化为球体，其大小与半径 r 有关。因此，溶液中形成半径为 r 的球状三水碳酸镁晶体所引起体系总的吉布斯自由能的变化为：

$$\Delta G = \frac{\frac{4}{3}\pi r^3}{V}\Delta g + 4\pi r^2 \gamma \tag{4-4}$$

$$\Delta g = -kT \ln s \tag{4-5}$$

式中，V 为三水碳酸镁晶体中的原子或分子体积，0.501nm^3；γ 为 $MgCO_3 \cdot 3H_2O$ 晶体和 $Mg(HCO_3)_2$ 溶液之间的界面能；k 为玻尔兹曼常数，$1.3806 \times 10^{-23} \text{J/K}$；$T$ 为溶液-晶体两相达成平衡时的温度；s 为过饱和度；Δg 为相变驱动力。

若晶体相为亚稳相，则 $\Delta g > 0$，那么 ΔG 随着晶体半径 r 的增大而增加，因而在流体中即使出现了晶体，其也将自发地缩小并消失。若流体相为亚稳相，则 $\Delta g < 0$，那么 ΔG 中 ΔG_V 为负，而 ΔG_S 恒为正，二者之和有可能随着晶体半径 r 增大而减小，二者之和必然存在一个极大值，与之对应的晶体半径称作临界半径，记为 r_c：

$$r_c = \frac{2\gamma V}{\Delta g} = \frac{2\gamma V}{kT \ln s} \tag{4-6}$$

半径为 r_c 的集合体称为晶核，由于出现晶核而发生的吉布斯自由能的变化为：

$$\Delta G(r_c) = \frac{16\pi\gamma^3 V^2}{3(kT \ln s)^2} \tag{4-7}$$

综上所述，对于过饱和度确定的 $Mg(HCO_3)_2$ 溶液，即 ΔG_V 为负值时，必然存在一个 r_c。任何半径小于 r_c 的晶体必将进一步缩小而消失，任何半径大于 r_c 的晶体必将自发长大。因此，要使成核过程发生，$Mg(HCO_3)_2$ 溶液必须过饱和，ΔG_V 必须为负值并且碳酸镁晶核半径 r 必须 $\geqslant$ 临界 r_c，这也是三水碳酸镁晶体能够进一步生长的基础。

4.10.4 三水碳酸镁结晶动力学过程的研究

结晶过程的主要动力学特征有诱导期时间 t_{ind}、成核速率 $\dot{N}$ 和晶体生长速率 $\dot{m}$，这三者很大程度上依赖于过饱和度、温度、溶剂和添加剂等因素。由第 3 章研究结果可知，$Mg(HCO_3)_2$ 溶液浓度、热解温度以及添加剂对三水碳酸镁的形貌和组成具有非常重要的影响。因此，深入研究这三者对整个结晶动力学过程的影响。

4.10.4.1 Mg (HCO₃)₂ 溶液浓度的影响

因浓度随时间的变化在一定程度上反映了结晶动力学，因此用以判断三水碳酸镁结晶进程的主要指标之一是溶液中物质的浓度。由试验现象可知三水碳酸镁晶体是在间歇结晶过程中产生的，因此在开始的某段时间内，溶液浓度实际上保持不变，则这段时间称为诱导期 t_{ind}。按照相生成的热力学理论，诱导期时间的计算公式为：

$$\lg t_{ind} = k_{ind} - n_N \lg(c/c_{eq}) = k_{ind} - n_N \lg s \tag{4-8}$$

式中，$k_{ind} = \lg[\Delta c/(m_N k_N c_{eq}^{n_N})]$；$m_N$ 和 k_N 为常数；n_N 为过程阶数。当 $s > 1$ 时，上述关系式是正确的。

通常，采用绝对过饱和度 Δc、相对过饱和度 δ 与过饱和系数 s 来表示过饱和度，这三者的计算公式分别为：

$$\Delta c = c - c_{eq} \tag{4-9}$$

$$\delta = (c - c_{eq})/c_{eq} \tag{4-10}$$

$$s = c/c_{eq} \tag{4-11}$$

式中，c 为溶液的初始浓度，$g/(100\text{mL } H_2O)$ 或 $g/(100\text{g } H_2O)$；c_{eq} 为平衡时 $MgCO_3 \cdot 3H_2O$ 的浓度，即溶解度，$g/(100\text{mL } H_2O)$。由于 $MgCO_3 \cdot 3H_2O$ 是亚稳相晶体，其溶解度随着温度的增大而减小，19℃时溶解度达最大值，为 $0.1518 \text{g}/(100\text{mL } H_2O)$，为了计算方便，将 50℃时 $MgCO_3 \cdot 3H_2O$ 的溶解度约等于 $0.1518 \text{g}/(100\text{mL } H_2O)$。

试验过程中测定了浓度为 $c_1 \sim c_9$ 时所对应的三水碳酸镁结晶过程中诱导期时间 $t_{ind_1} \sim$

t_{ind_9}，并根据式（4-9）~式（4-11）计算得到其对应的 Δc、δ 和 s，结果如表 4-6 所示。

根据表 4-6 中的数据，并按照式（4-8）对 $\lg t_{\text{ind}}$ 与 $\lg s$ 进行线性拟合计算，可得到两者的关系式，结果如图 4-44 所示。

表 4-6   50℃时，结晶过程中溶液的过饱和度和诱导期时间

编号	$c/[\text{g}/(100\text{mL H}_2\text{O})]$	$\Delta c/[\text{g}/(100\text{mL H}_2\text{O})]$	δ	s	t_{ind}/s
1	0.565	0.4132	2.7220	3.7220	10
2	0.478	0.3262	2.1489	3.1489	10
3	0.402	0.2502	1.6482	2.6482	40
4	0.387	0.2352	1.5494	2.5494	60
5	0.347	0.1952	1.2859	2.2859	60
6	0.339	0.1872	1.2332	2.2332	180
7	0.277	0.1252	0.8247	1.8247	300
8	0.275	0.1232	0.8116	1.8116	360
9	0.234	0.0822	0.5415	1.5415	600

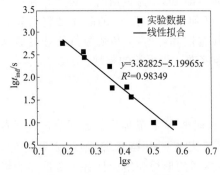

图 4-44 $\lg t_{\text{ind}}$ 与 $\lg s$ 的关系

由图 4-44 可知，$\lg t_{\text{ind}}$ 与 $f(\lg s)$ 呈线性关系 $y = 3.82825 - 5.19965x$，决定系数 $R^2 = 0.98349$，说明该模型拟合程度较高。即便将直线外推至 $\lg t_{\text{ind}} \to 0$ 的过饱和度，也可求得与很小的 $\lg t_{\text{ind}}$ 值相应的 $\lg s$ 值，不会因为数据的波动和布点数的变化而显著改变。在其他条件相同时，t_{ind} 的延续时间随过饱和度的减小而大大延长，模型拟合结果与试验所测数据良好吻合。

其次，讨论溶液浓度对成核速率 $\dot{N}$ 的影响。从晶体产生与成长的动力学概念出发，成核速率 $\dot{N}$ 可作为溶液浓度的直接函数进行计算：

$$\dot{N} = k_N c^{n_N} \tag{4-12}$$

式中，k_N 在 $10^{20} \sim 10^{30}$ 范围内波动。由关系式（4-12）可知，成核速率 $\dot{N}$ 与溶液浓度的关系由过程阶数（n_N）决定，同一种物质的过程阶数，在任何过饱和度下都是不变的，由式（4-8）可知，$n_N = 5.19965$。因此，随着溶液浓度的增大，成核速率 $\dot{N}$ 相应增大。

另外，由 SEM 分析结果可知，三水碳酸镁晶体的尺寸最小为 55nm，最大为 10μm，因此在计算此种粒度晶体的生成速率时，必须同时考虑到生成速率和晶体的分解速率。考虑分解速率时，把晶核看作是晶粒，则 $\dot{N} = f(c)$ 可表示为下式：

$$\dot{N} = k_N c^{n_N} - k_N' c^{-n_N'} \tag{4-13}$$

式中，右侧第一项表示粒子生成速率；第二项表示粒子分解速率，此处分解指的是三水碳酸镁晶体的溶解。由式（4-9）可知，若绝对过饱和度是一个常数，则溶解速率与过饱和度（$c - c_{\text{eq}}$）成正比。过饱和度愈大，则临界晶核的尺寸愈小，转为二次结晶中心的粒子数愈多。这一结论很好地解释了试验过程中在较高浓度下所得三水碳酸镁棒状晶体表面不光滑并附着许多无定形碎末这一现象是由生成的三水碳酸镁晶体发生溶解所致。

热解 $\text{Mg}(\text{HCO}_3)_2$ 溶液生成水合碳酸镁沉淀的过程中，晶体的生长速率或者结晶速率（$\dot{m}$）采用单位容积内沉淀物生成的速率来表示，即

$$\dot{m} = \frac{\text{d}m}{\text{d}t} \times \frac{1}{V} \tag{4-14}$$

$$\dot{m} = \frac{m}{t} \times \frac{1}{V} \tag{4-15}$$

当 $Mg(HCO_3)_2$ 溶液初始浓度 c 分别为 3.87g/L、3.39g/L 和 2.75g/L 时，三种浓度下所生成沉淀物的质量分别为 6.95g、6.01g 和 5.75g。根据式 (4-15) 计算得到相应的 $\dot{m}$，分别为 0.1931g/(L·min)、0.1669g/(L·min) 和 0.1597g/(L·min)。由计算结果可知，随着溶液浓度的降低，所生成的晶体质量逐渐减少，结晶速率 $\dot{m}$ 逐渐减小。这一结论与试验结果一致，因此晶体的生长速率 $\dot{m}$ 随着溶液浓度 c 的降低而减小。

另外，在过饱和度相同的情况下，试验过程中发现无搅拌时，晶体的产率较低，而存在搅拌作用时，所生成的晶体品质和产率均较高。

由经典结晶理论可知，结晶过程中搅拌的作用机理与扩散加速有关。当溶液处于无搅拌作用（即处于平衡状态）时，溶液中自发产生的第一批沉淀物在溶液中混合不均匀，传质较为困难，所产生的结晶中心数目有限，从而对后续结晶过程中的成核产生消极的影响。当搅拌溶液时，在接近溶液变为不稳态的一瞬间，首先自发产生的沉淀物进入溶液，搅拌作用加速了其从溶液本体向表面的扩散进程，减小了表面层溶液的厚度，从而使得溶液中出现浓度的波动，产生局部高过饱和区。在这些局部高过饱和区，溶液过饱和度增大，成核速率 $\dot{N}$ 和生长速率 $\dot{m}$ 均相应增大。此外，搅拌作用使晶体之间的互碰频率增大，而互碰又会使晶体破碎，最终使得表面积增大。因此，当不搅拌的溶液变为搅拌时，结晶速率 $\dot{m}$ 急剧加快；而后，$\dot{m}$ 随转速的增加而提高的作用不明显，最后达到极限时，再进一步增加搅拌器的转速，已不再改变结晶速率，试验结果与该结论相吻合。

综上所述，诱导期时间 t_{ind} 随着溶液浓度的增大而减小；而成核速率 $\dot{N}$ 和晶体生长速率 $\dot{m}$ 则随着溶液浓度的增大而增大；当溶液过饱和度降低时，搅拌作用对 $\dot{m}$ 的影响不大，过饱和度越大，则搅拌效率越高。

4.10.4.2　热解温度的影响

由 4.2 节研究结果可知，温度是三水碳酸镁结晶过程中最重要的控制因素，其对于产物的晶型起着非常重要的作用。首先，讨论热解温度对诱导期时间长短的影响。热解温度分别为 30℃、40℃、50℃、60℃ 和 70℃ 时，其对应的诱导期时间 t_{ind} 如图 4-45 所示。

由图 4-45 可知，在过饱和度及其他生长环境因素保持一致的情况下，诱导期时间 t_{ind} 随着热解温度的提高而大大缩短。当热解温度为 50～70℃ 时，几乎没有诱导期，溶液中瞬间析出晶体，说明当热解温度≥50℃ 时，无定形碳酸镁瞬间转化为热力学较

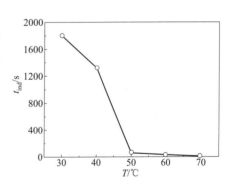

图 4-45　热解温度对结晶过程中诱导期时间的影响

稳定的水合碳酸镁。根据 4.2 节研究结果可知，随着热解温度的升高，晶体尺寸逐渐增大，晶体产率逐渐增加。这是由于热解温度对成核速率 $\dot{N}$ 具有影响。成核速率 $\dot{N}$ 与晶核出现的概率成正比，概率本身则取决于产生晶核所消耗的功，其计算公式为：

$$\dot{N} = k_N \exp\left[\frac{-\Delta G(r_c)}{kT}\right] \tag{4-16}$$

将式 (4-7) 代入式 (4-16) 得：

$$\dot{N} = k_N \exp\left[-\frac{16\pi\gamma^3 V^2}{3(kT)^3(\ln s)^2}\right] \tag{4-17}$$

式中，$k = 1.3806 \times 10^{-23}$ J/K；$V = 0.501$ nm^3。由关系式（4-17）可见，恒温下，$\dot{N}$ 在很大程度上取决于过饱和度，$\dot{N}$ 与 $(\ln s)^2$ 呈正比例关系，$\dot{N}$ 随着 $(\ln s)^2$ 的增高而急剧增大；并且随着 $(\ln s)^2$ 的减小而趋于零。而在多温试验中，溶液浓度 c 恒为 0.320g/(100mL H$_2$O)，即饱和系数 s 恒定，并且假设式（4-17）中的其他数值如 MgCO$_3$·3H$_2$O 晶体和 Mg(HCO$_3$)$_2$ 溶液之间的界面能 γ 与 T 无关，则 $\dot{N}$ 随着热解温度的提高而增大。

试验过程中发现，当热解温度＞50℃时，随着热解温度的升高，MgCO$_3$·3H$_2$O 晶体会向 4MgCO$_3$·Mg(OH)$_2$·4H$_2$O 转变。由于 4MgCO$_3$·Mg(OH)$_2$·4H$_2$O 又称轻质碳酸镁，其密度较 MgCO$_3$·3H$_2$O 小，因此不能按照式（4-15）对结晶速率 $\dot{m}$ 进行定量计算，只能进行定性分析。因晶核的出现概率与 $\dot{N}$ 成正比，温度升高时，$\dot{N}$ 增大，晶核出现的概率也增大，晶体产率提高，故结晶速率 $\dot{m}$ 相应增大。

另外，当热解温度为 50℃ 时，随着热解时间的延长，MgCO$_3$·3H$_2$O 晶体亦会向 4MgCO$_3$·Mg(OH)$_2$·4H$_2$O 转变。综合上文可知，在温度较高的情况下，即便饱和系数相同，式（4-17）中的其他参数还与温度有关；当温度相同时，由式（4-12）可知 $\dot{N}$ 还与晶体的稳定性以及其溶解速率相关。故热解 Mg(HCO$_3$)$_2$ 溶液制备 MgCO$_3$·3H$_2$O 晶体过程中，除了存在成核和 MgCO$_3$·3H$_2$O 晶体生长这两个基本过程之外，还伴随着 MgCO$_3$·3H$_2$O 晶体的相转移和 Ostwald 熟化等二次过程。

Ostwald 熟化的程度主要取决于粒子的大小和溶解度。查阅无机物的热力学手册可知，不同温度下 Mg(HCO$_3$)$_2$ 溶液在水中的溶解度 [g/(100g H$_2$O)] 分别为 120（20℃）、80（40℃）、20（80℃），即 Mg(HCO$_3$)$_2$ 溶液的溶解度随着温度的升高而减小。此外，无水 MgCO$_3$、MgCO$_3$·3H$_2$O 以及 4MgCO$_3$·Mg(OH)$_2$·4H$_2$O 的溶解度是依次降低的，热力学上，无水 MgCO$_3$ 最不稳定，将自发向溶解度更小的 MgCO$_3$·3H$_2$O 或碱式碳酸镁转化。MgCO$_3$·3H$_2$O 是亚稳相的晶体，而 4MgCO$_3$·Mg(OH)$_2$·4H$_2$O 则是热力学上最稳定的水合碳酸镁。根据 Ostwald 递变法则，亚稳相具有转变为稳定相的趋势，故任何温度下 MgCO$_3$·3H$_2$O 都会自发向 4MgCO$_3$·Mg(OH)$_2$·4H$_2$O 转变。因此，不同晶体的稳定性是相转移发生的基本推动力。在三水碳酸镁转变为碱式碳酸镁的二次过程中，前者充当着生长物质供体的作用，故可以将该二次过程视为自催化过程。Mg(HCO$_3$)$_2$ 溶液热解温度越高，其过饱和度越大，故三水碳酸镁的溶解速率增大，相转变发生的概率以及转变速率也相应增大。

按照 Ostwald 递变法则，对于一个不稳定的化学系统，其瞬间的变化趋势并不是立刻达到给定条件下最稳定的热力学状态，而是首先达到自由能损失最小的邻近状态。即不稳定化学系统的结晶过程倾向于动力学有利的多步过程而非一步的热力学过程。结晶过程中，通常首先析出的是亚稳固体相态，随后转变为更稳定的固体相态。因此，试验中 MgCO$_3$·3H$_2$O 晶体最终会向热力学上最稳定的晶体相 4MgCO$_3$·Mg(OH)$_2$·4H$_2$O 转变。而温度的影响可以认为是改变结晶过程中所需要克服的活化能垒 E_a。

根据 Arrhenius 方程得：

$$k = k_0 \exp[-E_a/(RT)] \tag{4-18}$$

将上式的左边与右边取对数得：

$$\ln k = \ln k_0 - E_a/(RT) \tag{4-19}$$

式中，k 为反应速率；k_0 为积分常数；E_a 为表观活化自由能；R 为摩尔气体常量；T 为热力学温度。根据不同温度的 $\ln k$ 与 $1/T$ 作图得一条直线，根据直线斜率即可求得 E_a。

反应速率 k 可以采用电导法来测定，即根据溶液总离子导电能力的差异，通过电导率的变化测定反应溶液中离子浓度变化，从而计算化学反应速率。

令 G_0 为 $t=0$ 时溶液的电导值，G_t 为时间 t 时溶液的电导，G_∞ 为 $t=\infty$（反应完毕）时溶液的电导，则溶液中，电导与反应速率 k 有如下关系：

$$\frac{1}{c} \times \frac{G_0 - G_t}{G_t - G_\infty} = kt \tag{4-20}$$

式中，c 为 $Mg(HCO_3)_2$ 溶液的初始浓度。通过测定不同温度及不同时间溶液的电导率和起始溶液电导率，以 kt 对 $\dfrac{1}{c} \times \dfrac{G_0 - G_t}{G_t - G_\infty}$ 作图得一条直线，根据直线的斜率即可求得反应速率 k 的值。

试验过程中采用电导率仪分别测定了：a. 无添加剂作用下热解 $Mg(HCO_3)_2$ 溶液制备三水碳酸镁；b. 无添加剂作用下直接热解 $Mg(HCO_3)_2$ 溶液制备碱式碳酸镁；c. 热解三水碳酸镁溶液间接制备碱式碳酸镁（其中反应 a 和反应 b 在第 5 章中探讨）。这三个过程中不同温度 T 和不同时间 t 所对应的溶液电导率值如表 4-7 所示。

表 4-7　反应 a、反应 b 和反应 c 中不同热解温度与不同时刻的电导率值

反应类型	热解温度 /℃	不同时刻的电导率值 $G/(mS/cm)$			
		t_0	t_{60}	t_{90}	t_{120}
a	30	6.4		5.66	4.71
	40	6.4		4.86	3.55
	50	6.4		3.65	3.04
	60	6.4		2.87	2.72
	70	6.4		2.64	2.55
b	55	6.4	4.16	3.11	
	60	6.4	3.57	2.65	
	70	6.4	2.73	2.03	
	80	6.4	2.41	1.89	
	90	6.4	1.26	0.82	
c	55	3.5	3.12		1.51
	60	3.5	2.87		1.44
	70	3.5	2.48		1.37
	80	3.5	1.54		0.82

由表 4-7 可知，热解反应发生前，溶液的电导率值都是相同的。反应 a、反应 b 和反应 c 中，在热解温度相同的情况下，电导率值随着反应时间的延长逐渐降低；当反应时间相同时，随着热解温度的升高，电导率值下降的幅度增大。

由前述研究结果可知，在不同的条件下热解 $Mg(HCO_3)_2$ 溶液会生成 $MgCO_3 \cdot 3H_2O$ 和 $4MgCO_3 \cdot Mg(OH)_2 \cdot 4H_2O$ 等水合碳酸镁，在热解过程中发生的主要化学反应如下：

$$Mg(HCO_3)_2 \longrightarrow Mg^{2+} + 2HCO_3^- \tag{4-21}$$

$$HCO_3^- \longrightarrow H^+ + CO_3^{2-} \tag{4-22}$$

$$HCO_3^- \longrightarrow OH^- + CO_2 \tag{4-23}$$

$$H^+ + OH^- \longrightarrow H_2O \tag{4-24}$$

$$Mg^{2+} + CO_3^{2-} \longrightarrow MgCO_3 \downarrow \tag{4-25}$$

$$Mg^{2+} + 2OH^- \longrightarrow Mg(OH)_2 \downarrow \tag{4-26}$$

$$MgCO_3 + 3H_2O \longrightarrow MgCO_3 \cdot 3H_2O \downarrow \tag{4-27}$$

$$xMgCO_3 + yMg(OH)_2 + zH_2O \longrightarrow xMgCO_3 \cdot yMg(OH)_2 \cdot zH_2O \downarrow \tag{4-28}$$

根据式(4-21)~式(4-28)可知，该反应体系中，参加导电的离子有 Mg^{2+}、OH^-，这两者的浓度变化对电导率的影响较大。随着反应的进行，具有导电能力的 Mg^{2+} 和 OH^- 与不导电的 CO_3^{2-} 结合形成导电能力很弱甚至不导电的水合碳酸镁沉淀，所以溶液的电导率值随着 Mg^{2+} 和 OH^- 的消耗而逐渐降低。另外，$Mg(HCO_3)_2$ 溶液的热解反应是一个吸热反应，提高反应温度，有利于反应向右进行。因此热解温度升高，溶液中导电离子的消耗速度加快，故电导率值下降幅度增大。

已知反应 a 和反应 b 中 $Mg(HCO_3)_2$ 溶液的初始浓度为 0.022mol/L，反应 c 中三水碳酸镁溶液初始浓度为 0.2523mol/L。根据表 4-7 中反应 a、反应 b 和反应 c 中不同热解温度以及不同时间下所测得的电导率数据，按照式(4-20)进行计算，求得了相应的反应速率 k，结果如表 4-8 所示。

表 4-8　不同热解温度下所对应的反应速率 k

反应类型					
a		b		c	
$T/℃$	$k/[L/(mol \cdot min)]$	$T/℃$	$k/[L/(mol \cdot min)]$	$T/℃$	$k/[L/(mol \cdot min)]$
30	0.3947	55	1.65	55	0.0157
40	0.5968	60	2.3199	60	0.0289
50	2.2946	70	4.0215	70	0.0598
60	12.8935	80	5.9656	80	0.1796
70	21.2728	90	9.0811	—	—

对表 4-8 中不同温度下所得反应速率 k 取自然对数得 $\ln k$，并按照式(4-19)对反应 a、反应 b 和反应 c 中的 $\ln k$ 与 $1/T$ 进行线性拟合计算，结果如图 4-46 所示。

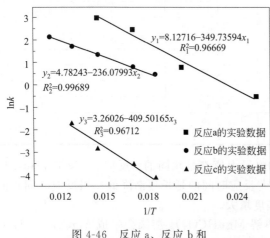

图 4-46　反应 a、反应 b 和
反应 c 中 $\ln k$ 与 $1/T$ 的关系

由图 4-46 可见，对反应 a、反应 b 和反应 c 中的 $\ln k$ 与 $1/T$ 进行标绘，分别得直线 $y_1 = 8.12716 - 349.73594x_1$（$R_1^2 = 0.96669$）、$y_2 = 4.78243 - 236.07993x_2$（$R_2^2 = 0.99689$）和 $y_3 = 3.26026 - 409.50165x_3$（$R_3^2 = 0.96712$）。由拟合结果可知，三个反应的决定系数 $R^2 > 0.96$，说明结晶动力学模型很好地拟合了上述三个结晶转化过程。根据拟合所得直线的斜率，可求得反应 a、反应 b 和反应 c 的表观活化自由能 E_a，分别为：$E_{a_1} = 2.9079kJ/mol$，$E_{a_2} = 1.9628kJ/mol$，$E_{a_3} = 3.4080kJ/mol$。由计算结果可知，$E_{a_2} < E_{a_1} < E_{a_3}$，即无添加剂作用下直接热解 $Mg(HCO_3)_2$ 溶液制备碱式碳酸镁过程中所需要克服的活化能垒最低，而无添加剂作用下热解 $Mg(HCO_3)_2$ 溶液制备 $MgCO_3 \cdot 3H_2O$ 过程所需要克服的活化能垒稍高。由热力学定律可知，晶体生长就是亚稳相不断转变为稳定相的动力学过程，伴随这一过程的就是吉布斯自由能的降低。因此热解 $Mg(HCO_3)_2$ 溶液制备水合碳酸镁过程中，所得产物首先为热力学上处于亚稳态的 $MgCO_3 \cdot 3H_2O$，其最终全部转化为热力学上最稳定的 $4MgCO_3 \cdot Mg(OH)_2 \cdot 4H_2O$。另外，由计算结果可知 $MgCO_3 \cdot 3H_2O$ 转化为 $4MgCO_3 \cdot Mg(OH)_2 \cdot 4H_2O$ 所需克服的活化能垒最高，由此就不难理解 $MgCO_3 \cdot 3H_2O$ 在常温下能够长时间稳定存在这一现象。按照 Ostwald 递变法则，

温度越高，活化能越大，反应速率越大，相转变进程越快。在较高温度下，相转变发生的速率加快，是因为 $MgCO_3 \cdot 3H_2O$ 在高温下极不稳定，温度高，分解速率较快，而较低温度下则可以长时间稳定。综上所述，理论计算与试验结果良好吻合。

另外，试验过程中发现 $MgCO_3 \cdot 3H_2O$ 晶体转变成 $4MgCO_3 \cdot Mg(OH)_2 \cdot 4H_2O$ 的过程中，随着热解温度升高，$4MgCO_3 \cdot Mg(OH)_2 \cdot 4H_2O$ 的形貌由多孔棒状转变为片状或多孔玫瑰花状微球。其原因为：热解 $Mg(HCO_3)_2$ 溶液生成 $MgCO_3 \cdot 3H_2O$ 或 $4MgCO_3 \cdot Mg(OH)_2 \cdot 4H_2O$ 的反应是吸热反应，提高热解温度有利于反应向右进行。按照前文所述，温度升高，诱导期时间缩短。诱导期结束即结晶刚开始发生的这一瞬间，HCO_3^- 浓度变化趋于迅速减小，CO_3^{2-} 浓度变化则趋于迅速增加，三水碳酸镁过饱和溶液形成。由于分子间的向心力、范德华力以及氢键具有选择性和方向性，它们通过加和和协调作用促使结晶中心大量形成，从而使得 $Mg(HCO_3)_2$ 溶液热解速度明显加快。由经典结晶理论可知，当 Mg^{2+}、CO_3^{2-}、OH^-、Mg^{2+} 与 CO_3^{2-} 或 Mg^{2+} 与 OH^- 缔合离子对迁移到晶体表面时，并不是立即进入晶格，而是失去一个自由度，在晶体表面自由移动，从而在晶体表面（晶体相）与溶液（亚稳相）交界面形成一个吸附层，这个吸附层与 $Mg(HCO_3)_2$ 溶液间建立动力学平衡。由晶体生长动力学可知，离子或离子对总是容易或优先与晶格吸引力最大的位置相连，因此最终得到多孔棒状、多孔玫瑰花球状或片状碱式碳酸镁，其生长示意如图 4-47 所示。

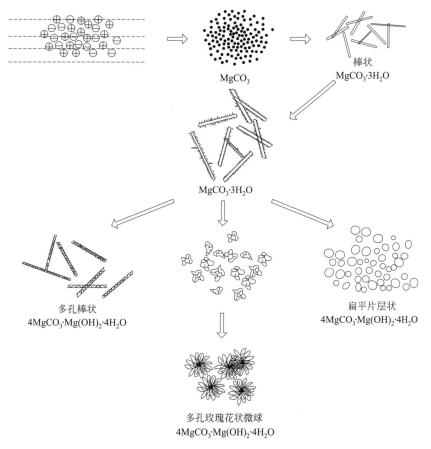

图 4-47　热解 $Mg(HCO_3)_2$ 溶液过程中水合碳酸镁的生长示意

由图 4-47 可知，热解 $Mg(HCO_3)_2$ 溶液过程中，无定形物首先转化成亚稳态的棒状三水碳酸镁晶体，溶液浓度或热解温度或 pH 值等条件发生改变时，棒状三水碳酸镁晶体表面或整个棒状结构会发生溶解重新形成无定形颗粒，最终形成多孔棒状或多孔玫瑰花状微球以及扁平片层状碱式碳酸镁。

4.10.4.3 结晶过程中添加剂的作用机理

添加剂等被广泛应用于各种功能材料的可控合成领域。结晶过程中，添加剂的选取通常带有自发随机的性质，而并不是依靠某种一定的规律。添加剂可能对结晶过程的所有阶段，也就是整个过程的动力学产生影响。当添加剂存在时，物质的溶解度发生变化，因而最终导致溶液的过饱和度发生变化。溶解度变化的原因可能是出现盐析效应，也可能是发生化学相互作用。添加剂对成核的影响，既和溶解度的变化有关，也和晶核的形成过程本身有关，可以根据诱导期时间 t_{ind} 的长短来变化。添加剂对成核速率 $\dot{N}$ 的作用机理，主要取决于溶液过饱和度以及其与所生成的新相晶粒的直接作用与否。前者主要是指添加剂对过饱和溶液性质的影响，而后者则是指添加剂直接参与核前缔合物的长大过程。添加剂可能吸附于结晶中心的表面上，降低或提高某些特定晶面的晶面能，从而使成核速率 $\dot{N}$ 减慢或加快。

因此，讨论添加剂对三水碳酸镁晶体结晶过程中晶核形成和晶体长大的影响时，主要讨论其对诱导期时间 t_{ind}、参与成核过程与否及作用方式、成核速率 $\dot{N}$ 以及结晶速率 $\dot{m}$ 的影响。可测定不同添加剂作用下所得产物的质量，再根据式(4-15)对 $\dot{m}$ 进行计算分析。

表4-9是添加剂用量为 5.0g/L 时，添加剂种类对 $Mg(HCO_3)_2$ 溶液初始浓度 c_0 和 c_0'（其中 c_0' 是指添加剂加入瞬间溶液的浓度）、结晶过程诱导期时间 t_{ind} 以及结晶速率 $\dot{m}$ 的影响。

表 4-9　50℃时，添加剂种类对溶液浓度、结晶过程诱导期时间和结晶速率的影响

添加剂种类		初始浓度 c_0/(g/L)	初始浓度 c_0'/(g/L)	诱导期时间 t_{ind}/min	结晶速率 $\dot{m}$/[g/(L·min)]
无		3.20	3.20	10	0.1608
无机盐	氯化钙	3.20	5.34	18	0.2447
	氯化镁	3.20	5.9	5	0.2739
	硝酸镁	3.20	5.25	4	0.3020
表面活性剂	SDS	3.20	6.0	10	0.2472
氨基酸	甘氨酸	3.20	5.3	8	0.3806

由表4-9可知，当 c_0 相同时，无机盐类添加剂对 c_0' 的影响规律一致，即加入上述四种无机盐类添加剂时，c_0' 均增大。无机盐类添加剂对诱导期时间 t_{ind} 的影响各不相同：氯化钙作用下，t_{ind} 延长；氯化镁和硝酸镁作用下，t_{ind} 缩短。与无添加剂作用下结晶速率 $\dot{m}$ 相比，加入无机盐类添加剂后，结晶速率 $\dot{m}$ 均增大，但增加幅度随添加剂种类的不同而有所差异。硝酸镁作用下，结晶速率 $\dot{m}$ 最大，其次为氯化镁作用下的结晶速率 $\dot{m}$，最小则为氯化钙作用下的结晶速率 $\dot{m}$。

综上所述，氯化钙、氯化镁、硝酸镁、SDS和甘氨酸对三水碳酸镁晶体结晶过程中诱导期时间 t_{ind}、参与成核过程与否及作用方式、成核速率 $\dot{N}$、晶体生长速率 $\dot{L}$ 以及结晶速率 $\dot{m}$ 的影响可以按照图4-48进行总结概括。

由图4-48可知，氯化钙作为添加剂时，Ca^{2+} 并不参与核前缔合物的长大过程，而是选择性吸附于核前缔合物的表面上，对成核过程产生抑制作用，从而使得诱导期时间 t_{ind} 延长，成核速率 $\dot{N}$ 减慢。另外，由于在 Ca^{2+} 表面上的成核形成能要比在溶液中的成核形成能低，因此 Ca^{2+} 表面和溶液中的成核速率 $\dot{N}$ 不一致，从而导致晶体的生长速率 $\dot{L}$ 也不同，最终使所

得晶体形貌发生变化。其次，Ca^{2+} 并不进入晶格参与晶格的构造过程，而是集中在晶体表面附近，使得结晶过程中溶液浓度分布不均，造成局部过饱和较高，使得晶体各个晶面的生长速率 $\dot{L}$ 发生变化，从而最终获得表面粗糙的棒状晶体。

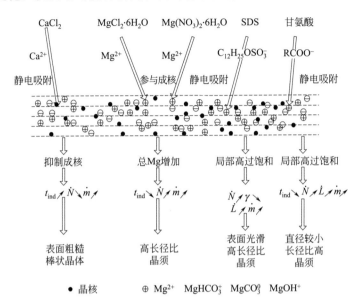

图 4-48　三水碳酸镁结晶过程中，添加剂的作用机理图

由图 4-48 可知，氯化镁和硝酸镁作用下，这两种添加剂中，Mg^{2+} 参与成核过程，从而使得结晶过程中诱导期 t_{ind} 缩短，而成核速率 $\dot{N}$ 和结晶速率 $\dot{m}$ 均增大。根据添加剂对溶液过饱和度的影响规律可知，当存在这种与所得晶体具有共同的离子的添加剂时，溶液过饱和度增大。硝酸镁和氯化镁中均存在与目标晶体三水碳酸镁共同的镁离子，其作为添加剂时，会使溶液过饱和度增大，故 c'_0 增大。溶液过饱和度增大，诱导期时间 t_{ind} 减小，成核速率 $\dot{N}$ 和结晶速率 $\dot{m}$ 相应增大，其原因是硝酸镁和氯化镁中的镁离子与溶液中所生成的新相晶粒发生了相互作用。

由 4.8.1 节可知，硝酸镁作用下所得棒状晶体表面长着无定形片状物，且长径比不高。其原因为：当溶液中存在可溶性的氯化镁和硝酸镁时，就相当于三水碳酸镁晶体处于两个不同的溶液体系（或电解质体系）中；在不同溶液体系中，三水碳酸镁的溶解度和稳定性会发生变化，并且温度＜50℃时，三水碳酸镁在氯化镁体系中的稳定性高于在硝酸盐（硝酸镁）中的稳定性。因此，硝酸镁作用下，所得棒状晶体表面长着的无定形片状物为三水碳酸镁晶体发生溶解所致。根据 4.10.4.1 节中的分析讨论可知，当溶液绝对过饱和度是一个常数时，溶解速率与过饱和度（$c-c_{eq}$）成正比。过饱和度愈大，则临界晶核的尺寸愈小，转为二次结晶中心的粒子数愈多。故硝酸镁作用下，所得晶体为低长径比、表面长有无定形片状物的棒状晶体。

而氯化镁作用下，所得产物为高长径比的三水碳酸镁棒状晶须，其原因如下：$MgCO_3 \cdot 3H_2O$ 晶体是由 MgO_6 正八面体生长基元沿化学键作用力较强的 [010] 方向无限连接成长链而形成，Mg^{2+} 是形成 MgO_6 正八面体的核心。氯化镁的加入实质是引入了 Mg^{2+}，这样一来原溶液中 Mg^{2+} 数目和浓度增大，整个结晶体系过饱和度增大。在高的过饱和度下，成核速率 $\dot{N}$ 和生长速率 $\dot{L}$ 增大。而生长速率 $\dot{L}$ 较大时，倾向于得到尺寸较小的晶体，并且生

长速率 $\dot{L}$ 增大，结晶速率 $\dot{m}$ 相应加快。因此氯化镁作用下溶液中所形成的 MgO_6 正八面体晶核数目增多且尺寸较小，它们沿着 [010] 方向快速生长，从而得到尺寸小、长径比高、分散性能良好、产率高的三水碳酸镁晶须。

由表 4-9 和图 4-48 可知，SDS（$C_{12}H_{25}OSO_3Na$）作为添加剂时，其带负电荷的 $C_{12}H_{25}OSO_3^-$ 通过静电吸附作用使得结晶过程中成核速率 $\dot{N}$ 和结晶速率 $\dot{m}$ 增大，界面能 γ 减小。SDS 是一种常见阴离子表面活性剂，易溶于热水，电离时产生带负电荷的 $C_{12}H_{25}OSO_3^-$，其头部亲水而尾部疏水，该离子易与溶液中的 Mg^{2+}、$MgCO_3^0$、$MgHCO_3^+$ 或者 $MgOH^+$ 等带正电荷的离子通过静电作用相互吸引，从而在溶液中产生局部过饱和。同样由于在 SDS 表面成核形成能低于在溶液本体中的成核能，因此 SDS 的加入使 $MgCO_3 \cdot 3H_2O$ 晶体在其附近的成核概率增大，成核位点增加。由式（4-17）可知，成核速率 $\dot{N}$ 与晶核的形成概率成正比，在温度和过饱和度相同的情况下，成核速率 $\dot{N}$ 增大，那么 $MgCO_3 \cdot 3H_2O$ 晶体和 $Mg(HCO_3)_2$ 溶液之间的界面能降低。因此这种静电作用力使得晶体生长的能垒降低，从而促使晶体生长基元沿 [010] 方向快速生长，最终形成粒径均匀、长径比高的棒状晶须。

由 4.8.5 节可知，甘氨酸对 $MgCO_3 \cdot 3H_2O$ 晶体的定向生长具有积极的调控作用。由表 4-9 和图 4-48 可知，甘氨酸作用下，诱导期时间 t_{ind} 缩短，c_0'、成核速率 $\dot{N}$ 和结晶速率 $\dot{m}$ 均增大。其对 $MgCO_3 \cdot 3H_2O$ 晶体定向生长的调控作用机理与 SDS 的作用机理类似，区别在于甘氨酸是通过羧基 $RCOO^-$ 与溶液中 Mg^{2+}、$MgCO_3^0$、$MgHCO_3^+$ 或者 $MgOH^+$ 等带正电荷的离子之间发生静电吸附，导致局部 Mg^{2+} 浓度增大，成核位点数量增多，从而使得成核速率 $\dot{N}$ 增大。当甘氨酸加入时，晶核大量生成，随着甘氨酸添加量的增加，其所提供的成核位点数目增加，生成的晶体颗粒尺寸愈来愈小，晶体的表面能增大，晶体生长速率 $\dot{L}$ 变大，而较大的 $\dot{L}$ 下倾向于得到尺寸较小的晶体，因此甘氨酸作用下得到直径较小、长径比高的晶须。

4.11　本章小结

本章研究得出采用辽宁宽甸和岫岩菱镁矿为原料，均能制备得到质量较佳的三水碳酸镁，因此以宽甸菱镁矿为原料，系统研究了热解温度、热解时间、搅拌速率、$Mg(HCO_3)_2$ 溶液浓度和 pH 值、添加剂种类以及添加量对三水碳酸镁晶体制备过程中晶体组成和形貌的影响，得出了一系列结论，找到了制备高长径比的三水碳酸镁晶须的适宜热解条件和有效添加剂，所得到的结论总结如表 4-10 和表 4-11 所示；并详细探究了三水碳酸镁的生长机理。

① 由表 4-10 和表 4-11 可知，热解 $Mg(HCO_3)_2$ 溶液制备三水碳酸镁过程中，适宜的热解条件为：热解温度 50℃，热解时间 2.0h，搅拌速率 500r/min，溶液浓度 3.20g/L，溶液 pH 值为自然 pH 值（约为 7.7+0.05）。$Mg(HCO_3)_2$ 溶液热解过程中，添加剂种类和用量对产物的组成和形貌具有重要的影响。在适宜的热解条件下，将 SDS 作为添加剂且添加量为 5.0g/L，可得到 MgO 含量为 30.7%、其他杂质含量低于 0.1%、纯度高达 99%、平均长度约 150μm、平均直径 3.0μm、长径比接近 50、结晶度高、分散性能良好、表面光滑、粒径均匀的棒状 $MgCO_3 \cdot 3H_2O$ 晶须。氯化镁、SDS 和甘氨酸对高长径比三水碳酸镁晶体的定向生长具有积极的调控作用。磷酸二氢钾作用下，产物为花瓣状 $MgCO_3 \cdot 5H_2O$ 晶体。无水乙醇和异丙醇作为添加剂时，随着反应条件的改变，所得产物由 $MgCO_3 \cdot 3H_2O$ 转变为 $4MgCO_3 \cdot Mg(OH)_2 \cdot 4H_2O$。

表 4-10　无添加剂作用下热解条件对产物组成和形貌的影响

热解条件					热解产物	
热解温度 /℃	热解时间 /min	搅拌速率 /(r/min)	溶液浓度 /(g/L)	溶液 pH 值	晶相(组成)	形貌
30	120	500	3.20	自然 pH 值	$MgCO_3 \cdot 3H_2O$	表面光滑的针状晶体
40					$MgCO_3 \cdot 3H_2O$	表面光滑的针、状晶体
50					$MgCO_3 \cdot 3H_2O$	平均长度为 110μm 的光滑棒状晶须
60					$4MgCO_3 \cdot Mg(OH)_2 \cdot 4H_2O$	多孔棒状晶体
70					$4MgCO_3 \cdot Mg(OH)_2 \cdot 4H_2O$	多孔玫瑰花状微球
50	5	500	3.20	自然 pH 值	无定形 $MgCO_3$	无定形颗粒
	30~90				$MgCO_3 \cdot 3H_2O$	表面光滑的针、棒状晶体
	120				$MgCO_3 \cdot 3H_2O$	表面光滑的棒状晶须
	150				$4MgCO_3 \cdot Mg(OH)_2 \cdot 4H_2O$	表面粗糙的棒状晶须
	180				$4MgCO_3 \cdot Mg(OH)_2 \cdot 4H_2O$	表面粗糙的短粗棒状晶体
	240				$4MgCO_3 \cdot Mg(OH)_2 \cdot 4H_2O$	多孔棒状晶体
50	120	0	3.20	自然 pH 值	$MgCO_3 \cdot 3H_2O$	表面光滑、产率低的棒状晶体
		200			$MgCO_3 \cdot 3H_2O$	表面光滑、产率低的棒状晶体
		400			$MgCO_3 \cdot 3H_2O$	表面光滑的棒状晶须
		500			$MgCO_3 \cdot 3H_2O$	表面光滑的棒状晶须
		600			$MgCO_3 \cdot 3H_2O$	表面光滑的棒状晶须
		800			$MgCO_3 \cdot 3H_2O$	表面光滑的棒状晶须
50	120	500	3.87	自然 pH 值	$MgCO_3 \cdot 3H_2O$	粒径均匀性较差、表面长着颗粒状碎末的晶体
			3.39		$MgCO_3 \cdot 3H_2O$	表面光滑或粗糙的棒状晶体
			2.75		$MgCO_3 \cdot 3H_2O$	表面光滑、粒径均匀的棒状晶须
50	120	500	3.20	自然 pH 值	$MgCO_3 \cdot 3H_2O$	平均直径 2.5μm、长径比 25、表面光滑的棒状晶须
				8.0 +0.05	$MgCO_3 \cdot 3H_2O$	表面长有许多颗粒物质的棒状晶体
				9.0 +0.05	$4MgCO_3 \cdot Mg(OH)_2 \cdot 4H_2O$	多孔棒状晶体或多孔玫瑰花状微球
				10.0 +0.05	$4MgCO_3 \cdot Mg(OH)_2 \cdot 4H_2O$	粒径均匀的纳米片层状晶体

表 4-11　添加剂作用下热解条件对产物组成和形貌的影响

热解条件				热解产物	
热解温度 50℃、搅拌速率 500r/min、溶液浓度 3.20g/L、溶液自然 pH 值				晶相	形貌
添加剂种类	添加剂名称	热解时间 /min	添加剂用量 /(g/L)		
无机盐	氯化钙	120	5.0	$MgCO_3 \cdot 3H_2O$	表面长着凸起球状颗粒的棒状晶体
	氯化钡			$MgCO_3 \cdot 3H_2O$	表面长着凸起球状颗粒的棒状晶体
	磷酸二氢钾			$MgCO_3 \cdot 5H_2O$	棒状晶体、花瓣状晶体
	氯化镁			$MgCO_3 \cdot 3H_2O$	平均直径 4.5μm、长径比 20、表面光滑、粒径均匀的棒状晶须
	硝酸镁			$MgCO_3 \cdot 3H_2O$	表面长着片状物的不光滑棒状晶体
	多聚磷酸钠			$MgCO_3 \cdot 3H_2O$	团聚生长的圆柱状晶体
	氯化钙	150	0.5	$MgCO_3 \cdot 3H_2O$	表面长着条状颗粒的均匀棒状晶体
			1.5		表面长着球状颗粒的均匀棒状晶体
			3.0		表面为树叶结构的短粗棒状晶体
			5.0		棒状晶体和球状晶体的混合物
			7.5		棒状晶体和球状晶体的混合物

续表

热解条件				热解产物	
热解温度50℃、搅拌速率500r/min、溶液浓度3.20g/L、溶液自然pH值				晶相	形貌
添加剂种类	添加剂名称	热解时间/min	添加剂用量/(g/L)		
无机盐	氯化钙	30～360	5.0	$MgCO_3 \cdot 3H_2O$	表面长着球状或片状物的棒状晶体
醇类	无水乙醇	120	1∶2	$4MgCO_3 \cdot Mg(OH)_2 \cdot 4H_2O$	花状晶体，以及表面长着片状物、长短不一、粒径不均匀的棒状晶体
	乙二醇			$MgCO_3 \cdot 3H_2O$	粒径均匀、平均长度120μm、长径比20、表面长着竹节横纹的棒状晶体
	丙三醇			$MgCO_3 \cdot 3H_2O$	表面光滑的棒状晶体
	异丙醇			$4MgCO_3 \cdot Mg(OH)_2 \cdot 4H_2O$	表面长着树叶状物的短棒状晶体
	无水乙醇	120	1∶10	$MgCO_3 \cdot 3H_2O$	表面光滑、平均直径为500nm、长径比40的棒状晶须
			1∶2	$4MgCO_3 \cdot Mg(OH)_2 \cdot 4H_2O$	表面长着无定形片状物的棒状晶体
			1∶1	$4MgCO_3 \cdot Mg(OH)_2 \cdot 4H_2O$	表面由棉絮状结构组成的棒状晶体
			2∶1	$4MgCO_3 \cdot Mg(OH)_2 \cdot 4H_2O$	表面长着疏松棉絮物的棒状晶体
			5∶1	$4MgCO_3 \cdot Mg(OH)_2 \cdot 4H_2O$	棉花糖状晶体
		30～90	1∶2	$MgCO_3 \cdot 3H_2O$	表面光滑的棒状晶体
		120		$4MgCO_3 \cdot Mg(OH)_2 \cdot 4H_2O$	多孔棒状晶体
		180～360		$4MgCO_3 \cdot Mg(OH)_2 \cdot 4H_2O$	粒径均匀的多孔棒状晶体
	聚丙醇	120	1∶10	$MgCO_3 \cdot 3H_2O$、$4MgCO_3 \cdot Mg(OH)_2 \cdot 4H_2O$	平均长度50μm、长径比20、表面不光滑、长着碎末状颗粒的棒状晶体
			1∶2	$4MgCO_3 \cdot Mg(OH)_2 \cdot 4H_2O$	细小木耳状晶体
			1∶1	$4MgCO_3 \cdot Mg(OH)_2 \cdot 4H_2O$	平均直径1.0μm、长径比为20、表面是树叶状结构的棒状晶须
			2∶1	$4MgCO_3 \cdot Mg(OH)_2 \cdot 4H_2O$	表面不光滑且团聚生长的棒状晶体
			5∶1	$4MgCO_3 \cdot Mg(OH)_2 \cdot 4H_2O$	表面是树叶状的棒状晶体
		30～60	1∶2	$MgCO_3 \cdot 3H_2O$	光滑棒状晶体
		90		$MgCO_3 \cdot 3H_2O$、$4MgCO_3 \cdot Mg(OH)_2 \cdot 4H_2O$	表面长着零星片状物且团聚生长的棒状晶体
		120		$4MgCO_3 \cdot Mg(OH)_2 \cdot 4H_2O$	表面长着许多片状物的棒状晶体
		180～360		$4MgCO_3 \cdot Mg(OH)_2 \cdot 4H_2O$	多孔棒状晶体，其表面长着多孔微球
有机酸	苯甲酸	120	5.0	$MgCO_3 \cdot 3H_2O$	表面光滑、分散性能良好的棒状晶须
	草酸				表面光滑、团聚生长的棒状晶体
	琥珀酸				平均长度100μm、长径比30、表面光滑、分散性能良好的棒状晶须
	酒石酸				分散性能良好的光滑棒状晶须
	柠檬酸				分散性能良好的光滑棒状晶须
	乳酸				分散性能良好的光滑棒状晶须
	琥珀酸	120	0.5	$MgCO_3 \cdot 3H_2O$	表面光滑的棒状晶体
			1.5		表面光滑的棒状晶体
			3.0		表面光滑的棒状晶体
			5.		平均长度100μm、长径比30、表面光滑、分散性能良好的棒状晶须
			7.5		表面光滑的棒状晶体
		30～180		$MgCO_3 \cdot 3H_2O$	长径比增大、分散性良好的棒状晶体
		240		$MgCO_3 \cdot 3H_2O$ 、	表面长着球状颗粒的棒状晶体
		300～360		$4MgCO_3 \cdot Mg(OH)_2 \cdot 4H_2O$	短粗多孔棒状和多孔微球状晶体

热解条件				热解产物	
热解温度 50℃、搅拌速率 500r/min、溶液浓度 3.20g/L、溶液自然 pH 值				晶相	形貌
添加剂种类	添加剂名称	热解时间 /min	添加剂用量 /(g/L)		
表面活性剂	十二烷基硫酸钠（SDS）	120	5.0	$MgCO_3 \cdot 3H_2O$	平均直径 3.0μm、长径比 50、表面光滑、分散性能良好的棒状晶须
	油酸钠			$MgCO_3 \cdot 3H_2O$	长径比 4.2 的短粗块状晶体
	硬脂酸钠			$MgCO_3 \cdot 3H_2O$	表面光滑、分散性能良好的棒状晶体
	单硬脂酸甘油酯			$MgCO_3 \cdot 3H_2O$	分散性较差、团聚生长、最大长度达 240μm、长径比 8.9 的棒状晶体
	羧甲基纤维素钠			$MgCO_3 \cdot 3H_2O$	平均长度小、长径比小、结晶性能较差的棒状晶体和块状晶体
	聚乙二醇-2000			$MgCO_3 \cdot 3H_2O$	长径比 6.4、分散性能良好的棒状晶体
	SDS	120	0.5	$MgCO_3 \cdot 3H_2O$	分散性能良好的光滑棒状晶须
			1.5		分散性能良好的光滑棒状晶须
			3.0		分散性能良好的光滑棒状晶须
			5.0		平均直径 3.0μm、长径比 50、分散性能良好的光滑棒状晶须
			7.5		光滑棒状晶须，部分晶须团聚生长
		30～90	5.0	$MgCO_3 \cdot 3H_2O$	长径比逐渐增大的光滑棒状晶须
		120			分散性能良好的光滑棒状晶须
		180～360			长径比逐渐减小的光滑棒状晶须
氨基酸	丙氨酸	120	5.0	$MgCO_3 \cdot 3H_2O$	表面长着片状颗粒的棒状晶体
	甘氨酸				平均直径 2.5μm、长径比 25、粒径均匀的光滑棒状晶体
	谷氨酸				平均直径 3.0μm、平均长度 42μm、粒径均匀的光滑棒状晶体
	亮氨酸				平均直径 3.0μm、平均长度 50μm、粒径均匀的光滑棒状晶体
	甘氨酸	30～60	5.0	$MgCO_3 \cdot 3H_2O$	长径比逐渐增大的棒状晶体
		120			长径比 25、表面光滑的棒状晶体
		180			长径比减小的光滑棒状晶体
		300～360			团聚生长的放射状集合体

② 采用负离子配位多面体生长基元理论阐述了 $MgCO_3 \cdot 3H_2O$ 的生长基元为 MgO_6 正八面体，其通过 Mg—O 键以共顶点的方式紧密相连，沿化学键作用力较强的 [010] 方向无限连接形成长链。$MgCO_3 \cdot 3H_2O$ 晶须生长是螺型位错延伸的结果，因此其生长机制为螺型位错机制。$MgCO_3 \cdot 3H_2O$ 晶体发生结晶的热力学条件为 $Mg(HCO_3)_2$ 溶液必须过饱和状态，ΔG_V 必须为负值，并且碳酸镁晶核半径 $r \geqslant r_c$。对 $\lg t_{ind}$ 与 $f(\lg s)$ 采用线性拟合计算得直线 $y = 3.82825 - 5.19965x$，决定系数 $R^2 = 0.98349$，表明模型拟合程度较高，并且拟合结果与试验结果良好吻合。随着 $Mg(HCO_3)_2$ 溶液增大，诱导期时间 t_{ind} 减小，成核速率 $\dot{N}$ 和结晶速率 $\dot{m}$ 则增大。溶液过饱和度较低时，搅拌作用对 $\dot{m}$ 的影响不大；过饱和度越大，搅拌效果越明显。

③ 热解温度升高，t_{ind} 缩短，$\dot{N}$ 和 $\dot{m}$ 均增大。对无添加剂作用下直接热解 $Mg(HCO_3)_2$ 溶液制备 $MgCO_3 \cdot 3H_2O$ 和 $4MgCO_3 \cdot Mg(OH)_2 \cdot 4H_2O$，以及热解 $MgCO_3 \cdot 3H_2O$ 溶液间接制备 $4MgCO_3 \cdot Mg(OH)_2 \cdot 4H_2O$ 这三个过程的表观自由能 E_{a_1}、E_{a_2} 和 E_{a_3} 进行计算

可知，E_{a_2}（1.9628kJ/mol）$<E_{a_1}$（2.9079kJ/mol）$<E_{a_3}$（3.4080kJ/mol）。由此可知无添加剂作用下无定形物直接转化为碱式碳酸镁过程中所需要克服的活化能垒最低，而 $MgCO_3 \cdot 3H_2O$ 转化为 $4MgCO_3 \cdot Mg(OH)_2 \cdot 4H_2O$ 所需克服的活化能垒最高，因此热解 $Mg(HCO_3)_2$ 溶液制备水合碳酸镁过程中，所得产物首先为热力学上处于亚稳态的 $MgCO_3 \cdot 3H_2O$，其最终全部转化为热力学上最稳定的 $4MgCO_3 \cdot Mg(OH)_2 \cdot 4H_2O$。温度越高，活化能越大，反应速率越大，相转变进程越快，理论计算与试验结果良好吻合。

④ 与无添加剂的结晶过程相比，添加剂存在时，结晶速率 $\dot{m}$ 均增大。氯化钙中的钙离子通过物理吸附对成核过程产生抑制作用，从而使得 t_{ind} 延长，$\dot{N}$ 减慢。氯化镁和硝酸镁中的镁离子能够增加溶液浓度，并与溶液中所生成的新相晶粒发生相互作用，使得 t_{ind} 缩短，$\dot{N}$ 和 $\dot{m}$ 均增大。由于 $MgCO_3 \cdot 3H_2O$ 在氯化镁溶液中的稳定性高于硝酸镁溶液，因此氯化镁作用下形成表面光滑的高长径比晶须。SDS 中的 $C_{12}H_{25}OSO_3^-$ 与溶液中带正电荷的离子发生静电吸附，使得晶体与溶液间的界面能降低，$\dot{N}$ 和 $\dot{m}$ 均增大，从而促使生长基元沿 [010] 方向快速生长形成粒径均匀、长径比高的棒状晶须。甘氨酸中 $RCOO^-$ 与溶液带正电荷的离子之间发生静电吸附，导致局部过饱和度升高，成核位点数量增多，因此 t_{ind} 缩短，$\dot{N}$ 和 $\dot{L}$ 增大，从而得到直径较小、长径比高的晶须。

参 考 文 献

[1] 王斌，闫平科，田海山．温度对三水碳酸镁晶须制备的影响 [J]．中国非金属矿工业导刊，2011，5：19-21.

[2] Yang C，Song X F，Sun S Y，et al. Effects of sodium dodecyl sulfate on the oriented growth of nesquehonite whiskers [J]．Advanced Powder Technology，2013，24：585-592.

[3] 王斌，闫平科，高玉娟，等．微米级三水碳酸镁晶须的合成研究 [J]．中国非金属矿工业导刊，2011，3：26-28.

[4] 陆彩云，陈敏，李月圆，等．由低品位菱镁矿制备高纯碳酸镁的研究 [J]．矿冶工程，2011，31（1）：50-53.

[5] 陈敏，李月圆，王健东，等．利用菱镁矿制备碳酸镁晶须 [J]．硅酸盐学报，2009，37（10）：1649-1653.

[6] 邵明浩，史永刚，胡泽善．碳酸镁晶须的制备、表征与分析方法 [J]．后勤工程学院学报，2008，24（1）：37-40.

[7] Wang X L，Xue D F. Direct observation of the shape evolution of MgO whiskers in a solution system [J]．Materials Letters，2006，60（9）：3160-3164.

[8] 薛冬峰，邹龙江，闫小星，等．氧化镁晶须制备及影响因素考查 [J]．大连理工大学学报，2007，47（4）：488-492.

[9] Zhang Z P，Zheng Y J，Ni Y W. Temperature and pH-dependent morphology and FT-IR analysis of magnesium carbonate hydrates [J]．Journal of Physical Chemistry B，2006，110：12969-12973.

[10] Zhang Z P，Zheng Y J，Zhang J X，et al. Synthesis and shape evolution of monodisperse basic magnesium carbonate microspheres [J]．Journal of Crystal Growth Design，2007，7：337-342.

[11] 郑亚君，党利琴，张智平，等．搅拌时间对水合碳酸镁形貌和组成的影响 [J]．精细化工，2007，24（9）：836-837.

[12] 邵平平．硫酸镁制备三水碳酸镁影响因素及结晶动力学研究 [D]．北京：北京化工大学，2010.

[13] Ding W J，Ouyang J，Yang H M. Synthesis and characterization of nesquehonite（$MgCO_3$ center dot $3H_2O$）powders from natural talc [J]．Powder Technology，2016，292（3）：169-175.

[14] 闫平科，田海山，高玉娟，等．高长径比三水碳酸镁晶须的合成研究 [J]．人工晶体学报，2012，41（1）：158-164.

[15] 闫平科，卢智强，高玉娟，等．束状三水碳酸镁晶体合成及动力学研究 [J]．人工晶体学报，2015，44（12）：3606-3611.

[16] Guo M，Li Q，Ye X S，et al. Magnesium carbonate precipitation under the influence of polyacrylamide [J]．Advanced Powder Technology，2010，200（1-2）：46-51.

[17] 闫平科，田海山，卢智强，等．$AlCl_3$ 对三水碳酸镁晶体结晶形貌的影响研究 [J]．硅酸盐通报，2014，33（1）：27-30.

[18] 杨晨．多晶相水合碳酸镁结晶生长过程调控研究 [D]．上海：华东理工大学，2013.

[19] Du J，Chen Z，Wu Y L，et al. Study on crystal transformation process of magnesium carbonate hydrate based on salt lake magnesium resources utilization [J]. Turkish Journal of Chemistry，2013，37 (2)：228-238.

[20] 闫平科，程书林，卢智强，等. 油酸钠对三水碳酸镁晶须稳定性的研究 [J]. 硅酸盐通报，2016，35 (3)：732-735.

[21] 闫平科，薛国梁，高玉娟，等. 表面活性剂对三水碳酸镁晶须形貌的影响研究 [J]. 硅酸盐通报，2013，32 (9)：1729-1740.

[22] 吴丹，王玉琪，武海虹，等. 三水碳酸镁合成与形貌演变过程研究 [J]. 人工晶体学报，2014，43 (3)：606-613.

[23] 王素平，肖殷，王世荣，等. 高镁转化率三水碳酸镁晶须生长条件的研究 [J]. 功能材料，2016，47 (2)：2116-2129.

[24] 王余莲，印万忠，钟文兴，等. 微纳米三水碳酸镁晶须的制备及性能 [J]. 中南大学学报 (自然科学版)，2014，45 (3)：708-713.

[25] 王余莲，印万忠，张夏翔，等. 三水碳酸镁法制备碱式碳酸镁过程研究 [J]. 矿产保护与利用，2017 (4)：81-86.

[26] 沈蕊，杨洪波，李花，等. 利用硼泥制备三水碳酸镁晶须 [J]. 人工晶体学报，2014，43 (4)：991-996.

[27] 秦善. 晶体学基础 [M]，北京：北京大学出版社，2004.

[28] Maksimova L A，Ryazanova A L，Heining K H，et al. Self-organization of precipitates during Ostwald ripening [J]. Phys Lett A，1996，213：73-76.

[29] Madras G.，McCoy B. J. Continuous distribution theory for Ostwald ripening comparison with the LSW approach [J]. Chem Eng Sci，2003，58 (13)：2903-2909.

[30] 王静康. 化学工程手册 [M]. 北京：化学工业出版社，1996.

[31] 刘家祺. 分离过程 [M]. 北京：化学工业出版社，2002.

[32] 张克从，张乐惠. 晶体生长 [M]. 北京：科学出版社，1981.

[33] 姚连增. 晶体生长基础 [M]. 合肥：中国科学技术大学出版社，1995.

[34] 叶铁林. 化工结晶过程原理及应用 [M]. 北京：北京工业大学出版社，2006.

[35] 张缨，王静康，冯天扬，等. 晶体形貌预测与应用 [J]. 化学工业工程，2002，19 (1)：119-123.

[36] 仲维卓，华素坤. 晶体生长形态学 [M]. 北京：科学出版社，1999.

[37] 徐宝琨. 结晶学 [M]. 长春：吉林大学出版社，1991：36-40.

[38] 王文魁. 晶体形貌学 [M]. 武汉：中国地质大学出版社，2001.

[39] 陆佩文. 无机材料科学基础 [M]. 武汉：武汉工业大学出版社，1996.

[40] 闵乃本. 晶体生长的物理基础 [M]. 上海：上海科学技术出版社，1982：339-395.

[41] 介万奇. 晶体生长原理与技术 [M]. 北京：科学出版社，2010：169-175.

[42] Gilbert B，Zhang H Z，Huang F，et al. Special phase transformation and crystal growth pathways observed in nano-particles [J]. Geochem Trans，2003，4 (4)：20-27.

[43] Kitamura M. Crystallization and transformation machanism of calcium carbonate polymorphs and the effect of magnesium ion [J]. J Colloid Inlcrf Sci，2001，236 (2)：318-327.

[44] Tang H，Yu J G，Zhao X F. Controlled synthesis of crystalline calcium carbonate aggregates with unusual morphologies involving the phase transformation from amorphous calcium carbonate [J]. Mater Res Bull，2009，44 (2)：831-835.

[45] 叶大伦，胡建华. 实用无机物热力学数据手册 [M]. 北京：冶金工业出版社，2002.

[46] 万建军，于博，刘安双. 热解反应速率对轻质碳酸镁晶体形貌影响研究 [J]. 盐业与化工，2013，42 (2)：28-30.

[47] 张春艳，谢安建，沈玉华，等. 聚乙二醇对碳酸钙晶体生长影响的研究 [J]. 安徽大学学报 (自然科学版)，2008，32 (1)：74-77.

[48] 张良，宋兴福，汪瑾，等. 工艺条件对六氨氯化镁结晶过程中聚结的影响 [J]. 无机盐工业，2008，40 (8)：23-26.

[49] 王余莲，印万忠，张夏翔，等. 大长径比三水碳酸镁晶须的制备及晶体生长机理研究 [J]. 硅酸盐学报，2018，46 (7)：938-945.

5

微纳米碱式碳酸镁的制备

5.1 原料与制备方法

5.1.1 原料与设备

5.1.1.1 原料

（1）原料

原料为宽甸菱镁矿，其化学组成为 MgO 47.61%，CaO 0.50%，SiO$_2$ 0.66%，纯度为 99.58%。将菱镁矿于 750℃马弗炉中煅烧 3.0h 后，所得产物中 MgO 含量为 96.89%。

（2）试验药剂

试验所用的药剂均为市售产品，药剂的规格、生产厂家如表 5-1 所示。

表 5-1 试验试剂

试剂名称	化学式	规格	生产厂家
二氧化碳	CO_2	工业纯	沈阳景泉气体有限公司
氢氧化钠	NaOH	分析纯	国药集团化学试剂有限公司
异丙醇	$(CH_3)_2CHOH$	分析纯	天津市富宇精细化工有限公司
去离子水	H_2O	自制	东北大学矿物工程实验室

5.1.1.2 设备

试验所用主要设备同表 4-4 所示设备。

5.1.2 制备方法

5.1.2.1 碳酸氢镁溶液的制备

称取一定质量的氧化镁粉体，按照 $m(MgO):m(H_2O)$ 为 1:40 的比例与热水混合后放入反应器中。将反应器置于 60℃恒温水浴锅中搅拌水化一定时间后，冷却至室温并经 75μm 标准筛过筛，除去未反应的大颗粒物质，得 $Mg(OH)_2$ 悬浊液。将装有 $Mg(OH)_2$ 悬浊液的反应器置于有冰块的水浴锅中，并往悬浊液中通入 CO_2。碳化过程中采用电导率仪和 pH 酸度计跟踪记录悬浊液的电导率值和 pH 值，当 pH 值为 7.5（或更低）时，停止通气和搅拌，过滤得前驱溶液 $Mg(HCO_3)_2$。

5.1.2.2 微纳米碱式碳酸镁直接法制备

无添加剂作用下直接量取一定体积的 $Mg(HCO_3)_2$ 溶液置于反应器中，采用 $5.0mol/L$ 的 NaOH 溶液调节 pH 值，如异丙醇作用下，则将一定量的异丙醇添加到上述溶液中。将装有混合溶液的反应器在一定温度的恒温水浴锅中，以一定的速率搅拌一定时间后，停止搅拌，过滤并将滤饼置于恒温干燥箱中干燥一定时间，即可得到碱式碳酸镁样品。其试验装置同图 4-2 所示装置。

5.1.2.3 微纳米碱式碳酸镁间接法制备

将前驱溶液 $Mg(HCO_3)_2$ 置于 $50℃$ 水浴中，搅拌热解后过滤，滤饼经去离子水洗涤、过滤，随后置入 $60℃$ 电热鼓风干燥箱中干燥 6.0h，即可得到平均长度为 $50\mu m$ 的 $MgCO_3 \cdot 3H_2O$，作为前驱物。

量取一定体积的去离子水置于反应器中，加热至一定温度后，称取一定量的三水碳酸镁一次性加入反应器中，再将反应器置于一定温度的恒温水浴锅中，搅拌热解一定时间后，停止搅拌，过滤并将滤饼置于恒温干燥箱中干燥一定时间，即可得到碱式碳酸镁样品。其试验装置亦同图 4-2 所示装置。

5.1.3 检测方法与性能表征

5.1.3.1 X射线衍射（XRD）分析

采用荷兰帕纳科公司 MPDDY2094 型 X 射线衍射仪检测样品的物相结构，获得 XRD 图谱。将获得的 XRD 图谱和标准 JCPDS 数据库检索数据比较，利用面网间距 d 值与 JCPDS 标准卡片 d 值的对应程度，确定产品的物相。XRD 测试条件为：Cu 靶 K_α，$\lambda = 0.1541nm$，固体探测器，管电压 40kV，管电流 40mA，扫描速度 $12(°)/min$，扫描范围 $2\theta = 5°\sim90°$。

5.1.3.2 扫描电镜（SEM）分析

将粉末分散，取其微量均匀涂在载物台上，经喷金处理后采用 JEOL 公司 JSM-6360LV 型扫描电子显微镜在不同倍率下观察粉末的形貌。每个试样通过选择具有代表性的晶体 100 根，测量其长度和直径，分别计算平均值，然后计算平均长径比，作为衡量水合碳酸镁晶体的主要质量指标之一。

5.1.3.3 红外光谱（FT-IR）分析

采用 Nicolet 公司 380 型傅里叶变换红外光谱仪检测改性前后三水碳酸镁晶须的化学基团组成。采用 KBr 压片法制样。KBr 压片法是指取 $0.5\sim2.0mg$ 样品，用玛瑙研钵研细后，加入 $100\sim200mg$ 干燥 KBr 粉末，再经研磨后置于压模具内，压成透明薄片进行测试。红外光谱仪工作参数为：扫描范围 $4000\sim400cm^{-1}$，分辨率为 $2cm^{-1}$，扫描次数 20。

5.1.3.4 热重-差示扫描量热（TG-DSC）分析

采用 NETZSCH STA 公司 409 PC/PG 型号热重分析仪测定试样的热稳定性，设定条件为：空气气氛下，升温速率 $10℃/min$，升温范围 $20\sim900℃$；并获得相应的热重差热（DSC-TGA）曲线。

5.1.3.5 化学成分分析

采用化学成分分析法分析制备所得水合碳酸镁中各组分的质量分数。

5.2　热解 Mg(HCO₃)₂ 溶液直接制备碱式碳酸镁

5.2.1　热解温度对碱式碳酸镁制备过程的影响

由 4.2 节可知，当热解温度为 50℃时，热解 Mg(HCO₃)₂ 溶液得到纯度较高的三水碳酸镁晶须，而当温度为 60℃时，热解 Mg(HCO₃)₂ 溶液所得产物为多孔棒状碱式碳酸镁晶体，由此可知热解温度对产物的组成和形貌具有显著的影响。固定热解时间 90min、搅拌强度 500r/min、Mg(HCO₃)₂ 溶液浓度及 pH 值分别为自然浓度和 pH 值等条件，试验考察了热解温度对碱式碳酸镁制备过程的影响，选择热解温度为 55℃、60℃、70℃、80℃和 90℃。图 5-1 为不同热解温度制备所得产物的 XRD 图，图 5-2 为热解温度对产物形貌的影响。

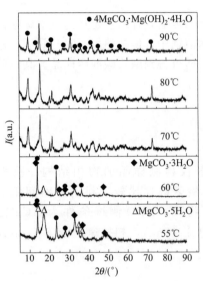

图 5-1　不同热解温度制备所得产物的 XRD 图

由图 5-1 可知，热解温度为 55℃时，所得产物的衍射峰中同时存在 $4MgCO_3 \cdot Mg(OH)_2 \cdot 4H_2O$、$MgCO_3 \cdot 3H_2O$ 和 $MgCO_3 \cdot 5H_2O$ 的特征峰，说明该温度下所得产物组成复杂，纯度较低。当热解温度为 60℃，产物的衍射峰中同时存在 $4MgCO_3 \cdot Mg(OH)_2 \cdot 4H_2O$ 和 $MgCO_3 \cdot 3H_2O$ 的特征峰，但 $4MgCO_3 \cdot Mg(OH)_2 \cdot 4H_2O$ 的特征峰强度高且数目较多，表明该温度下所得产物主要为 $4MgCO_3 \cdot Mg(OH)_2 \cdot 4H_2O$，同时混有少量的 $MgCO_3 \cdot 3H_2O$。热解温度升高到 70℃时，全部衍射峰位置与 $4MgCO_3 \cdot Mg(OH)_2 \cdot 4H_2O$ 的特征峰一致，强度高，基底平滑，无其他杂峰，说明 70℃时所得 $4MgCO_3 \cdot Mg(OH)_2 \cdot 4H_2O$ 结晶良好。热解温度进一步升高到 80～90℃时，产物的组成不再变化，全部为结晶良好的 $4MgCO_3 \cdot Mg(OH)_2 \cdot 4H_2O$。随着热解温度的升高，所得产物的组成与 70℃所得产物相比无明显变化，说明 70℃时所得产物已经为组成稳定单一、纯度高、结晶良好的

$4MgCO_3 \cdot Mg(OH)_2 \cdot 4H_2O$。

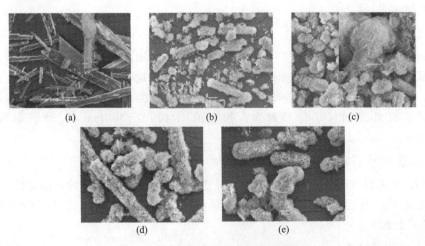

图 5-2　热解温度对产物形貌的影响

(a) 55℃；(b) 60℃；(c) 70℃；(d) 80℃；(e) 90℃

从图 5-2 中可以看出，随着热解温度的升高，碱式碳酸镁的形貌发生了明显的变化。热解温度为 55℃时，产物为棒状晶体，晶体表面不光滑，由放大图可以看出棒状表面长着片状和絮状物 [图 5-2(a)]。热解温度为 60℃时，产物为多孔棒状碱式碳酸镁，多孔结构是由一层一层的纳米薄片状均匀地叠加在一起而形成多，同时产物中还混有少量无定形碎末 [图 5-2(b)]。热解温度为 70℃时，产物为多孔短棒状和粒径均匀的多孔微球状碱式碳酸镁，微球直径为 $10\mu m$，由图 5-2(c) 放大图可以看出，微球表面光滑无凸起，其表面被由纳米片均匀叠加在一起而形成的多孔玫瑰花状结构所覆盖。随着温度继续升高，产物形貌无明显变化 [图 5-2(d)]，依然为多孔短棒状和多孔微球状碱式碳酸镁 [图 5-2(e)]。

试验结果表明，70℃时所得碱式碳酸镁结晶良好，纯度高，形貌均匀，因此确定直接热解 $Mg(HCO_3)_2$ 溶液制备碱式碳酸镁的热解温度为 70℃。

5.2.2　热解时间对碱式碳酸镁制备过程的影响

固定热解温度 70℃、搅拌强度 500r/min、$Mg(HCO_3)_2$ 溶液浓度及 pH 值分别为自然浓度和 pH 值等条件，考察了热解时间对碱式碳酸镁制备过程的影响，选择热解时间为 30min、60min、90min、120min、150min、240min。图 5-3 为不同热解时间制备所得产物的 XRD 图，图 5-4 为热解时间对产物形貌的影响。

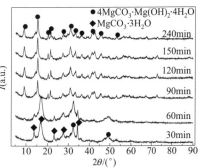

图 5-3　不同热解时间制备
所得产物的 XRD 图

如图 5-3 所示，热解时间为 30min 时，所得产物的衍射峰位置与 $MgCO_3 \cdot 3H_2O$ 一致，说明热解反应初期，产物主要为 $MgCO_3 \cdot 3H_2O$，但衍射峰强度低，基底不平滑，说明此时 $MgCO_3 \cdot 3H_2O$ 结晶度较差。60min 时，产物中同时存在 $MgCO_3 \cdot 3H_2O$ 和 $4MgCO_3 \cdot Mg(OH)_2 \cdot 4H_2O$ 的特征峰，表明此时所得产物为这两者的混合物，衍射峰明显宽化，说明产物中存在粒度较小的晶体。当热解时间延长至 90min 时，产物全部衍射峰位置与 $4MgCO_3 \cdot Mg(OH)_2 \cdot 4H_2O$ 的特征峰一致，峰基底平滑，且未发现其他杂峰，说明此时所得 $4MgCO_3 \cdot Mg(OH)_2 \cdot 4H_2O$ 结晶良好。热解时间继续延长，产物的组成与 90min 时所得产物相比无明显变化，全部为

图 5-4　热解时间对产物形貌的影响

(a) 30min；(b) 60min；(c) 90min；(d) 120min；(e) 150min；(f) 240min

$4MgCO_3 \cdot Mg(OH)_2 \cdot 4H_2O$。由 5.2.1 节讨论结果可知，热力学上最稳定的水合碳酸镁是 $4MgCO_3 \cdot Mg(OH)_2 \cdot 4H_2O$，因此 90min 时所得产物就已经是组成稳定单一、纯度高、结晶良好的 $4MgCO_3 \cdot Mg(OH)_2 \cdot 4H_2O$。

观察图 5-4 发现，热解时间 30min 时，所得产物为表面光滑的棒状三水碳酸镁晶体，平均长度 $40\mu m$ ［图 5-4(a)］；60min 时，棒状晶体表面由光滑变粗糙，表面长着纳米片状物和絮状物 ［图 5-4(b)］，由 XRD 分析结果可知片状物和絮状物为碱式碳酸镁，由此说明 60min 时三水碳酸镁开始向碱式碳酸镁转变。热解时间为 90min 时，产物为多孔玫瑰花状碱式碳酸镁微球，微球表面光滑，平均直径 $10\mu m$ ［图 5-4(c)］。热解时间继续延长，碱式碳酸镁的形貌无明显变化 ［图 5-4(d) 和图 5-4(e)］，但尺寸明显增大 ［图 5-4(f)］。

由试验结果可知，90min 时所得产物为多孔玫瑰花状碱式碳酸镁微球，其组成稳定单一，结晶良好，形貌均匀，综合考虑反应能耗和制备成本等因素，最终确定直接热解 $Mg(HCO_3)_2$ 溶液制备碱式碳酸镁的适宜时间为 90min。

5.2.3   搅拌速率对碱式碳酸镁制备过程的影响

固定热解温度 70℃、热解时间 90min、$Mg(HCO_3)_2$ 溶液浓度及 pH 值分别为自然浓度和 pH 值等条件，试验考察了搅拌速率对碱式碳酸镁制备过程的影响，选择搅拌速率分别为 0r/min、200r/min、400r/min、500r/min、600r/min、800r/min。图 5-5 为搅拌速率对产物形貌的影响。

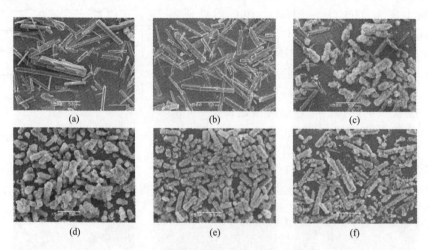

图 5-5   搅拌速率对产物形貌的影响
(a) 0r/min；(b) 200r/min；(c) 400r/min；(d) 500r/min；(e) 600r/min；(f) 800r/min

通过图 5-5 可以看出，其他条件不变时，无搅拌时，所得产物为棒状晶体，晶体表面光滑，但所得沉淀数量非常少 ［图 5-5(a)］。搅拌速率增大到 200r/min 时，产物依然为棒状晶体，但晶体表面由光滑变粗糙，并且产物中出现部分多孔棒状晶体 ［图 5-5(b)］。搅拌速率继续增大至 400r/min 时，产物主要为多孔玫瑰花状和多孔棒状碱式碳酸镁，多孔状结构由纳米片状叠加而成，两种形貌的晶体尺寸不均匀，此外，产物中还有少量的光滑棒状晶体 ［图 5-5(c)］。搅拌速率增大至 500r/min 时，产物全部为粒径均匀的多孔短棒状晶体，其平均直径为 $10\mu m$，平均长度 $40\mu m$ ［图 5-5(d)］。随着搅拌速率的进一步增大，产物形貌无明显变化 ［图 5-5(e)］，但在较大搅拌速率下，所得产物尺寸较小 ［图 5-5(f)］。由此可知，温度相同时，搅拌速率增大，三水碳酸镁相转移形成碱式碳酸镁过程加快，生成碱式碳酸镁的反应和速度相应加快。因此，选择直接热解 $Mg(HCO_3)_2$ 溶液制备碱式碳酸镁的适宜搅拌速率为 500r/min。

5.2.4　Mg(HCO$_3$)$_2$ 溶液 pH 值对碱式碳酸镁制备过程的影响

固定热解温度 70℃、热解时间 90min、搅拌速率 500r/min、Mg(HCO$_3$)$_2$ 溶液浓度为自然浓度等条件，试验考察了 Mg(HCO$_3$)$_2$ 溶液 pH 值对碱式碳酸镁制备过程的影响。采用 5.0mol/L 的 NaOH 溶液作为 pH 值调整剂，选择 Mg(HCO$_3$)$_2$ 溶液 pH 值分别为：pH$_0$（溶液自然 pH 值，约为 7.7+0.05），pH$_1$ = 8.0 + 0.05，pH$_2$ = 9.0 + 0.05，pH$_3$ = 10.0 + 0.05。图 5-6 为热解不同 pH 值 Mg(HCO$_3$)$_2$ 溶液所得产物的 XRD 图，图 5-7 为热解不同 pH 值 Mg(HCO$_3$)$_2$ 溶液所得产物的 SEM 图。

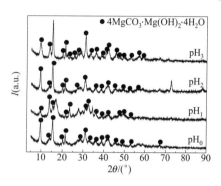

图 5-6　热解不同 pH 值 Mg(HCO$_3$)$_2$
溶液所得产物的 XRD 图

由图 5-6 可知，固定其他条件，保持 Mg(HCO$_3$)$_2$ 溶液 pH 值为自然 pH 值，热解所得产物的全部衍射峰位置均与 4MgCO$_3$·Mg(OH)$_2$·4H$_2$O 的特征峰一致，但其衍射峰强度较低。当 Mg(HCO$_3$)$_2$ 溶液 pH 值增大到 8.0 + 0.05 时，产物的衍射峰位置基本与 4MgCO$_3$·Mg(OH)$_2$·4H$_2$O 的特征峰一致，但峰强度低并且明显宽化，说明此 pH 值下所得产物中混有结晶度较低、粒度较小的 4MgCO$_3$·Mg(OH)$_2$·4H$_2$O 晶体。继续增大 Mg(HCO$_3$)$_2$ 溶液 pH 值至 9.0 + 0.05，全部衍射峰位置仍与 4MgCO$_3$·Mg(OH)$_2$·4H$_2$O 的标准图谱一致，峰基底平滑，无其他杂峰，说明该 pH 值下所得 4MgCO$_3$·Mg(OH)$_2$·4H$_2$O，结晶良好，继续增大溶液 pH 值，产物组成不再发生变化，由此说明 Mg(HCO$_3$)$_2$ 溶液 pH 值为 9.0 + 0.05 时就可得到组成稳定单一、纯度高、结晶良好的 4MgCO$_3$·Mg(OH)$_2$·4H$_2$O。

从图 5-7 中可以看出，Mg(HCO$_3$)$_2$ 溶液 pH 值对产物形貌的影响显著。在溶液自然 pH 值下所得产物为多孔棒状或多孔玫瑰花状碱式碳酸镁晶体，多孔状结构由纳米片叠加而成，棒状晶体平均直径 10μm，平均长度 50μm［图 5-7(a)］。当溶液 pH 值增大到 8.0 + 0.05 时，产物中既存在多孔棒状晶体，又存在尺寸为纳米级的多孔絮状物，这与 XRD 分析结果一致，其中多孔棒状晶体平均长度和直径无明显变化［图 5-7(b)］。pH 值继续增大到

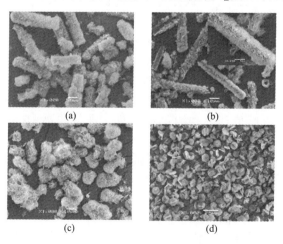

图 5-7　热解不同 pH 值 Mg(HCO$_3$)$_2$ 溶液所得产物的 SEM 图
(a) pH$_0$ = 7.7+0.05；(b) pH$_1$ = 8.0+0.05；(c) pH$_2$ = 9.0+0.05；(d) pH$_3$ = 10.0+0.05

9.0＋0.05 时，产物为均匀的多孔玫瑰花状微球，多孔玫瑰花状结构也是由纳米片一层一层堆积而成，片状之间存在空洞从而形成多孔结构，微球直径 10μm［图 5-7(c)］。当溶液 pH 值增大到 10.0＋0.05 时，所得产物为扁平片层状碱式碳酸镁，扁平片层状结构由约 30～40nm 厚的纳米片组装堆积而成，层状晶体交叉拼接成三维结构［图 5-7(d)］。

综合 XRD 和 SEM 结果分析可知，$Mg(HCO_3)_2$ 溶液 pH 值为自然 pH 值时，所得碱式碳酸镁为组成稳定单一、形貌均匀的多孔棒状或多孔玫瑰花状微球，因此选择 $Mg(HCO_3)_2$ 溶液的适宜 pH 值为自然 pH 值。

5.2.5 异丙醇辅助低温制备碱式碳酸镁

由 5.2.1 节的研究结果可知，热解温度为 70℃时，直接热解 $Mg(HCO_3)_2$ 溶液才可得到组成稳定、纯度高、形貌均匀的碱式碳酸镁。而由 4.8.2 节研究结果可知，异丙醇作为添加剂时，在 50℃下直接热解 $Mg(HCO_3)_2$ 溶液可以得到表面由树叶状结构组成的棒状碱式碳酸镁晶体，由此可知异丙醇的加入能够影响结晶热力学环境。因此，本节以异丙醇为添加剂，首次在较低的热解温度（＜55℃）通过直接热解 $Mg(HCO_3)_2$ 溶液制备碱式碳酸镁，试验考察了异丙醇的添加量、$Mg(HCO_3)_2$ 溶液浓度、热解温度以及热解时间对热解产物组成和形貌的影响。

5.2.5.1 异丙醇添加量对碱式碳酸镁制备过程的影响

由 4.8.2 节研究结果可知，当异丙醇的添加量比≥1∶2［按 $V_{异丙醇}$ 与 $V_{Mg(HCO_3)_2}$ 之比］时，即异丙醇的添加量为 1∶2、1∶1 和 2∶1 时，直接热解 $Mg(HCO_3)_2$ 溶液可得到具有不同形貌的碱式碳酸镁，但碱式碳酸镁纯度不高，添加量为 5∶1 时，可得到组成稳定单一、

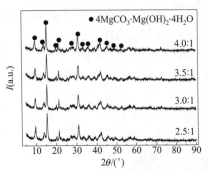

图 5-8   不同添加量异丙醇作用下所得产物的 XRD 图

纯度高、形貌均匀、表面由树叶状结构组成的棒状碱式碳酸镁晶体，但添加量比过高容易造成添加剂的浪费。为了进一步精确异丙醇的添加量并得到理想的碱式碳酸镁，固定热解温度 50℃、热解时间 120min、搅拌强度 500r/min、$Mg(HCO_3)_2$ 溶液浓度 3.20g/L、$Mg(HCO_3)_2$ 溶液 pH 值为自然 pH 值等条件，考察了异丙醇添加量对碱式碳酸镁制备过程的影响，分别选取异丙醇添加量比［按 $V_{异丙醇}$ 与 $V_{Mg(HCO_3)_2}$ 之比］为 2.5∶1、3∶1、3.5∶1、4∶1。图 5-8 为不同添加量异丙醇作用下所得产物的 XRD 图，图 5-9 为不同添加量异丙醇作用下所得产物的 SEM 图。

如图 5-8 所示，不同添加量异丙醇作用下热解所得产物的衍射峰均与 $4MgCO_3 \cdot Mg(OH)_2 \cdot 4H_2O$ 的特征峰一致，峰形尖锐，基底平滑，强度高，无其他杂峰，表明所得产物均为结晶良好、纯度较高的 $4MgCO_3 \cdot Mg(OH)_2 \cdot 4H_2O$，由此也说明异丙醇添加量对产物的组成没有影响。

由图 5-9 可见，异丙醇添加量对热解所得碱式碳酸镁的形貌影响显著。异丙醇添加量比为 2.5∶1 时，所得产物为表面由树叶状结构组成的棒状碱式碳酸镁，树叶状结构由纳米片叠加形成，棒状晶体平均直径为 1.0μm［图 5-9(a)］。异丙醇添加量比为 3∶1 时，所得产物为多孔碱式碳酸镁微球，微球粒径不均匀，此外产物质地坚硬，SEM 图中出现的疑似无定形絮状物是制样过程中研磨操作破坏了微球结构所致［图 5-9(b)］。异丙醇添加量比为 3.5∶1 时，所得产物为团聚生长的纳米絮状碱式碳酸镁［图 5-9(c)］。异丙醇添加量比进一步增大到 4∶1，所得产物为多孔纳米棒状和纳米絮状碱式碳酸镁的混合物［图 5-9(d)］。

综合 XRD 和 SEM 分析结果可知，固定其他条件不变，异丙醇添加量比为 2.5∶1 时，直接热解 $Mg(HCO_3)_2$ 溶液可得到平均直径为 $1.0\mu m$、表面由树叶状结构组成的棒状碱式碳酸镁，因此确定较适宜的异丙醇添加量比为 2.5∶1。

5.2.5.2 $Mg(HCO_3)_2$ 溶液浓度对碱式碳酸镁制备过程的影响

固定热解温度 50℃，热解时间 120min、搅拌强度 500r/min、$Mg(HCO_3)_2$ 溶液 pH 值为自然 pH 值、异丙醇添加量比［按 $V_{异丙醇}$ 与 $V_{Mg(HCO_3)_2}$ 之比］为 2.5∶1 等条件，考察了 $Mg(HCO_3)_2$ 溶液浓度对碱式碳酸镁制备过程的影响。采用加入去离子水来稀释 $Mg(HCO_3)_2$ 溶液浓度，分别选取碳酸氢镁溶液浓度为：c_1（2.05g/L）、c_2（2.60g/L）、c_3（3.23g/L）。图 5-10 和图 5-11 分别为热解不同浓度的 $Mg(HCO_3)_2$ 溶液所得产物的 XRD 图和 SEM 图。

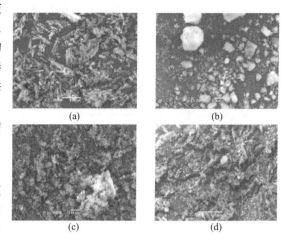

图 5-9　异丙醇添加量对产物形貌的影响
(a) 2.5∶1；(b) 3∶1；(c) 3.5∶1；(d) 4∶1

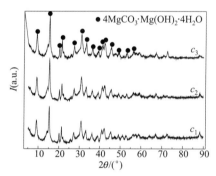

图 5-10　热解不同浓度碳酸氢镁溶液所得产物的 XRD 图

如图 5-10 所示，热解不同浓度的 $Mg(HCO_3)_2$ 溶液所得产物的全部衍射峰位置均与 $4MgCO_3 \cdot Mg(OH)_2 \cdot 4H_2O$ 的特征峰一致，峰形尖锐，无其他杂峰，说明所得产物为纯度较高的 $4MgCO_3 \cdot Mg(OH)_2 \cdot 4H_2O$。衍射峰基底平滑，其峰强度随着 $Mg(HCO_3)_2$ 溶液浓度的增大而增大，表明较高浓度下所得 $4MgCO_3 \cdot Mg(OH)_2 \cdot 4H_2O$ 结晶度较好。

由图 5-11 可知，$Mg(HCO_3)_2$ 溶液浓度对热解所得产物碱式碳酸镁形貌的影响比较明显。$Mg(HCO_3)_2$ 溶液浓度较低时，所得产物中同时混有为不规则絮状物和不规则并团聚生长的纳米颗粒状碱式碳酸镁［图 5-11(a)］。当 $Mg(HCO_3)_2$ 溶液浓度增大时，热解所得产物为团聚生长的不规则絮状碱式碳酸镁，产物中同时混有少量表面光滑的棒状晶体［图 5-11(b)］。$Mg(HCO_3)_2$ 溶液浓度继续增大至 3.23g/L 时，所得产物为粒径均匀、表面由树叶状结构组成的棒状碱式碳酸镁，其平均直径为 $1.0\mu m$［图 5-11(c)］。因此，确定较适宜的 $Mg(HCO_3)_2$ 浓度范围为 3.20～3.25g/L。

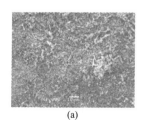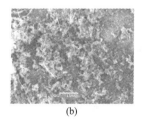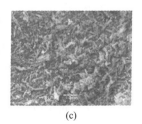

(a)　　　　　　　(b)　　　　　　　(c)

图 5-11　热解不同浓度碳酸氢镁溶液时所得产物的 SEM 图
(a) c_1；(b) c_2；(c) c_3

5.2.5.3   热解温度对碱式碳酸镁制备过程的影响

固定热解时间 120min、搅拌强度 500r/min、$Mg(HCO_3)_2$ 溶液 pH 值为自然 pH 值、异丙醇添加量比 [按 $V_{异丙醇}$ 与 $V_{Mg(HCO_3)_2}$ 之比] 为 2.5∶1、$Mg(HCO_3)_2$ 溶液浓度为

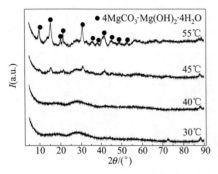

图 5-12   不同热解温度制备
所得产物 XRD 图

3.20g/L 等条件，考察了热解温度对碱式碳酸镁制备过程的影响，分别选取热解温度为 30℃、40℃、45℃、55℃。图 5-12 为不同热解温度下制备所得产物的 XRD 图，图 5-13 为不同热解温度下制备所得产物的 SEM 图。

由图 5-12 可知，其他条件不变，当热解温度为 30℃和 40℃时，XRD 检测显示没有出现衍射峰，表明 30℃、40℃时热解所得产物为无定形物，而观察图 5-13(a) 和图 5-13(b) 可以发现 30℃和 40℃时所得产物为发育良好、平均直径为 1.0μm 的棒状晶体，其原因可能是在这两者温度范围内所得产物为非晶态物质。当热解温度升高至 45℃时，所得产物中出现了

$4MgCO_3 \cdot Mg(OH)_2 \cdot 4H_2O$ 的特征峰，但其峰强度低并且明显宽化，表明该温度下所得产物为结晶度较低、尺寸较小的 $4MgCO_3 \cdot Mg(OH)_2 \cdot 4H_2O$。当热解温度升高至 55℃时，

所得产物衍射峰位置全部与 $4MgCO_3 \cdot Mg(OH)_2 \cdot 4H_2O$ 的特征峰一致，衍射峰基底平滑，强度高，无其他杂峰，表明此温度下所得产物为组成稳定单一、纯度高、结晶良好的 $4MgCO_3 \cdot Mg(OH)_2 \cdot 4H_2O$。

由图 5-13(c) 可知，45℃时所得碱式碳酸镁为光滑棒状晶体以及表面由树叶状结构组成的棒状晶体，其形貌和粒径不均匀。而由图 5-13(d) 可知，55℃时所得产物为表面由树叶状结构组成的棒状晶体，其形貌和粒径均较均匀，平均长度为 10μm，平均直径为 1.0μm。结合 5.2.5.1 节分析结果可知，55℃下所得产物的组成和形貌与 50℃时所得产物并无明显差异，由此说明保持其他条件不变，热解温度为 50℃时，

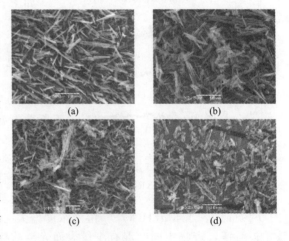

图 5-13   热解温度对产物形貌的影响
(a) 30℃；(b) 40℃；(c) 45℃；(d) 55℃

在异丙醇辅助下即可得到粒径和形貌均匀、表面由树叶状结构组成的棒状碱式碳酸镁晶体。综上所述，确定较适宜的热解温度为 50℃。

5.2.5.4   热解时间对碱式碳酸镁制备过程的影响

固定热解温度 50℃、搅拌强度 500r/min、$Mg(HCO_3)_2$ 溶液 pH 值为自然 pH 值、异丙醇添加量比为 2.5∶1、$Mg(HCO_3)_2$ 溶液浓度 3.20g/L 等条件，考察了热解时间对碱式碳酸镁制备过程的影响。分别选取热解时间为 30min、60min、90min、120min、150min。图 5-14 为不同热解时间所得产物的 XRD 图，图 5-15 为不同热解时间所得产物的 SEM 图。

如图 5-14 所示，当热解时间为 30min 和 60min 时，XRD 检测显示没有出现衍射峰，表明 60min 内热解所得产物为无定形物，而观察图 5-15(a) 和图 5-15(b) 可以发现 30min 和

60min 时所得产物为发育良好、平均直径为 $1.0\mu m$ 的棒状晶体，其原因可能是在该时间段内所得产物呈非晶态，可能为目标产物的前驱物。当热解时间延长至 90min 时，产物中出现了 $4MgCO_3 \cdot Mg(OH)_2 \cdot 4H_2O$ 的特征峰，但其峰强度低并且明显宽化，表明该温度下所得产物为结晶度较低、尺寸较小的 $4MgCO_3 \cdot Mg(OH)_2 \cdot 4H_2O$。图 5-15（c）显示 90min 时所得产物为棒状碱式碳酸镁晶体，棒状晶体表面不光滑，长有片状物和絮状物，此外棒状晶体中还混有无定形碎末。当热解时间延长至 120min 时，所得产物的衍射峰位置均与 $4MgCO_3 \cdot Mg(OH)_2 \cdot 4H_2O$ 的特征峰一致，峰基底平滑，强度高，无其他

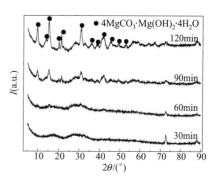

图 5-14　异丙醇辅助下，不同热解
时间所得产物的 XRD 图

杂峰，表明此时所得产物为组成稳定单一、纯度高、结晶良好的 $4MgCO_3 \cdot Mg(OH)_2 \cdot 4H_2O$。120min 时所得产物为表面由树叶状结构组成的棒状碱式碳酸镁晶体，其粒径和形貌较均匀，平均直径为 $1.0\mu m$，平均长度为 $10\mu m$ [图 5-15（d）]。由于 $4MgCO_3 \cdot Mg(OH)_2 \cdot 4H_2O$ 是热力学上最稳定的水合碳酸镁，因此热解时间继续延长，其组成不再变化，但晶体尺寸有所减小 [图 5-15（e）和图 5-15（f）]。故确定异丙醇辅助下直接热解 $Mg(HCO_3)_2$ 溶液制备碱式碳酸镁过程中较适宜的热解时间为 120min。

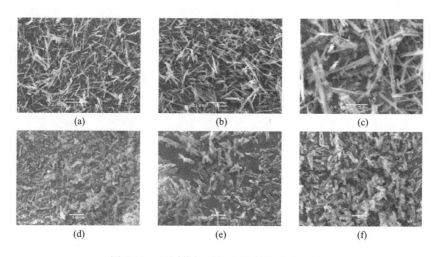

图 5-15　不同热解时间所得产物的 SEM 图
（a）30min；（b）60min；（c）90min；（d）120min；（e）150min；（f）180min

5.3　热解三水碳酸镁间接制备碱式碳酸镁

由前述研究结果可知，三水碳酸镁是亚稳相的水合碳酸镁，在一定条件下会向碱式碳酸镁转变，因此三水碳酸镁的相转移是碱式碳酸镁晶体生长中的重要过程。此外，采用三水碳酸镁为前驱物时，可以避免直接法制备碱式碳酸镁过程带来的杂质，所得碱式碳酸镁纯度高。试验以采用菱镁矿碳化法并于最佳条件下制备所得平均长度为 $50\mu m$ 的 $MgCO_3 \cdot 3H_2O$ 作为前驱物，纯水作溶剂，按照 2.3.3 节所述的试验方法，在温度 $\geqslant 55℃$ 的条件下热解三水碳酸镁溶液制备碱式碳酸镁，考察了热解温度、热解时间、三水碳酸镁溶液浓度、三水碳酸镁溶液 pH 值以及搅拌作用等因素对产物组成和形貌的影响。

5.3.1　热解温度对碱式碳酸镁制备过程的影响

由第 4 章研究结果可知，热解温度是影响三水碳酸镁稳定性的主导因素，温度既可以改

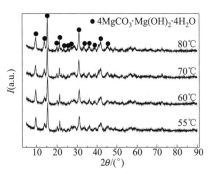

图 5-16　不同热解温度制备
所得产物的 XRD 图

变三水碳酸镁表面结构，又能改变溶液结构。固定热解时间 60min、搅拌强度 500r/min、三水碳酸镁溶液浓度 33.3g/L、三水碳酸镁溶液 pH 值为自然 pH 值等条件，选择热解温度为 55℃、60℃、70℃ 和 80℃，考察热解温度对三水碳酸镁相转移制备碱式碳酸镁过程中产物组成和形貌的影响。图 5-16 为不同热解温度制备所得产物的 XRD 图，图 5-17 是热解温度对产物形貌的影响。

由图 5-16 可知，55～80℃ 所得产物的全部衍射峰位置均与 $4MgCO_3 \cdot Mg(OH)_2 \cdot 4H_2O$ 的标准图谱一致，并且无 $MgCO_3 \cdot 3H_2O$ 的衍射峰，说明在该温度区间内所得 $4MgCO_3 \cdot Mg(OH)_2 \cdot 4H_2O$ 纯度高，也

就是说在该温度范围内 $MgCO_3 \cdot 3H_2O$ 全部转变为 $4MgCO_3 \cdot Mg(OH)_2 \cdot 4H_2O$。随着热解温度的升高，衍射峰强度逐渐增大，基底越趋于平滑，说明随着热解温度的升高，所得

$4MgCO_3 \cdot Mg(OH)_2 \cdot 4H_2O$ 结晶性能趋于良好，温度升高至 70℃ 和 80℃，所得 $4MgCO_3 \cdot Mg(OH)_2 \cdot 4H_2O$ 的衍射峰的强度和宽度仍无明显变化，说明 70℃ 时所得 $4MgCO_3 \cdot Mg(OH)_2 \cdot 4H_2O$ 的纯度和结晶度均比较理想。

从图 5-17 中可以看出，温度对碱式碳酸镁的形貌无明显影响，不同热解温度下所得产物均为形貌均匀、平均直径约为 7.5μm 的多孔棒状碱式碳酸镁，多孔状结构由纳米片叠加组装而成，片状之间存在空洞从而形成多孔状 [图 5-17(a)～图 5-17(d)]。

综合上述试验结果可知，其他条件不变，热解温度为 70℃ 时，所得碱式碳酸镁纯度和形貌均较为理想，故确定间接法制备碱式碳酸镁的热解温度为 70℃。

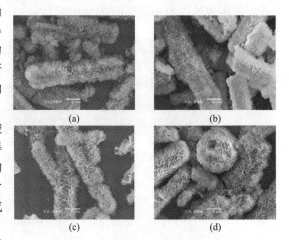

图 5-17　热解温度对产物形貌的影响
(a) 55℃；(b) 60℃；(c) 70℃；(d) 80℃

5.3.2　热解时间对碱式碳酸镁制备过程的影响

为考察热解时间对碱式碳酸镁制备过程的影响，固定热解温度 70℃、搅拌强度 500r/min、三水碳酸镁溶液浓度 33.3g/L、三水碳酸镁溶液 pH 值为自然 pH 值等条件，对不同热解时间所得产物的组成和形貌进行分析，图 5-18 和图 5-19 为不同热解时间所得产物的 XRD 图和 SEM 图。

图 5-18 的 XRD 图谱显示了产物由 $MgCO_3 \cdot 3H_2O$ 向 $4MgCO_3 \cdot Mg(OH)_2 \cdot 4H_2O$ 的转变过程。热解时间为 10min 时，所得产物衍射峰中同时存在 $MgCO_3 \cdot 3H_2O$、$4MgCO_3 \cdot Mg(OH)_2 \cdot 4H_2O$ 的特征峰，结合转变过程中形貌演变，10min 时产物中同时存在光滑棒状晶体和多孔棒状及花状晶体 [图 5-19(a)]，综合说明 10min 时 $MgCO_3 \cdot 3H_2O$ 开始向

$4MgCO_3 \cdot Mg(OH)_2 \cdot 4H_2O$ 转变，但转变不完全，故所得产物纯度不高。热解时间延长至 30min 时，产物中 $MgCO_3 \cdot 3H_2O$ 的衍射峰消失，全部衍射峰位置与 $4MgCO_3 \cdot Mg(OH)_2 \cdot 4H_2O$ 的标准图谱一致，结合 SEM 图［图 5-19（b）］可知，30min 时所得产物主要为多孔棒状晶体，同时存在少量的球状颗粒，由此说明 30min 时 $MgCO_3 \cdot 3H_2O$ 虽然已经基本转变为 $4MgCO_3 \cdot Mg(OH)_2 \cdot 4H_2O$，但产物形貌不均匀。热解时间为 60min 时，产物的全部衍射峰位置与 $4MgCO_3 \cdot Mg(OH)_2 \cdot 4H_2O$ 的标准图谱一致，并且衍射峰基底平滑，无其他杂峰，且由其形貌图［图 5-19（c）］可知，此时产物几乎全部为结晶良好、

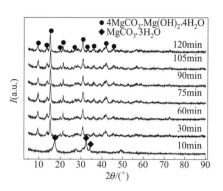

图 5-18 不同热解时间所得
产物的 XRD 图

形貌均匀的多孔棒状碱式碳酸镁，说明 60min 时 $MgCO_3 \cdot 3H_2O$ 已经全部转变为 $4MgCO_3 \cdot Mg(OH)_2 \cdot 4H_2O$。反应继续进行，热解时间对产物的组成和形貌无明显影响［图 5-19（d）～图 5-19（f）］。因此，确定间接法制备碱式碳酸镁的适宜热解时间为 60min。

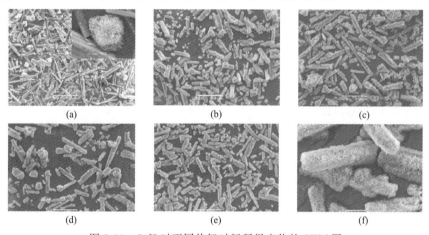

图 5-19 70℃时不同热解时间所得产物的 SEM 图
（a）10min；（b）30min；（c）60min；（d）75min；（e）90min；（f）120min

5.3.3 三水碳酸镁溶液浓度对碱式碳酸镁制备过程的影响

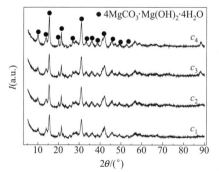

图 5-20 热解不同浓度三水碳酸镁
所得产物的 XRD 图

为考察前驱物三水碳酸镁溶液浓度的影响，固定热解温度 70℃、热解时间 60min、搅拌强度 500r/min、三水碳酸镁溶液 pH 值为自然 pH 值等条件，选择三水碳酸溶液浓度的变化范围为 c_1（5g/L）、c_2（12.5g/L）、c_3（33.3g/L）和 c_4（45g/L），对热解不同浓度三水碳酸镁溶液所得产物的组成和形貌进行分析，图 5-20 和图 5-21 为不同三水碳酸镁溶液浓度下所得产物的 XRD 图和 SEM 图。

由图 5-20 可知，热解不同浓度三水碳酸镁溶液所得产物的衍射峰位置均与 $4MgCO_3 \cdot Mg(OH)_2 \cdot 4H_2O$ 特征峰一致，说明不同浓度下所得产物均为热力学上最稳定的 $4MgCO_3 \cdot Mg(OH)_2 \cdot 4H_2O$。随着溶液浓度的增大，衍射峰基底趋于平滑，强度也随之

图 5-21　70℃时热解不同浓度
三水碳酸镁溶液所得产物的 SEM 图
(a) 5g/L；(b) 12.5g/L；(c) 33.3g/L；(d) 45g/L

增大，但整体变化较小，说明三水碳酸镁溶液的浓度对热解产物的组成影响较小。

从图 5-21 中可以看出，随着三水碳酸镁溶液浓度的增大，产物中不规则的絮状物逐渐减少，浓度为 33.3g/L 时所得产物中絮状物基本完全消失；不同浓度下所得产物均为多孔棒状碱式碳酸镁晶体，多孔状结构由纳米片紧密叠加形成；除了浓度为 12.5g/L 时所得棒状晶体平均直径为 6.5μm，其余浓度下所得棒状晶体平均直径均为 10μm。由上述可知，三水碳酸镁溶液浓度对热解所得碱式碳酸镁的形貌影响不明显，考虑到制备成本及碱式碳酸镁晶体质量，选择三水碳酸镁溶液的较适宜浓度为 33.3g/L。

5.3.4　三水碳酸镁溶液 pH 值对碱式碳酸镁制备过程的影响

由前述研究结果可知，溶液 pH 值对晶体的组成和形貌具有重要的影响。为了考察三水碳酸镁溶液 pH 值对碱式碳酸镁制备过程的影响，固定热解温度 70℃、热解时间 60min、搅拌强度 500r/min、三水碳酸镁溶液浓度 33.3g/L 等条件，对热解不同 pH 值三水碳酸镁溶液所得产物的组成和形貌进行分析，采用 5.0mol/L 的 NaOH 溶液作为调整剂，选择 pH 值分别为：pH_0（三水碳酸镁溶液自然 pH 值）约为 9.30+0.2，pH_1 为 10.0+0.05，pH_2 为 11.0+0.05。图 5-22 和图 5-23 分别为所得产物的 XRD 图和 SEM 图。

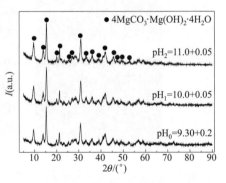

图 5-22　热解不同 pH 值三水碳酸镁
溶液所得产物的 XRD 图

从热解不同 pH 值三水碳酸镁溶液所得产物的 XRD 图谱中可以看出，三水碳酸镁溶液 pH 值为自然 pH 值时热解所得产物全部衍射峰位置与 $4MgCO_3 \cdot Mg(OH)_2 \cdot 4H_2O$ 的特征峰一致，峰基底平滑，强度高，无其他杂峰，说明自然 pH 值下所得 $4MgCO_3 \cdot Mg(OH)_2 \cdot 4H_2O$ 结晶良好。三水碳酸镁溶液 pH 值进一步升高至 10.0+0.05 和 11.0+0.05 时，所得产物仍为结晶良好、纯度高的 $4MgCO_3 \cdot Mg(OH)_2 \cdot 4H_2O$。由此可知，热间接法制备碱式碳酸镁过程中，不论三水碳酸镁溶液 pH

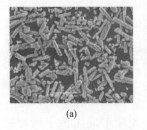  

(a)　　　　　　　　　　(b)　　　　　　　　　　(c)

图 5-23　70℃时热解不同 pH 值三水碳酸镁溶液所得碱式碳酸镁的 SEM 图
(a) pH_0=9.30+0.2；(b) pH_1=10.0+0.05；(c) pH_2=11.0+0.05

值高低，所得产物均为热力学上最稳定的 $4MgCO_3 \cdot Mg(OH)_2 \cdot 4H_2O$ 晶体。

从图 5-23 中可以看出，三水碳酸镁溶液 pH 值对热解产物碱式碳酸镁的形貌具有重要的影响。如图 5-23(a) 所示，在三水碳酸镁溶液自然 pH 值下热解所得碱式碳酸镁主要为多孔棒状，此外还存在一些絮状物，这可能是高温下 $MgCO_3 \cdot 3H_2O$ 因不稳定发生分解而产生的无定形物，但这并未反映在 XRD 图谱中，则可能是由于 $4MgCO_3 \cdot Mg(OH)_2 \cdot 4H_2O$ 的强衍射峰掩盖了无定形物的存在。当溶液 pH 值升高至 $10.0 + 0.05$ 时，所得产物为具有不规则花状结构的碱式碳酸镁晶体，花状由扭曲的二维纳米片状组装而成，花状晶体平均直径为 $2.5\mu m$ [图 5-23(b)]。溶液 pH 值进一步升高，产物形貌无明显变化，所得产物仍为不规则的花状晶体 [图 5-23(c)]。

综合可知，热解三水碳酸镁溶液制备碱式碳酸镁过程中，三水碳酸镁溶液的 pH 值对热解产物的组成没有影响，但对产物的形貌影响非常明显。

5.3.5　搅拌作用对碱式碳酸镁制备过程的影响

混合条件影响体系浓度分布，使晶体生长受到制约，为考察搅拌作用对三水碳酸镁热解过程的影响，固定热解温度 70℃、三水碳酸镁溶液浓度 33.3g/L、三水碳酸镁溶液 pH 值为自然 pH 值等条件，在静态环境下（无搅拌作用）热解三水碳酸镁溶液制备碱式碳酸镁，并对转变过程中产物的形貌变化以及转变机制进行探讨。按照 5.1.2 节所述的方法，先将 400mL 去离子水加热至 70℃，待温度稳定后，再将 4.0g $MgCO_3 \cdot 3H_2O$ 加入去离子水中并搅拌分散，随即停止搅拌，使样品均匀沉降在反应器底部，再将反应器在 70℃ 恒温水浴中静置 210min。图 5-24 和图 5-25 分别为无搅拌作用时不同时间所得产物的 XRD 图和 SEM 图。

由图 5-24 可知，热解 30min 时，产物中开始出现 $4MgCO_3 \cdot Mg(OH)_2 \cdot 4H_2O$ 的特征峰。随着热解时间的延长，$MgCO_3 \cdot 3H_2O$ 逐渐转变为 $4MgCO_3 \cdot Mg(OH)_2 \cdot 4H_2O$，60min 时，大量的 $4MgCO_3 \cdot Mg(OH)_2 \cdot 4H_2O$ 的特征峰出现，并且衍射强度显著增强。热解时间为 90min 时，所得产物的全部衍射峰位置均与 $4MgCO_3 \cdot Mg(OH)_2 \cdot 4H_2O$ 的特征峰一致，峰形尖锐，基底平滑，强度高，无其

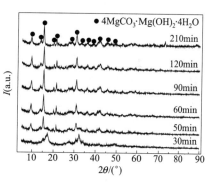

图 5-24　无搅拌时热解
过程产物的 XRD 图

他杂峰，说明此时所得 $4MgCO_3 \cdot Mg(OH)_2 \cdot 4H_2O$ 纯度较高，结晶良好。热解时间继续延长，所得产物组成不再发生变化，均为组成稳定、纯度高、结晶良好的 $4MgCO_3 \cdot Mg(OH)_2 \cdot 4H_2O$。

由图 5-25 可知，热解 30min 时，棒状晶体的顶部和侧面稀疏地长着一些微球颗粒，棒状晶体周围还散落着部分微球。微球颗粒是由无数卷曲的二维纳米片状结构紧密堆积而聚集形成，微球平均直径为 $10\mu m$ [图 5-25(a)]。另外，由放大图 [图 5-25(b)] 可以观察到，长在棒状晶体表面以及散落在棒状晶体周围的微球表面呈现粗糙皲裂的交联网络状组织，其正顶部表面有明显的裂纹。这可能这是由于静态热解条件下，$MgCO_3 \cdot 3H_2O$ 溶解，碱式碳酸镁晶核直接在棒状晶体表面发生成核并长大，导致局部过饱和较高，使得碱式碳酸镁颗粒生长速率加快从而导致产生裂纹。热解时间延长至 50min [图 5-25(c)]，棒状晶体长度变短，数量急剧减少，而微球颗粒数量则显著增加。热解时间为 60min 时，棒状晶体完全消失，产物全部为多孔玫瑰花状碱式碳酸镁微球 [图 5-25(d)]。对比热解时间较短时所得颗粒表面结构可知，热解时间较短时，颗粒具有致密的表面，其是由排列的纳米片状物一层一

层非常紧密地叠加在一起形成［图 5-25(b)］；随着热解过程进行，碱式碳酸镁的生长从基底开始向外生长，片状物排列变得疏松，这些片状物紧密叠加在一起，因存在空洞而形成多孔结构，最终形成多孔玫瑰花状碱式碳酸镁微球。热解时间继续延长，最终产物几乎全部为形貌规则的多孔玫瑰花状碱式碳酸镁微球，此外还可以观察到非常少量的絮状物［图 5-25(e)和图 5-25(f)］，这可能是高温下 $MgCO_3 \cdot 3H_2O$ 因不稳定发生分解而产生的无定形物，但这并未反映在 XRD 图谱中，则是由于 $4MgCO_3 \cdot Mg(OH)_2 \cdot 4H_2O$ 晶体相的强衍射峰掩盖了无定形物的存在。

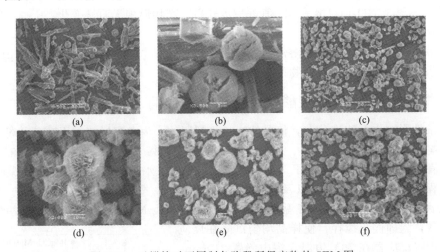

图 5-25   无搅拌时不同制备阶段所得产物的 SEM 图
(a) 30min；(b) 热解 30min 放大图；(c) 50min；(d) 60min；(e) 90min；(f) 120min

综合试验结果可知，与动态热解过程相比，静态热解速率较低，这是由于颗粒间碰撞概率减小，使得传质过程变慢，最终使得反应速率降低。在热解温度 70℃、热解时间 60min时，无搅拌作用下多孔玫瑰花状碱式碳酸镁微球的形成过程如下：$MgCO_3 \cdot 3H_2O$ 溶解 →$4MgCO_3 \cdot Mg(OH)_2 \cdot 4H_2O$ 结晶，即在热力学驱动下，$MgCO_3 \cdot 3H_2O$ 棒状晶体发生溶解并逐步消失最终形成碱式碳酸镁微球。其中，$MgCO_3 \cdot 3H_2O$ 溶解速率和碱式碳酸镁沉积速率的平衡是微球形成过程中的动力学控制因素，而局部过饱和是碱式碳酸镁微球发生结晶的驱动力。

综合 5.2 节和 5.3 节的研究结果可知：无添加剂作用下高温直接热解 $Mg(HCO_3)_2$ 溶液可得到多孔棒状或扁平片层状碱式碳酸镁颗粒；异丙醇作用下，较低温度热解 $Mg(HCO_3)_2$溶液可得到表面是树叶状结构的棒状碱式碳酸镁；而热解三水碳酸镁溶液间接法可得到多孔玫瑰花状微球或多孔棒状碱式碳酸镁。因此，对于一个化学反应过程，可采用直接法制备晶体，也可采用前驱体间接转化法制备晶体，从而使其形貌和质量达到预期目标。

5.4   三种方法制备所得碱式碳酸镁的性能表征

5.2 节和 5.3 节获得了无添加剂作用下直接热解 $Mg(HCO_3)_2$ 溶液、异丙醇辅助下低温直接热解 $Mg(HCO_3)_2$ 溶液以及热解 $MgCO_3 \cdot 3H_2O$ 溶液间接法制备 $4MgCO_3 \cdot Mg(OH)_2 \cdot 4H_2O$ 的最佳工艺条件，本节在上述三种方法的最佳工艺条件下制备了 $4MgCO_3 \cdot Mg(OH)_2 \cdot 4H_2O$。采用 XRD、SEM 以及化学成分分析等多种检测手段对采用不同方法制备所得 $4MgCO_3 \cdot Mg(OH)_2 \cdot 4H_2O$ 的性能进行了对比研究。图 5-26 为采用不同方法制备所得 $4MgCO_3 \cdot Mg(OH)_2 \cdot 4H_2O$ 的 XRD 图，图 5-27 为采用不同方法制备所得 $4MgCO_3 \cdot Mg(OH)_2 \cdot$

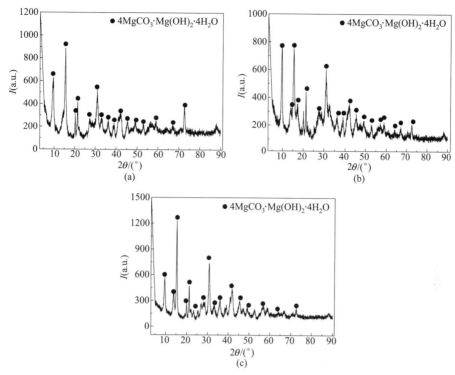

图 5-26 不同制备方法所得碱式碳酸镁的 XRD 图

（a）直接制备法；（b）异丙醇辅助制备法；（c）间接制备法

$4H_2O$ 的 SEM 图。

由图 5-26 可知，与无添加剂作用下直接热解 $Mg(HCO_3)_2$ 溶液制备所得 $4MgCO_3$·$Mg(OH)_2$·$4H_2O$ 的衍射峰相比，采用热解 $MgCO_3$·$3H_2O$ 溶液间接法制备所得 $4MgCO_3$·$Mg(OH)_2$·$4H_2O$ 的衍射峰强度高，基底更平滑，并且制备所得 $4MgCO_3$·$Mg(OH)_2$·$4H_2O$ 的数量较多，由此说明间接法制备所得 $4MgCO_3$·$Mg(OH)_2$·$4H_2O$ 的结晶性能优于无添加剂作用下直接热解 $Mg(HCO_3)_2$ 溶液制备所得的 $4MgCO_3$·$Mg(OH)_2$·$4H_2O$。异丙醇辅助下低温直接热解 $Mg(HCO_3)_2$ 溶液所得 $4MgCO_3$·$Mg(OH)_2$·$4H_2O$ 与采用上述两种制备方式所得的 $4MgCO_3$·$Mg(OH)_2$·$4H_2O$ 相比，前者衍射峰强度明显比后两者高，但衍射峰基底远不如后两者的平滑，由此说明异丙醇辅助下低温直接热解 $Mg(HCO_3)_2$ 溶液所得 $4MgCO_3$·$Mg(OH)_2$·$4H_2O$ 的结晶度不及后者。

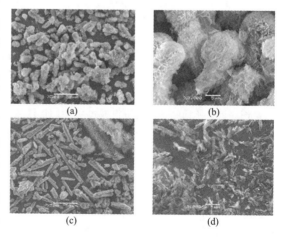

图 5-27 不同制备方法所得碱式碳酸镁的 SEM 图

（a）直接制备法；（b）直接制备法所得产物的放大图；

（c）间接制备法；（d）异丙醇辅助制备法

从图 5-27 可以看出，采用无添加剂作用下直接热解 $Mg(HCO_3)_2$ 溶液制备所得产物为多孔玫瑰花状或棒状 $4MgCO_3$·$Mg(OH)_2$·$4H_2O$，微球平均直径为 $15\mu m$，棒状晶体平均长度 $50\mu m$ [图 5-27（a）]，由放大图 5-27（b）可以看出，玫瑰花状结构出纳米片叠加而成，片状之间存在孔洞从而形成孔状结构。采用热解 $MgCO_3 \cdot 3H_2O$ 溶液间接法制备所得产物主要为规则的多孔棒状 $4MgCO_3 \cdot Mg(OH)_2 \cdot 4H_2O$，棒状表面的多孔结构也是由纳米片状叠加而形成，棒状晶体平均直径 $10\mu m$，平均长度 $100\mu m$ [图 5-27(c)]，此外还存在一些不规则的短粗絮状物，由 $MgCO_3 \cdot 3H_2O$ 相转移制备 $4MgCO_3 \cdot Mg(OH)_2 \cdot 4H_2O$ 的机制可以得知，不规则短粗絮状物是 $MgCO_3 \cdot 3H_2O$ 棒状晶体溶解所形成的。异丙醇辅助下低温直接热解 $Mg(HCO_3)_2$ 溶液制备所得产物为表面由树叶状结构组成的棒状 $4MgCO_3 \cdot Mg(OH)_2 \cdot 4H_2O$，平均长度为 $5.0\mu m$，平均直径为 $0.5\mu m$ [图 5-27(d)]。由此可知，热解 $MgCO_3 \cdot 3H_2O$ 溶液间接法制备所得 $4MgCO_3 \cdot Mg(OH)_2 \cdot 4H_2O$ 晶体的平均长度和长径比均大于上述两种直接法制备所得的 $4MgCO_3 \cdot Mg(OH)_2 \cdot 4H_2O$。

采用化学分析法分析检测了上述三种制备方法所得碱式碳酸镁的化学组成，结果如表 5-2 所示。

表 5-2　不同方法制备所得碱式碳酸镁的化学组成

检验项目		国家标准	直接制备法	异丙醇辅助制备法	间接制备法
氧化钙（CaO）/%	≤	0.43	0.11	0.20	0.01
氧化镁（MgO）/%	≥	41.0	41.51	42.66	45.52
二氧化硅（SiO₂）/%		—	0.033	0.082	0.97
灼烧失量/%		54～58	57.20	55.33	53.33

由表 5-2 可知，三种方法制备所得碱式碳酸镁中，产品质量最佳者为热解 $MgCO_3 \cdot 3H_2O$ 溶液间接法制备所得的碱式碳酸镁，其 MgO 为 45.52%，CaO 为 0.01%；其次为异丙醇辅助下低温直接热解 $Mg(HCO_3)_2$ 溶液制备所得的碱式碳酸镁，其 MgO 为 42.66%，CaO 为 0.20%；相对而言，质量最差者为无添加剂作用下直接热解 $Mg(HCO_3)_2$ 溶液制备所得的碱式碳酸镁。

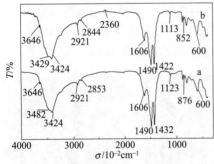

图 5-28　不同制备方法所得碱式
碳酸镁的 FT-IR 图谱
a—间接制备法；b—异丙醇辅助制备法

图 5-28 为两种方法制备所得碱式碳酸镁的 FT-IR 图谱。

由图 5-28 可见，曲线 a 具有典型的碱式碳酸镁的红外光谱特征，$3482cm^{-1}$、$3424cm^{-1}$ 的锐带对应着碱式碳酸镁分子内结晶水和表面羟基（—OH）的吸收特征峰；$1490cm^{-1}$、$1432cm^{-1}$、$1123cm^{-1}$、$852cm^{-1}$ 处分别为对应着碱式碳酸镁的碳酸根（CO_3^{2-}）和碳酸氢根（HCO_3^-）的吸收特征峰。曲线 b 的波峰位置与曲线 a 基本重合，部分波峰位置出现红移现象，未出现新的吸收峰，由此表明异丙醇辅助热解制备碱式碳酸镁时，其可能通过物理吸附的方式吸附在晶体表面，这也进一步验证了 XRD 分析结果。

图 5-29 为两种方法制备所得碱式碳酸镁的 TG-DSC 曲线。由图 5-29（a）可见，$4MgCO_3 \cdot Mg(OH)_2 \cdot 4H_2O$ 的分解按两个阶段进行：在 $30\sim300℃$，质量损失率 33.89%，对应于 4 个 H_2O 的失去；$300\sim500℃$，质量损失率 38.4%（理论值 37.8%），为 $Mg(OH)_2$ 脱水阶段，出现的高峰（488.24℃）主要是 $MgCO_3$ 分解失去 CO_2 变成 MgO 的过程。$4MgCO_3 \cdot Mg(OH)_2 \cdot 4H_2O$ 的整个热化学过程与 $MgCO_3 \cdot 3H_2O$ 类似，即其中有 1 分子水是在较低的温度范围内脱去，而其余的 $2\sim3$ 分子水则在较高温度范围内脱去；分解产物均为 MgO、CO_2 和 H_2O。由图 5-29（b）可见，碱式碳酸镁在 $150\sim700℃$ 的温度区间内发生了多段吸热、质量损失过程：第一个失重台阶出现在 300℃，对应于结晶水的脱

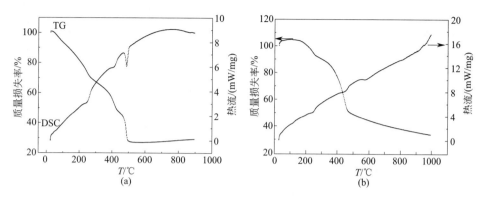

图 5-29　不同方法制备所得碱式碳酸镁的 TG-DSC 曲线

(a) 间接制备法；(b) 异丙醇辅助制备法

去；330～450℃出现第二个失重阶段，主要为 $Mg(OH)_2$ 分解以及结构水脱去所致；500～550℃失重为无水 $MgCO_3$ 分解生成固体 MgO 和气体 CO_2。由图 5-29(a) 和图 5-29(b) 可知，两种方法制备所得 $4MgCO_3 \cdot Mg(OH)_2 \cdot 4H_2O$ 的 DSC 曲线均无明显的脱水热效应，这是由于两者结晶较低，这与 XRD 图谱分析结果一致。

5.5　碱式碳酸镁的生长机理研究

5.5.1　$4MgCO_3 \cdot Mg(OH)_2 \cdot 4H_2O$ 晶体的生长基元

$4MgCO_3 \cdot Mg(OH)_2 \cdot 4H_2O$ 属于单斜晶系，其空间群 $P2_1/c$，晶胞参数为：$a=10.11$Å，$b=8.95$Å，$c=8.38$Å，$\beta=114.44°$。$4MgCO_3 \cdot Mg(OH)_2 \cdot 4H_2O$ 晶体结构示意如图 5-30 所示。

由图 5-30 可见，$4MgCO_3 \cdot Mg(OH)_2 \cdot 4H_2O$ 晶体结构是由 MgO_6 正八面体通过共顶点和共棱的方式连接而成，故可以采用负离子配位多面体理论阐述 $4MgCO_3 \cdot Mg(OH)_2 \cdot 4H_2O$ 晶体的生长基元。晶体中，Mg^{2+} 呈现两种不同的正八面体配位。在第一种 MgO_6 正八面体中，Mg 原子与 4 个属于 CO_3^{2-} 基团中的 O 原子和 2 个 OH 基团中的 O 原子相连接，形成 [4+2] 配位的 MgO_6 正八面体。在第二种结构中，Mg 原子与 4 个属于 CO_3^{2-} 基团中的 O 原子、1 个属于 OH 基团中的 O 原子和 1 个属于 H_2O 分子中的 O 原子相连接而形成 MgO_6 正八面体。两种结构不同的 MgO_6 正八面体分别沿 [100] 和 [001] 方向生长速率较快，最终形成球状、片状或棒状形貌。

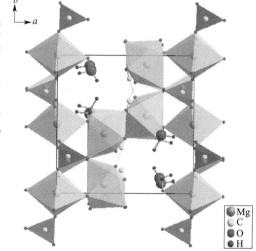

图 5-30　碱式碳酸镁沿 c 轴方向的晶体结构示意

5.5.2　异丙醇辅助下低温热解制备碱式碳酸镁的机理研究

按照 Ostwald 递变法则，在任何温度下亚稳相的 $MgCO_3 \cdot 3H_2O$ 总是具有向稳定相的

$4MgCO_3 \cdot Mg(OH)_2 \cdot 4H_2O$ 发生转变的趋势，但如果没有外力的辅助与推动，在远低于转变温度的温度范围内（如≤50℃时），热力学上这一相转变过程将进行得非常缓慢。然而，由 4.8.2 节可知，热解时间相同时，异丙醇辅助作用下 50℃直接热解 $Mg(HCO_3)_2$ 溶液得到的最终产品却为粒径和形貌较均匀的 $4MgCO_3 \cdot Mg(OH)_2 \cdot 4H_2O$，并且随着异丙醇添加量的增大，所需的热解时间缩短，所得 $4MgCO_3 \cdot Mg(OH)_2 \cdot 4H_2O$ 的组成也越趋向于稳定。试验过程中还发现，热解初期所得产品仍为光滑棒状或针状 $MgCO_3 \cdot 3H_2O$ 晶体。综上所述可认为，异丙醇加速了低温环境下 $MgCO_3 \cdot 3H_2O$ 向 $4MgCO_3 \cdot Mg(OH)_2 \cdot 4H_2O$ 的转化进程。

热解反应初期，溶液中首先仍形成亚稳相的 $MgCO_3 \cdot 3H_2O$ 晶体，如没有外力的推动，其缓慢地转变为稳定相，而异丙醇的加入能够加速其向稳定相的转变进程，使得在相同的反应时间内，这一相转变过程提前快速进行。在这个过程中，异丙醇的加入不仅改变了溶液的结构，也改变了结晶动力学进程，其实质上是降低了亚稳相的 $MgCO_3 \cdot 3H_2O$ 向稳定相的 $4MgCO_3 \cdot Mg(OH)_2 \cdot 4H_2O$ 转变所需的能量，使得亚稳相 $MgCO_3 \cdot 3H_2O$ 晶体能够存在的时间大大缩短，也即稳定性下降。

为了验证"异丙醇降低了亚稳相的 $MgCO_3 \cdot 3H_2O$ 向稳定相的 $4MgCO_3 \cdot Mg(OH)_2 \cdot 4H_2O$ 转变所需的能量"这一结论的正确性，对异丙醇辅助下热解 $Mg(HCO_3)_2$ 溶液过程中不同温度和不同时间的电导率值进行了测定，结果如表 5-3 所示。

表 5-3　异丙醇辅助下热解 $Mg(HCO_3)_2$ 溶液过程中不同温度和不同时刻所对应的电导率值

热解温度 /℃	不同时刻的电导率值 $G/(mS/cm)$		
	t_0	t_{30}	t_{120}
30	4.4	3.64	1.63
40	4.4	2.94	1.02
45	4.4	2.41	0.84
50	4.4	1.5	0.57
55	4.4	1.06	0.31

由表 5-3 可知，异丙醇辅助热解 $Mg(HCO_3)_2$ 溶液制备碱式碳酸镁过程中，在热解温度相同的情况下，电导率值随着反应时间的延长而降低；反应时间相同时，随着热解温度升高，电导率值下降幅度增大。上述变化规律与 4.10.4 节中的反应 a、反应 b 和反应 c 中的规律一致，即水合碳酸镁沉淀的析出过程也是溶液中导电离子的消耗过程。已知溶液的初始浓度为 0.022mol/L，根据表 5-3 中所测得的数据并按照式(4-20)求得相应温度下的反应速率 k'，再对 k' 取对数，结果如表 5-4 所示。根据 Arrhenius 方程式(4-19)对表 5-5 中的 $\ln k'$ 与 $1/T$ 进行线性拟合计算，计算结果如图 5-31 所示。

表 5-4　异丙醇辅助下热解 $Mg(HCO_3)_2$ 溶液过程中不同温度所对应的反应速率 k' 与 $\ln k'$

$T/℃$	$k'/[L/(mol \cdot min)]$	$\ln k'$
30	0.574	-0.55513
40	1.1125	0.10661
45	1.918	0.651283
50	5.72	1.551809
55	6.72	1.905088

由图 5-31 可知，对 $\ln k'$ 与 $1/T$ 进行标绘，得直线 $y = 4.52461 - 160.040x$，决定系数 $R^2 =$

0.83821，说明该结晶动力学模型较好地拟合了异丙醇辅助下热解 $Mg(HCO_3)_2$ 溶液制备 $4MgCO_3 \cdot Mg(OH)_2 \cdot 4H_2O$ 的过程。根据拟合所得直线的斜率，可求得该反应的表观活化自由能 $E'_a = 1.3307kJ/mol$。将 E'_a 与前述的 E_{a_1}、E_{a_2} 和 E_{a_3} 进行比较分析可知，$E'_a < E_{a_2} < E_{a_1} < E_{a_3}$。即异丙醇辅助下热解 $Mg(HCO_3)_2$ 溶液制备 $4MgCO_3 \cdot Mg(OH)_2 \cdot 4H_2O$ 所需的能量最小。

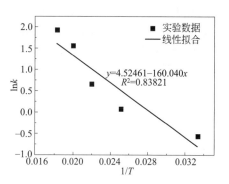

图 5-31　异丙醇辅助下热解 $Mg(HCO_3)_2$ 溶液过程中 $\ln k$ 与 $1/T$ 的关系

结合上文所述在这一过程中"热解初期所得产品仍为光滑棒状或针状 $MgCO_3 \cdot 3H_2O$ 晶体"可知：异丙醇的确降低了亚稳相的 $MgCO_3 \cdot 3H_2O$ 向稳定相的 $4MgCO_3 \cdot Mg(OH)_2 \cdot 4H_2O$ 转变所需要的能量，加速了低温环境下 $MgCO_3 \cdot 3H_2O$ 向 $4MgCO_3 \cdot Mg(OH)_2 \cdot 4H_2O$ 的转化进程。

此外，将表 5-4 中 55℃时的反应速率 $k'[6.72L/(mol \cdot min)]$ 与表 4-8 中的反应 b 在 55℃时的反应速率 $k[1.65L/(mol \cdot min)]$ 进行对比研究，发现 k' 远远大于 k，即相同温度下，异丙醇辅助热解制备碱式碳酸镁过程中的反应速率远大于无添加剂作用下制备过程中的反应速率。

5.6　本章小结

本章系统研究了无添加剂作用下直接热解 $Mg(HCO_3)_2$ 溶液法、异丙醇辅助作用下低温直接热解 $Mg(HCO_3)_2$ 溶液法以及热解 $MgCO_3 \cdot 3H_2O$ 溶液间接法这三种方法对碱式碳酸镁制备过程的影响，分别得出了适宜的制备条件，所得到的一系列结论总结如表 5-5～表 5-7 所示，并探究了异丙醇辅助下低温热解制备碱式碳酸镁的机理，所得结论如下：

① 无添加剂作用下，直接热解 $Mg(HCO_3)_2$ 溶液制备碱式碳酸镁的适宜工艺条件为：热解温度 70℃、热解时间 90min、搅拌速率 500r/min、$Mg(HCO_3)_2$ 溶液浓度及 pH 值为自然浓度和 pH 值。在适宜工艺条件下，可制备平均直径 $15\mu m$、平均长度 $50\mu m$ 的多孔玫瑰花状碱式碳酸镁微球。

② 采用异丙醇作为添加剂，首次在较低温度（<55℃）下制备得到形貌和粒径较均匀、平均直径为 $1.0\mu m$、平均长度为 $10\mu m$、表面由树叶状结构组成的棒状 $4MgCO_3 \cdot Mg(OH)_2 \cdot 4H_2O$，其适宜的工艺条件为：异丙醇添加量比为 2.5∶1，$Mg(HCO_3)_2$ 溶液浓度为 6.40ms/cm，热解温度为 50℃，热解时间为 120min。

③ 以 $MgCO_3 \cdot 3H_2O$ 为前驱体，在热解温度 55～80℃、热解时间为 60min、$MgCO_3 \cdot 3H_2O$ 溶液浓度为 33.3g/L、三水碳酸镁溶液 pH 值为自然 pH 值的条件下可制备得到平均直径 $10\mu m$、平均长度 $100\mu m$ 的多孔棒状 $4MgCO_3 \cdot Mg(OH)_2 \cdot 4H_2O$。溶液 pH 值和搅拌作用影响 $4MgCO_3 \cdot Mg(OH)_2 \cdot 4H_2O$ 的形貌。保持其他条件不变，在 $MgCO_3 \cdot 3H_2O$ 溶液 pH 值为 10.00 和 11.00 时得到不规则花状 $4MgCO_3 \cdot Mg(OH)_2 \cdot 4H_2O$ 晶体。静态环境下热解可得到多孔玫瑰花状 $4MgCO_3 \cdot Mg(OH)_2 \cdot 4H_2O$ 微球，局部过饱和是导致微球发生结晶的驱动力。

④ 对比采用三种方法制备所得 $4MgCO_3 \cdot Mg(OH)_2 \cdot 4H_2O$ 可知，热解 $MgCO_3 \cdot 3H_2O$ 溶液间接法制备所得多孔棒状 $4MgCO_3 \cdot Mg(OH)_2 \cdot 4H_2O$ 的纯度最高，其化学组成为 MgO 45.52%、CaO 0.01%、SiO_2 0.97%。纯度较高者为异丙醇辅助下低温直接热解

$Mg(HCO_3)_2$ 溶液所得表面由树叶状结构组成的棒状 $4MgCO_3 \cdot Mg(OH)_2 \cdot 4H_2O$ 晶体，其化学组成为 MgO 42.66%、CaO 0.20%、SiO_2 0.082%。纯度较差者为无添加剂作用下直接热解 $Mg(HCO_3)_2$ 溶液所得 $4MgCO_3 \cdot Mg(OH)_2 \cdot 4H_2O$ 微球和微棒，其化学组成 MgO 41.51%、CaO 0.11%、SiO_2 0.033%。

⑤ $4MgCO_3 \cdot Mg(OH)_2 \cdot 4H_2O$ 晶体结构是由两种不同结构的 MgO_6 正八面体通过共顶点的方式连接而成。通过计算 E_a' 和 k'，并对无添加剂作用下 55℃时的 k' 和 k 进行对比分析可知，异丙醇辅助下热解 $Mg(HCO_3)_2$ 溶液制备 $4MgCO_3 \cdot Mg(OH)_2 \cdot 4H_2O$ 过程中所需的能量最小（即 $E_a' < E_{a_2}$），并且反应速率加快。

表 5-5　无添加剂时热解条件对热解产物组成和形貌的影响

热解条件					热解产物	
热解温度/℃	热解时间/min	搅拌速率/(r/min)	溶液浓度/(g/L)	溶液pH值	晶相	形貌
55	90	500	自然浓度	自然pH值	$MgCO_3 \cdot 3H_2O$、$MgCO_3 \cdot 5H_2O$、$4MgCO_3 \cdot Mg(OH)_2 \cdot 4H_2O$	表面长着片状和絮状物的不光滑棒状晶体
60					$MgCO_3 \cdot 3H_2O$、$4MgCO_3 \cdot Mg(OH)_2 \cdot 4H_2O$	多孔棒状晶体,多孔结构由纳米薄片叠加而成
70					$4MgCO_3 \cdot Mg(OH)_2 \cdot 4H_2O$	多孔棒状及多孔玫瑰花微球晶体
80~90						多孔玫瑰花状微球晶体
70	30	500	自然浓度	自然pH值	$MgCO_3 \cdot 3H_2O$	平均长度 40μm 的光滑棒状晶体
	60				$MgCO_3 \cdot 3H_2O$	表面长着纳米片状物和絮状物的棒状晶体
	90					平均直径 10μm 的多孔玫瑰花状微球晶体
	120				$4MgCO_3 \cdot Mg(OH)_2 \cdot 4H_2O$	平均直径 10μm 的多孔玫瑰花状微球晶体
	150~240					平均直径 10μm 的多孔玫瑰花状微球晶体
70	90	0	自然浓度	自然pH值	$MgCO_3 \cdot 3H_2O$	少量的光滑棒状晶体
		200			$MgCO_3 \cdot 3H_2O$、$4MgCO_3 \cdot Mg(OH)_2 \cdot 4H_2O$	表面粗糙的棒状晶体,以及少量的多孔棒状晶体
		400				多孔棒状、玫瑰花状晶体
		500			$4MgCO_3 \cdot Mg(OH)_2 \cdot 4H_2O$	平均直径 10μm、平均长度 40μm 的多孔棒状晶体
		600				多孔棒状晶体
		800				粒径不均匀的多孔棒状晶体及少量碎末状晶体
70	90	500	自然浓度	自然pH值		平均直径 10μm、平均长度 50μm 的多孔棒状晶体
				8.0+0.05		多孔棒状晶体及纳米级多孔絮状晶体
				9.0+0.05	$4MgCO_3 \cdot Mg(OH)_2 \cdot 4H_2O$	平均直径 10μm、粒径均匀的多孔玫瑰花状晶体
				10.0+0.05		扁平片层状晶体,扁平片层状结构由约 30~40nm 厚的纳米片堆积而成

表 5-6　异丙醇辅助下热解条件对热解产物形貌的影响

热解条件					热解产物	
异丙醇添加量	溶液浓度/(g/L)	热解温度/℃	热解时间/min	搅拌速率/(r/min)	晶相	形貌
2.5 : 1	3.20	50	120	500	$4MgCO_3 \cdot Mg(OH)_2 \cdot 4H_2O$	表面为树叶状结构的棒状晶体,树叶状结构由纳米片叠加而成
3 : 1						质地坚硬、粒径不均匀的多孔玫瑰花状微球
3.5 : 1						团聚生长的纳米絮状晶体
4 : 1						多孔絮状和多孔纳米棒状晶体
2.5 : 1	2.05	50	120	500	$4MgCO_3 \cdot Mg(OH)_2 \cdot 4H_2O$	不规则絮状物及团聚生长的不规则纳米颗粒状晶体
	2.60					团聚生长的不规则絮状晶体及少量的光滑棒状晶体
	3.23					粒径均匀、平均直径为1.0μm、表面由树叶结构组成的棒状晶体
2.5 : 1	3.20	30	120	500	无定形物	发育良好、平均直径为1.0μm的光滑棒状晶体
		40			无定形物	表面光滑棒状晶体以及少量表面由树叶状结构组成的棒状晶体
		45			$4MgCO_3 \cdot Mg(OH)_2 \cdot 4H_2O$	形貌和粒径不均匀的表面光滑及表面为树叶状结构的棒状晶体
		55				形貌和粒径均匀、表面由树叶状结构组成的棒状晶体
2.5 : 1	3.20	50	30~60	500	无定形物	发育良好、平均直径为1.0μm的光滑棒状晶体
			90			表面长着片状物和絮状物的棒状晶体
			120		$4MgCO_3 \cdot Mg(OH)_2 \cdot 4H_2O$	形貌和粒径均匀、平均直径1.0μm、平均长度10μm、表面由树叶状结构组成的棒状晶体
			150			形貌和粒径均匀、表面为树叶状的棒状晶体

表 5-7　间接法制备过程中热解条件对产物形貌的影响

热解条件					热解产物	
热解温度/℃	热解时间/min	三水碳酸镁溶液浓度/(g/L)	三水碳酸镁溶液pH值	搅拌作用/(r/min)	晶相	形貌
55	60	33.3	自然pH值	500	$4MgCO_3 \cdot Mg(OH)_2 \cdot 4H_2O$	形貌均匀、平均直径为7.5μm的多孔棒状晶体
60						
70						
80						
70	10	33.3	自然pH值	500	$MgCO_3 \cdot 3H_2O$	光滑棒状晶体,多孔棒状和花状晶体
	30				$4MgCO_3 \cdot Mg(OH)_2 \cdot 4H_2O$	多孔棒状晶体及少量无定形碎末
	60~120					形貌均匀的多孔棒状晶体

续表

热解条件					热解产物	
热解温度 /℃	热解时间 /min	三水碳酸镁溶液浓度 /(g/L)	三水碳酸镁溶液 pH 值	搅拌作用 /(r/min)	晶相	形貌
70	60	5.0	自然 pH 值	500	$4MgCO_3 \cdot Mg(OH)_2 \cdot 4H_2O$	平均直径 10μm 的多孔棒状晶体
		12.5				平均直径 6.5μm 的多孔棒状晶体
		33.3				平均直径 10μm 的多孔棒状晶体
		45				平均直径 10μm 的多孔棒状晶体
70	60	33.3	自然 pH 值	500	$4MgCO_3 \cdot Mg(OH)_2 \cdot 4H_2O$	无定形絮状物,多孔棒状晶体
			10.0 +0.05			平均直径为 2.5μm 的不规则花状晶体
			11.0 +0.05			平均直径为 2.5μm 的不规则花状晶体
70	30	33.3	自然 pH 值	0	$4MgCO_3 \cdot Mg(OH)_2 \cdot 4H_2O$	主要为棒状晶体,以及部分平均直径为 10μm 的微球状晶体长在其侧面、顶部或散落在其周围
	50					主要为表面粗糙皲裂的微球状晶体
	60					多孔玫瑰花状微球晶体
	90~210					多孔玫瑰花状微球

<h1 align="center">参 考 文 献</h1>

[1]　董梅,程文婷,李志宝,等.三水碳酸镁(MgCO_3·3H_2O)在 NaCl-NH_4Cl-H_2O 卤水体系中溶解度的研究 [J]. 中国稀土学报,2008,26(8):759-762.

[2]　翟学良,周相廷,张越.微波制备均匀分散定组成 $Mg_5(CO_3)_4(OH)_2 \cdot 4H_2O$ [J].化学试剂,1999,21(1):4-5,31.

[3]　王余莲,印万忠,张夏翔,等.三水碳酸镁法制备碱式碳酸镁过程研究 [J].矿产保护与利用,2017(4):81-86.

[4]　杨晨,宋兴福,黄姗姗,等.十二烷基硫酸钠辅助下低温合成碱式碳酸镁微球 [J].无机化学学报,2012,28(4):757-762.

[5]　何昌斌,王宝和.基于薄层干燥模型的碱式碳酸镁纳米花干燥动力学研究 [J].干燥技术与设备,2010,8(6):264-266.

[6]　王国胜,王蕾,曹颖,等.反应温度对碱式碳酸镁结构及晶形影响的研究 [J].无机盐工业,2011,43(3):31-33.

[7]　王君,徐国财.利用白云石制备碱式碳酸镁的实验研究 [J].中国非金属矿工业导刊,2004,3:20-21.

[8]　周大鹏,杜志平,赵永红,等.均匀沉淀法制备纳米碱式碳酸镁粉体的研究 [J].盐业与化工,2009,38(1):21-23.

[9]　祁敏佳,宋兴福,杨晨,等.微波对碱式碳酸镁结晶过程的影响 [J].无机化学学报,2012,28(1):1-7.

[10]　杨晨,杨小波,郑东,等.微波作用下反应结晶制备碱式碳酸镁 [J].无机盐工业,2011,43(6):20-23,31.

[11]　Hopkinson L,Rutt K,Gressey G. The transformation of nesquehonite in the system CaO-MgO-H_2O-CO_2 an experimental spectroscopic study [J]. J Geo,2008,116(4):387-400.

[12]　张黎黎,刘家祥,李敏.不同热解条件对碱式碳酸镁晶体形貌的影响 [J].硅酸盐学报,2008,36(9):1310-1314.

[13]　Li S W,Xu J H,Luo G S. Control of crystal morphology through supersaturation ratio and mixing conditions [J]. Journal of Crystal Growth,2007,304:219-224.

[14] Genoveva G R，Enrique O R，Teresita R G E，et al. The influence of agitation speed on the morphology and size particle synthesis of Zr（HPO$_4$）$_2$ ［J］. Journal of Minerals & Materials characterization & Engineering，2007，6（1）：39-51.

[15] 王万平，张懿. 一种制备碳酸镁晶须的方法：CN02121351.8［P］.2003-12-31.

[16] 马洁，李春忠，陈雪花，等. 糖类添加剂对纳米碳酸钙形貌的影响［J］. 华东理工大学学报（自然科学版），2005，31（6）：817-820.

[17] 陈庆春，刘晓东，邓慧宇. 添加剂和温度对氧化锌形貌的影响研究［J］. 无机盐工业，2005，37（10）：34-36.

[18] 张兆响，沈智奇，凌凤香，等. 硝酸钠添加剂对氧化铝形貌的影响［J］. 石油炼制与化工，2013，44（9）：47-50.

[19] 秦善. 晶体学基础［M］. 北京：北京大学出版社，2004.

[20] Maksimova L A，Ryazanova A L，Heining K H，et al. Self-organization of precipitates during Ostwald ripening ［J］. Phys Lett A，1996，213：73-76.

[21] Madras G，McCoy B J. Continuous distribution theory for Ostwald ripening comparison with the LSW approach ［J］. Chem Eng Sci，2003，58（13）：2903-2909.

[22] 王静康. 化学工程手册［M］. 北京：化学工业出版社，1996.

[23] 刘家祺. 分离过程［M］. 北京：化学工业出版社，2002.

[24] 张克从，张乐惠. 晶体生长［M］. 北京：科学出版社，1981.

[25] 姚连增. 晶体生长基础［M］. 合肥：中国科学技术大学出版社，1995.

[26] 叶铁林. 化工结晶过程原理及应用［M］. 北京：北京工业大学出版社，2006.

[27] 张缨，王静康，冯天扬，等. 晶体形貌预测与应用［J］. 化学工业工程，2002，19（1）：119-123.

[28] 仲维卓，华素坤. 晶体生长形态学［M］. 北京：科学出版社，1999.

[29] 徐宝琨. 结晶学［M］. 长春：吉林大学出版社，1991：36-40.

[30] 王文魁. 晶体形貌学［M］. 武汉：中国地质大学出版社，2001.

[31] 陆佩文. 无机材料科学基础［M］. 武汉，武汉工业大学出版社，1996.

[32] 闵乃本. 晶体生长的物理基础［M］. 上海，上海科学技术出版社，1982：339-395.

[33] 介万奇. 晶体生长原理与技术［M］. 北京：科学出版社，2010，169-175.

[34] Gilbert B，Zhang H Z，Huang F，et al. Special phase transformation and crystal growth pathways observed in nano-particles ［J］. Geochem Trans，2003，4（4）：20-27.

[35] Kitamura M. Crystallization and transformation machanism of calcium carbonate polymorphs and the effect of magnesium ion ［J］. J Colloid Inlcrf Sci，2001，236（2）：318-327.

[36] Tang H，Yu J G，Zhao X F. Controlled synthesis of crystalline calcium carbonate aggregates with unusual morphologies involving the phase transformation from amorphous calcium carbonate ［J］. Mater Res Bull，2009，44（2）：831-835.

[37] 叶大伦，胡建华. 实用无机物热力学数据手册［M］. 北京：冶金工业出版社，2002.

[38] 万建军，于博，刘安双. 热解反应速率对轻质碳酸镁晶体形貌影响研究［J］. 盐业与化工，2013，42（2）：28-30.

[39] 张春艳，谢安建，沈玉华，等. 聚乙二醇对碳酸钙晶体生长影响的研究［J］. 安徽大学学报（自然科学版），2008，32（1）：74-77.

[40] 张良，宋兴福，汪瑾，等. 工艺条件对六氨氯化镁结晶过程中聚结的影响［J］. 无机盐工业，2008，40（8）：23-26.

[41] 常睿璇，丁珂，孙晓君，等. 热解法制备不同形貌碱式碳酸镁［J］. 硅酸盐学报，46（7）：922-928.

6 花状五水碳酸镁的制备

6.1 原料与制备方法

6.1.1 原料与设备

6.1.1.1 原料

（1）原料

原料为宽甸菱镁矿，其化学组成为 MgO 47.61%，CaO 0.50%，SiO_2 0.66%，纯度为 99.58%。将菱镁矿于 750℃ 马弗炉中煅烧 3.0h 后，所得产物中 MgO 含量为 96.89%。

（2）试验试剂

试验所用的试剂均为市售产品，试剂的规格、生产厂家如表 6-1 所示。

表 6-1　试验试剂

试剂名称	化学式	规格	生产厂家
二氧化碳	CO_2	工业纯	沈阳景泉气体有限公司
磷酸二氢钾	KH_2PO_4	分析纯	沈阳市东兴试剂厂
去离子水	H_2O	自制	东北大学矿物工程实验室

6.1.1.2 设备

试验所用主要设备同表 4-4 所示设备。

6.1.2 制备方法

6.1.2.1 碳酸氢镁溶液的制备

称取一定质量的氧化镁粉体，按照 $m(MgO):m(H_2O)$ 为 1:40 的比例与热水混合后放入反应器中。将反应器置于 60℃ 恒温水浴锅中搅拌水化一定时间后，冷却至室温并经 75μm 标准筛过筛，除去未反应的大颗粒物质，得 $Mg(OH)_2$ 悬浊液。将装有 $Mg(OH)_2$ 悬浊液的反应器置于有冰块的水浴锅中，并往悬浊液中通入 CO_2。碳化过程中采用电导率仪和 pH 酸度计跟踪记录悬浊液的电导率值和 pH 值，当 pH 值为 7.5（或更低）时，停止通气和搅拌，过滤得前驱溶液 $Mg(HCO_3)_2$。

6.1.2.2 五水碳酸镁的制备

往 $Mg(HCO_3)_2$ 溶液中加入不同质量的磷酸二氢钾后，再将混合溶液置于 50℃ 水浴中搅拌一定时间，所得产物经去离子水洗涤、过滤，随后置入电热鼓风干燥箱，于75℃下干燥12.0h，即可得到产物。

6.2　磷酸二氢钾对五水碳酸镁制备过程的影响

保持其他条件不变，考察磷酸二氢钾的添加量对制备过程的影响，分别选取添加量为0.5g/L、1.5g/L、3.0g/L、5.0g/L、7.5g/L。图6-1为磷酸二氢钾添加量对产物形貌的影响。

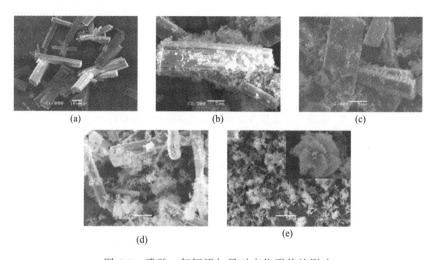

图 6-1　磷酸二氢钾添加量对产物形貌的影响

(a) 0.5g/L；(b) 1.5g/L；(c) 3.0g/L；(d) 5.0g/L；(e) 7.5g/L

从图6-1中可以看出，磷酸二氢钾的添加量对产物的形貌影响显著。磷酸二氢钾添加量为0.5g/L时，产物为短粗棒状晶体，观察图中圆圈部分发现棒状晶体横截面为正四边形 [图6-1(a)]。添加量为1.5g/L时，棒状晶体表面长着大量无定形颗粒，同时棒状晶体之间也夹杂着许多无定形颗粒 [图6-1(b)]。添加量为3.0g/L时，产物形貌变化不大，但夹杂的无定形颗粒数量明显增多 [图6-1(c)]。当添加量增大到5.0g/L时，产物的形貌发生明显变化，棒状晶体数量减少，长度变短，棒状晶体表面覆盖着大量的花瓣状晶体，并且部分棒状晶体亦开始向花瓣状晶体转变 [图6-1(d)]。当磷酸二氢钾添加量进一步增大至7.5g/L时，产物全部为花瓣状晶体，由右上角的放大图发现花瓣状晶体是由纳米片均匀规则叠加而成 [图6-1(e)]。由上可知，磷酸二氢钾的添加量为5.0g/L时，产物开始由棒状晶体变为花瓣状晶体，但并不确定此花瓣状晶体就是三水碳酸镁，因此对该花瓣状晶体进行了XRD表征，结果如图6-2所示，同时也进一步考察了在此添加量的磷酸二氢钾作用下，产物的形貌随热解时间的变化过程，结果如图6-3所示。

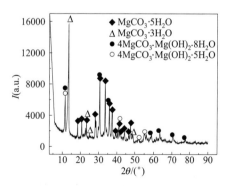

图 6-2　磷酸二氢钾添加量为 5.0g/L
时产物的 XRD 图

由图6-2可知，磷酸二氢钾的添加量为5.0g/L时，所得产物的衍射峰与五水碳酸镁 $[MgCO_3 \cdot 5H_2O$ （JCPDS 00-035-0680）] 晶体的特征峰基本一致，说明该添加量下所得产物为 $MgCO_3 \cdot 5H_2O$，其衍射峰强度高，基底较为平滑，表明所得 $MgCO_3 \cdot 5H_2O$ 具有良

图 6-3　磷酸二氢钾作为添加剂时产物随时间变化的 SEM 图
(a) 10min；(b) 15min；(c) 20min；(d) 30min；(e) 60min；(f) 180min

好的晶体结构。$MgCO_3 \cdot 5H_2O$ 属于单斜晶系，其所属空间群为 $P12_1/C_1$(14)，晶格参数分别为：$a = 7.36$Å，$b = 7.63$Å，$c = 12.49$Å，$\beta = 101.75°$，$V = 687.1$Å^3。观察图 6-2 发现，在 $2\theta = 14.8°$ 附近出现强度较高的 $MgCO_3 \cdot 3H_2O$ 衍射峰，同时还存在 $4MgCO_3 \cdot Mg(OH)_2 \cdot 4H_2O$ 和 $5MgCO_3 \cdot Mg(OH)_2 \cdot 8H_2O$ 的衍射峰 [$5MgCO_3 \cdot Mg(OH)_2 \cdot 8H_2O$ 是一种水合碳酸镁，其热力学稳定性远不如 $4MgCO_3 \cdot Mg(OH)_2 \cdot 4H_2O$]，说明产物中还存在少量其他水合碳酸镁，其纯度还有待提高，这也证实了 $MgCO_3 \cdot 5H_2O$ 总是和 $MgCO_3 \cdot 3H_2O$ 等水合碳酸镁一起产出的结论。

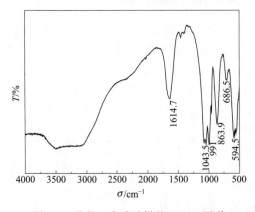

图 6-4　花状五水碳酸镁的 FT-IR 图谱

如图 6-3 所示，当热解时间为 10min 时，产物由表面不光滑的棒状晶体和无定形物组成，棒状晶体表面长着无定形碎末 [图 6-3(a)]。随着时间的延长，棒状晶体长度变短，无定形碎末尺寸增大并且团聚生长成花状物 [图 6-3(b)]。热解时间为 20min 时，体系里大量花状聚集体初步形成 [图 6-3(c)]。热解时间延长至 30min，花瓣状聚集体的结构进一步完善，花瓣由纳米片状组成 [图 6-3(d)]。热解时间继续延长，每个花状聚集体中针状物的数目增多，形貌逐渐复杂化。当反应时间为 60min 时，产物全部为规则的花瓣状聚集体 [图 6-3(e)]，进一步延长反应时间至 180min，产物形貌保持不变，依旧为花瓣状 [图 6-3(f)]。

综合分析可知，在热解 $Mg(HCO_3)_2$ 溶液过程中，磷酸二氢钾对产物的组成和形貌具有非常重要的作用。图 6-4 为磷酸二氢钾用量为 5.0g/L 时制备的花状五水碳酸镁的 FT-IR 图谱。由图 6-4 可见，$3600 \sim 3300cm^{-1}$ 处是不同类型 O—H 键的伸缩振动峰，$1633cm^{-1}$ 处是 C—O 键的振动峰，$1456 \sim 1400cm^{-1}$ 处为 CO_3^{2-} 不同类型的振动峰，$1049 \sim 990cm^{-1}$ 附近是碳酸氢根中 O—H⋯O 的非平面弯曲振动峰，$900 \sim 500cm^{-1}$ 处则为 Mg—O—Mg 的吸收峰。经分析得出，五水碳酸镁中的 CO_2 不是以 CO_3^{2-} 而是以 HCO_3^- 与金属离子结合成碳酸氢盐的形式存在，从而证实了磷酸二氢钾作为添加剂，可通过化学键合作用促进花状五水碳酸镁晶体的成核和生长。

6.3 磷酸二氢钾作用下花状 MgCO₃·5H₂O 的生长机理

6.3.1 MgCO₃·5H₂O 的晶体结构

由 4.2.8.1 节内容可知，磷酸二氢钾不仅对产物的形貌具有显著影响，而且还影响产物的组成，磷酸二氢钾作用下，产物为花瓣状 $MgCO_3 \cdot 5H_2O$ 晶体。

由产物的 XRD 结果可知 $MgCO_3 \cdot 5H_2O$ 属于单斜晶系，其空间所属群为 $P2_1/c$，晶胞参数分别为 $a=7.346$Å，$b=7.632$Å，$c=1.248$Å，$\beta=101.75°$，$V=687.14$Å³。在此基础上，用 Diamond 软件模拟出 $MgCO_3 \cdot 5H_2O$ 沿 a 轴 [001] 方向的结构示意图、沿 c 轴 [010] 方向的分子结构图和沿 b 轴 [010] 方向的晶体结构图，以及沿 b 轴 [010] 方向的键型图，分别如图 6-5～图 6-7 所示。

从图 6-5 可以看出，$MgCO_3 \cdot 5H_2O$ 单晶具有正多面体的理想形貌，Mg 原子处于多面体的中心位置，O 原子则处于各个面的中心位置。

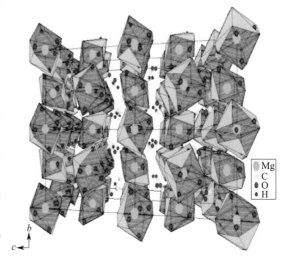

图 6-5 沿 a 轴 [001] 方向的五水碳酸镁结构示意

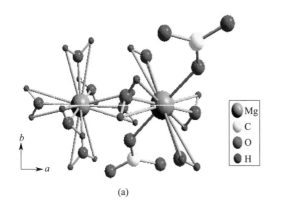
(a)

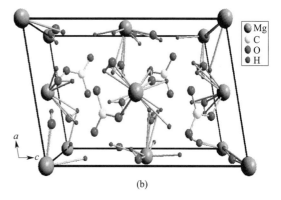
(b)

图 6-6 五水碳酸镁沿 c 轴 [010] 方向的分子结构图 (a) 和沿 b 轴 [010] 方向的晶体结构图 (b)

观察图 6-6(a) 和图 6-6(b) 发现，Mg 原子与 C 原子并不是直接相连，单个晶胞内的 4 个 Mg^{2+} 都在对称中心上，分别占据顶点和所有的面心位置，Mg^{2+} 均呈正八面体配位，配位数为 6，并且具有两种不同的配位状态。处在 (0，0，0) 和 (0，1/2，1/2) 位置的两个 Mg^{2+} 分别与 6 个 H_2O 分子呈稍有变形的正八面体配位，以水合络阳离子 $Mg(H_2O)_6^{2+}$ 形式存在；处在 (1/2，0，1/2) 和 (1/2，1/2，0) 位置的另两个 Mg^{2+} 则分别与两个呈对角位置的 CO_3^{2-} 和 4 个 H_2O 分子呈稍有变形的正八面体配位，以络阴离子 $[Mg(H_2O)_4(CO_3)_2]^{2-}$ 形式存在。

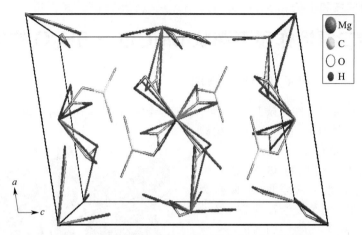

图 6-7　沿 b 轴 [010] 方向的五水碳酸镁键型图

由图 6-7 可见，在五水碳酸镁晶体中存在 Mg—H、Mg—O、C—O、C—H、O—H 等化学键，每个水分子和 CO_3^{2-} 都参与了氢键的生成。由前面所述该晶体中 Mg^{2+} 同时出现两种不同的正八面体配位，形成带相反电荷的两种水合络离子，可知络阳离子 $Mg(H_2O)_6^{2+}$ 内部以及络阳离子 $Mg(H_2O)_6^{2+}$ 和络阴离子 $[Mg(H_2O)_4(CO_3)_2]^{2-}$ 之间生成了一定数量的较强氢键。较多和较强的氢键有利于保持五水碳酸镁晶体的稳定。

综上所述，五水碳酸镁是一种内外界离子都由带异号电荷的络合离子构成的新型无机盐水合物，其化学式为 $Mg(H_2O)_6 \cdot Mg(H_2O)_4(CO_3)_2$，这与文献描述一致。

6.3.2　花状 $MgCO_3 \cdot 5H_2O$ 晶体的形成机理

由三水碳酸镁结晶过程中添加剂的作用机理可知，添加剂对晶体结晶过程中的影响主要体现在对诱导期 t_{ind} 时间、参与成核过程与否及作用方式、成核速率 $\dot{N}$ 以及结晶速率 $\dot{m}$ 等的影响。添加剂是通过其在溶液中水解所得带正或负电荷的离子来对上述因素产生影响。因此，采用类似的模式来研究磷酸二氢钾对花状 $MgCO_3 \cdot 5H_2O$ 晶体形成过程的影响。图 6-8 为花状 $MgCO_3 \cdot 5H_2O$ 晶体形成过程中溶液的 pH 值和浓度随时间的变化曲线。

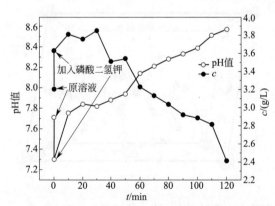

图 6-8　结晶过程中溶液的 pH 值和
浓度随时间的变化曲线

由图 6-8 可知，加入磷酸二氢钾时，随着时间的延长，溶液的 pH 值逐渐增大，而浓度逐渐降低。这是由于热解 $Mg(HCO_3)_2$ 溶液形成 $MgCO_3 \cdot 5H_2O$ 的过程是一个逐渐消耗 CO_3^{2-} 和 Mg^{2+} 的过程，同时还伴随着少量 CO_2 气体的逸出，因此随着反应的进行，溶液的 pH 值增大，浓度降低。此外，观察图 6-8 发现，在加入磷酸二氢钾的瞬间，溶液的 pH 值由 7.72 降至 7.30，而浓度则由 3.20g/L 增大至 3.62g/L。这是由于磷酸二氢钾是一种酸性添加剂，当其加入弱碱性溶液中会水解导致溶液 pH 值略有下降，而溶液增大则是磷酸二氢钾与溶液瞬间作用所致。在整个结晶过程中，pH 值的范围为 7.31～8.6。

图 6-9 是磷酸二氢钾解离组分分布与 pH 值的关系。由图 6-9 可见，磷酸二氢钾在 pH

值为 7.31 时，磷酸二氢钾水解占优势的组分为 $H_2PO_4^-$ 和 HPO_4^{2-}，随着溶液 pH 的增大，$H_2PO_4^-$ 继续水解生成 H^+ 和 HPO_4^{2-}。由此可知，在花状晶体形成过程中发挥作用的主要是磷酸二氢钾中的 K^+、H^+、HPO_4^{2-} 以及少量的 $H_2PO_4^-$。

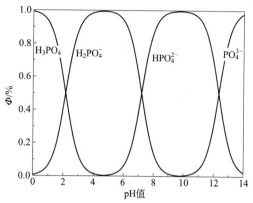

图 6-9　磷酸二氢钾解离组分分布与 pH 值的关系

由图 6-10 可知，磷酸二氢钾作用下所得花状 $MgCO_3 \cdot 5H_2O$ 晶体中，其花瓣状结构是由大量花状聚集体逐渐聚集叠合而成的。再综合图 6-8 和图 6-9 的分析结果，可初步得到磷酸二氢钾在花状晶体形成过程中的作用机理。其作用机理为：加入酸性添加剂磷酸二氢钾时，一方面，其优势组分 $H_2PO_4^-$ 和 HPO_4^{2-} 水解导致溶液体系中 H^+ 浓度增加。溶液中 H^+ 浓度增加，而 CO_3^{2-} 对 H^+ 具有较强的亲和力，由 $MgCO_3 \cdot 5H_2O$ 晶体结构研究可知，H^+ 以及 CO_3^{2-} 均参与了晶核中氢键的形成，这些氢键有助于保持晶体的稳定性，因此，磷酸二氢钾的加入有助于促使五水碳酸镁在其表面进行异质成核。另一方面，磷酸二氢钾的加入使得溶液溶解度增大，导致其具有相对较低的过饱和度。过饱和度较低时，成核速率 $\dot{N}$ 减慢。此外，由于磷酸二氢钾中不包含与 $MgCO_3 \cdot 5H_2O$ 晶体中的离子，因此 K^+、$H_2PO_4^-$ 和 HPO_4^{2-} 这三种离子并不参与核前缔合物的长大过程，而是吸附在它们的表面，从而对其成核过程产生抑制作用。另外，由前述可知，在外来离子表面的成核形成能低于在溶液本体中的形成能，因此这种静电吸附作用将导致各晶面的表面能发生变化，也将导致外来离子表面和溶液中的晶核的形成速率以及生长速率不一致，最终使得溶液中缓慢形成的晶核会向已成核并长大的晶粒上逐渐叠合，从而形成了花状 $MgCO_3 \cdot 5H_2O$。

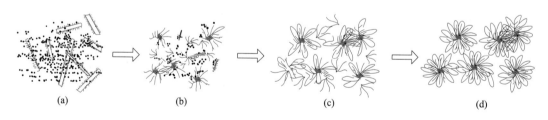

(a)　　　　　　(b)　　　　　　(c)　　　　　　(d)

图 6-10　花状五水碳酸镁形成机制示意图

图 6-10 是花状五水碳酸镁形成机制示意图。由图 6-10 可见，当过饱和度降低时，溶液中首先形成表面不光滑的棒状物质和非晶态纳米粒子［图 6-10(a)］，棒状物质逐渐溶解，而非晶态纳米粒子逐渐长大重新形成纳米针状或纳米棒状单晶体，这些单晶体在生长过程中经过团聚和叠加从而形成了简单花状聚集体［图 6-10(b)］。酸性添加剂磷酸二氢钾的选择性吸附作用改变了晶面的表面能和相对生长速率，导致上述单晶体不再继续生长，而是向已经长大的单晶体上逐渐叠加［图 6-10(c)］，最终形成了大量完整的花状晶体［图 6-10(d)］。

综上所述，在花状 $MgCO_3 \cdot 5H_2O$ 晶体形成过程中，磷酸二氢钾中的 $H_2PO_4^-$ 和 HPO_4^{2-} 通过改变原有溶液体系的溶解度以及在晶粒表面产生吸附等方式对 $MgCO_3 \cdot 5H_2O$ 晶体成核过程产生抑制作用，最终导致了花状 $MgCO_3 \cdot 5H_2O$ 晶体的形成。

6.4　本章小结

① 热解温度为 50℃时，磷酸二氢钾作用下，热解 $Mg(HCO_3)_2$ 溶液获得五水碳酸镁，磷酸二氢钾用量和热解时间对其形貌影响较大，用量为 5.0g/L，热解时间≥30min 时获得花瓣状五水碳酸镁晶体。

② 五水碳酸镁晶体中 Mg^{2+} 均呈八面体配位，并具有两种不同的配位状态，其化学式为 $Mg(H_2O)_6 \cdot Mg(H_2O)_4(CO_3)_2$。

③ 磷酸二氢钾中的 $H_2PO_4^-$ 和 HPO_4^{2-} 通过改变原有溶液体系的溶解度以及在晶粒表面产生吸附等方式对 $MgCO_3 \cdot 5H_2O$ 成核过程产生抑制作用，同时磷酸二氢钾表面富含大量的羟基，与五水碳酸镁之间形成氢键连接，促使五水碳酸镁在其表面异质成核，改变了各晶面的表面能和生长速率，使已成核的晶核不再继续自发成核，逐渐叠合，最终导致了花状 $MgCO_3 \cdot 5H_2O$ 晶体的形成。

参 考 文 献

[1] Genth F A, Penfield S L. Am [J]. J Sc, 1890, 39：121-137.

[2] Hill R J, et al. Mineral [J]. Mag, 1982, 46：453-457.

[3] 杨晨. 多晶相水合碳酸镁结晶生长过程调控研究 [D]. 上海：华东理工大学, 2013.

[4] 邵平平, 李志宝, 密建国. 碳酸镁水合物在 283～363K 范围内的晶体形成及晶型 [J]. 过程工程学报, 2009, 9：520-525.

[5] 刘百年, 周相廷, 崔秀山, 等. 五水合碳酸镁——具有新的配位方式的一种无机盐水合物 [J]. 有色金属, 1989, 41 (4)：77-81.

[6] 刘百年, 周相廷, 崔秀山, 等. $MgCO_3 \cdot 5H_2O$ 晶体的合成及晶体结构的研究 [J]. 中国科学 (B辑), 1989, 12：1302-1308.

[7] 王余莲, 印万忠, 钟文兴, 等. 花状五水合碳酸镁的制备及形成机理研究 [J]. 东北大学学报 (自然科学版), 2013, 12：1783-1786.

[8] 宋兴福, 杨晨, 汪瑾, 等. 碳酸氢钠调控五水碳酸镁的合成 [J]. 化工学报, 2014, 9：164-170.

7

三水碳酸镁晶须表面改性及应用研究

7.1 原料与表面改性方法

7.1.1 原料与设备

所用表面改性原料是在最佳工艺条件下所获得的三水碳酸镁晶须，其表面光滑，粒径均匀，平均长度约 $150\mu m$，平均直径 $3\mu m$，长径比接近 50。

所使用的聚合物为聚丙烯（PP），化学分子式为 $(C_3H_6)_n$，是由丙烯聚合而制得的一种热塑性树脂。聚丙烯树脂为白色、圆柱状颗粒，表面光洁，其工业用成品粒子的尺寸在任意方向上为 2～5mm，无毒，无味，密度为 $0.90～0.91g/cm^3$，是最轻的通用塑料。由于结构规整且高度结晶化，故熔点可高达 167℃。耐热、耐腐蚀，制品可用蒸汽消毒是其突出优点，缺点是耐低温冲击性差，较易老化，但可通过添加无机增强材料予以克服。试验所用的聚丙烯试验材料购于中国石油化工有限公司茂名分公司生产的产品，产品牌号为 PPH-T03，其质量符合 Q/SH PRD0253—2015 所规定的检验标准。

试验所用的药剂均为市售产品，药剂的规格、产品厂家如表 7-1 所示。

表 7-1 试验试剂

试剂名称	化学式	规格	生产厂家
二氧化碳	CO_2	工业纯	沈阳景泉气体有限公司
氢氧化钠	$NaOH$	分析纯	国药集团化学试剂有限公司
无水乙醇	CH_3CH_2OH	分析纯	天津市富宇精细化工有限公司
十二烷基硫酸钠	$C_{12}H_{25}SO_4Na$	分析纯	国药集团化学试剂有限公司
硬脂酸钠	$CH_3(CH_2)_{16}COONa$	生化试剂	沈阳市东兴试剂厂
硬脂酸钙	$[CH_3(CH_2)_{16}COO]_2Ca$	分析纯	沈阳市新西试剂厂
油酸钠	$C_{18}H_{33}NaO_2$	化学纯	国药集团化学试剂有限公司
羧甲基纤维素钠	$C_8H_{16}NaO_8$	化学纯	国药集团化学试剂有限公司
单硬脂酸甘油酯	$C_{21}H_{42}O_4$	化学纯	天津市福晨化学试剂厂
聚乙二醇-2000	$H(OCH_2CH_2)_nOH$	化学纯	国药集团化学试剂有限公司
司盘 60	$C_{24}H_{46}O_6$	化学纯	国药集团化学试剂有限公司
硅烷偶联剂 KH-550	—	化学纯	上海耀华化工厂
间苯二酚	$C_6H_6O_2$	分析纯	天津市大茂化学试剂厂
甲醛	$HCHO$	分析纯	天津市大茂化学试剂厂
高纯氩	Ar	99.999%	大连安瑞森特种气体化工有限公司

试验所用设备如表 7-2 所示。

表 7-2   试验主要设备、型号及生产厂家

设备名称	型号	生产厂家
FA/JA 电子天平	FA2004	上海越平科学仪器有限公司
数显悬臂式搅拌机	RW20.n	广州仪科实验室技术有限公司
数显恒温水浴锅	HH-S/1	常州澳华仪器有限公司
循环水式多用真空泵	SHB-Ⅲ	郑州长城科工贸有限公司
数控超声波清洗器	KQ-2500DE	昆山市超声仪器有限公司
实验室 pH 计	pHs-25	上海盛磁仪器厂
实验室电导率仪	DDS-11A	上海盛磁仪器厂
CO_2 钢瓶	JX91	沈阳景泉气体厂
玻璃转子流量计	LZB-3	沈阳正兴流量仪表有限公司
马弗炉	XMT-C800	沈阳节能电炉厂
电热真空干燥箱	DZ-2BC	天津市泰斯特仪器有限公司
压片机	Harke-yqj	北京哈科试验仪器厂
接触角测量仪	Harke-CA	北京哈科试验仪器厂
调速多用振荡器	HY-4	江苏省金坛市荣华仪器制造有限公司
注塑机	SA600/150	宁波海天塑机集团有限公司
微机控制电子万能试验机	WCW-50E	济南恒思盛大仪器有限公司
高速混合机	GRH-10	辽宁省阜新市热源设备厂
双螺杆挤出机	SJSH-30	石家庄市星烁实业公司
X 射线衍射仪	MPDDY2094	荷兰帕纳科公司
扫描电子显微镜	JSM-6360LV	日本 JEOL 公司
热重-差示扫描量热仪	409 PC/PG	NETZSCH STA 公司
傅里叶变换红外光谱仪	380	Nicolet 公司
真空箱式气氛炉	SG-GZXL1800	济南精锐分析仪器有限公司
微波马弗炉	Mobilelab	唐山热工仪器制造有限公司

7.1.2   表面改性方法

量取一定体积的无水乙醇倒入 250mL 锥形瓶中，并将锥形瓶置于 50℃恒温水浴中保温。用电子天平称取一定质量的表面改性剂置于锥形瓶中，用玻璃棒搅拌使其溶解。再称取一定质量的三水碳酸镁晶须，逐渐加入上述锥形瓶中，混合均匀，在超声波清洗器中超声分散 5min。最后将锥形瓶置于振荡器上振荡一定时间，停止振荡，过滤料浆，并将滤饼置于恒温干燥箱中烘干一定时间，获得三水碳酸镁的改性产品。

改性效果的评价是表面改性领域的重要研究内容之一。试验采用润湿性评价法中的接触角和活化指数两个指标共同评价三水碳酸镁晶须的表面改性效果。

7.1.2.1   接触角测定

接触角（contact angle）是指在气、液、固三相交点处所作的气-液界面的切线穿过液体与固-液交界线之间的夹角 θ，反映了改性产品与液体介质之间的润湿能力，是润湿程度的量度。改性粉体在极性液体中的接触角越大，在非极性液体中的接触角越小，说明无机物表面疏水性越强，改性效果越好。因此，通过改性前后接触角的变化，可对改性产品的改性效果做出预先评价。

接触角的测试方法通常有两种：其一为外形图像分析方法；其二为称重法。后者通常称为润湿天平或渗透法接触角仪。目前应用最广泛、测量最直接与准确的是外形图像分析方法。外形图像分析法的原理为：将液滴滴于固体样品表面，通过显微镜头与相机获得液滴的外形图像，再运用数字图像处理和一些算法将图像中的液滴的接触角计算出来。

试验采用外形图像分析法，具体测量方法如下：取 3.0g 改性三水碳酸镁晶须，在压片

机上保持一定的压力和时间，将三水碳酸镁晶须压成表面平整光滑的直径为 12mm 的圆片，采用接触角测定仪，通过照相，在照片上测定蒸馏水滴在其上的接触角 θ，取三次的平均值为该样品的 θ 角。

7.1.2.2　活化指数测定

活化指数是指改性的样品中漂浮部分的质量与样品总质量之比，反映矿物粉体的改性程度。活化指数用 H 表示，定义如下：

$$H = \frac{m - m_1}{m} \times 100\%　\qquad (7-1)$$

式中，H 为活化指数；m 为投入物料量，g；m_1 为沉入烧杯底的物料量，g。活化指数在 0～1 变化，其值越大表面改性效果越好。

准确称取改性三水碳酸镁晶须试样 2g（精确至 0.001g），研磨均匀，置于盛有 100mL 去离子水的 200mL 烧杯中，超声振荡 5min，搅拌 2min，再于室温下静置 30min，待明显分层后刮去水溶液表面的漂浮物，并将沉入烧杯底部的粉体过滤，移入恒温箱内，在 105℃ 的条件下干燥至恒重，称量，计算活化指数。

7.1.3　三水碳酸镁在聚丙烯中的应用

将改性后的三水碳酸镁与聚丙烯粉末按照不同比例在高速混合机中混合，以保证晶须在聚丙烯基体中均匀分散。混合过程中保持温度 38℃，转速 135r/min，混合时间 30min。待聚丙烯与晶须的混合物冷却至室温后，利用双螺杆挤出机混炼、造粒。双螺杆挤出机喷头温度为 163℃，一区至六区温度为 150～165℃，助剂转速 38r/min，加料转速 13.37r/min。将初步混炼的粒状复合材料用注塑机注塑成标准试样条，注塑机模具温度为室温，喷嘴温度为 190℃，三区、二区、一区温度分别为 160℃、180℃、190℃。所制得的三水碳酸镁晶须/聚丙烯复合材料试样用作检测力学性能的标准试样。三水碳酸镁/聚丙烯复合材料的制备技术路线和装置如图 7-1 和图 7-2 所示。

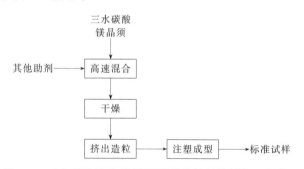

图 7-1　三水碳酸镁晶须/聚丙烯复合材料的制备工艺流程

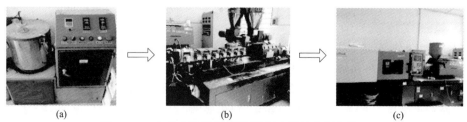

图 7-2　三水碳酸镁晶须/聚丙烯复合材料的制备装置

（a）高速混合机；（b）双螺杆挤出机；（c）注塑机

7.1.4　三水碳酸镁催化酚醛聚合制备多孔炭

7.1.4.1　炭质前驱体制备

向 30mL 蒸馏水中加入一定量的自制三水碳酸镁，制得饱和三水碳酸镁溶液，并静置 24h 使固液分层。取 4.2g 的上清液放于烧杯中，向其中加入一定量的间苯二酚和甲醛，并将混合后的溶液置于水浴锅中，45℃下搅拌至完全溶解后密封。将水浴锅温度升至 80～100℃，恒温反应并老化 0.5～2.5h，可获得炭质前驱体，即酚醛树脂湿凝胶。

7.1.4.2　多孔炭材料制备

将酚醛树脂炭质前驱体置于刚玉坩埚中，再将坩埚放置真空气氛炉中，关闭炉门，并对炉体进行抽真空操作。待炉内气压达到 −0.1Pa 时，打开进气阀门，通入氩气至气压恢复到 0Pa，重复操作三次后，打开出气阀门，使炉内气压稳定在 0.01～0.02Pa，氩气通入速率稳定在 10L/min。打开加热开关，设置升温速率为 3℃/min，炭化温度 600～1000℃，保温时间 1～3h 后开始炭化试验。

7.1.4.3　多孔炭的性能检测与表征

（1）气孔率测定

多孔炭的气孔率采用煮沸法来计算，即通过煮沸的方式使气孔内外产生压力差，将气孔外部的水压入气孔内，此时多孔炭多出的质量即为气孔中水的质量，根据水的密度可以计算出气孔中水的体积，此体积等同于多孔炭的孔容，多孔炭的体积可由排水法测得，具体步骤如下：

首先将待测的样品干燥称重，记此质量为 m_1；再将称重后的样品放入量筒中，采用排水法测量体积；最后将样品放入水浴锅中，在 100℃ 恒温条件下加热 2h，取出后将其表面附着的水擦干，称量质量，记为 m_2。多孔炭的气孔率根据式(7-2)计算：

$$气孔率 = \frac{m_2 - m_1}{\rho V} \times 100\% \tag{7-2}$$

式中，m_1 为干燥样品的质量；m_2 为煮沸后样品的质量；V 为样品体积；ρ 为水的密度。

（2）收率测定

收率又叫反应收率，是化学及工业生产过程的重要参数，通常指在反应过程中理论计算的产物的质量与投入的原料质量的比值。多孔炭的收率根据式(7-3)计算：

$$收率 = \frac{m_2}{m_1} \times 100\% \tag{7-3}$$

式中，m_1 为炭化后多孔炭的质量；m_2 为炭化前酚醛树脂的质量。

7.1.5　检测方法与性能表征

7.1.5.1　X 射线衍射（XRD）分析

采用荷兰帕纳科公司 MPDDY2094 型 X 射线衍射仪检测样品的物相结构，获得 XRD 图谱。将获得的 XRD 图谱和标准 JCPDS 数据库检索数据比较，利用面网间距 d 值与 JCPDS 标准卡片 d 值的对应程度，确定产品的物相。XRD 测试条件为：Cu 靶 K_a，$\lambda = 0.1541nm$，固体探测器，管电压 40kV，管电流 40mA，扫描速度 12(°)/min，扫描范围 $2\theta = 5°～90°$。

7.1.5.2　扫描电镜（SEM）分析

将粉末分散，取其微量均匀涂在载物台上，经喷金处理后采用 JEOL 公司 JSM-6360LV

型扫描电子显微镜在不同倍率下观察粉末的形貌。每个试样通过选择具有代表性的晶体 100 根，测量其长度和直径，分别计算平均值，然后计算平均长径比，作为衡量水合碳酸镁晶体的主要质量指标之一。

7.1.5.3 红外光谱（FT-IR）分析

采用 Nicolet 公司 380 型傅里叶变换红外光谱仪检测改性前后三水碳酸镁晶须的化学基团组成。采用 KBr 压片法制样。KBr 压片法是指取 0.5～2.0mg 样品，用玛瑙研钵研细后，加入 100～200mg 干燥 KBr 粉末，再经研磨后置于压模具内，压成透明薄片进行测试。红外光谱仪工作参数为：扫描范围 4000～400cm^{-1}，分辨率为 2cm^{-1}，扫描次数 20。

7.1.5.4 热重-差示扫描量热（TG-DSC）分析

采用 NETZSCH STA 公司 409 PC/PG 型号热重分析仪测定试样的热稳定性，设定条件为：空气气氛下，升温速率 10℃/min，升温范围 20～900℃；并获得相应的热重差热（DSC-TGA）曲线。

7.1.5.5 聚丙烯复合材料性能测试

拉伸强度、拉伸弹性模量、断裂伸长率的测试按 GB/T 1040.2—2006 执行，试样尺寸如下：面积 40mm^2，最大载荷为 2kN，加载速率为 50mm/min。简支梁缺口冲击强度按 GB/T 1043.2—2008 执行，试样尺寸如下：边长为（60±2)mm，厚度为 1～4mm。

7.1.5.6 压缩性能测试

采用型号为 WCW-50E 的电子万能试验机对样品进行压缩性能测试。将样品切成规则的块体，量取样品高度 h、长度 a 和宽度 b，置于测试台上，在电脑中输入参数，设置压头移动速度为 0.5mm/min。最终测试得到样品的应力-位移曲线，对数据进行分析得到应力-应变曲线。

7.1.5.7 比表面积分析

比表面积是指单位质量或单位体积物质的表面积。采用美国康塔公司的全自动比表面分析仪（NOVA 2000e）对样品的比表面积、吸附容量和孔径分布进行表征分析。其原理是以氮气作为载体来测量多点的氮气吸附量，通过 BET 理论即可计算其比表面积大小，经分析可获得其平均孔径大小及孔径分布。

7.2 三水碳酸镁晶须的表面改性试验研究

7.2.1 表面改性剂种类对改性效果的影响

固定改性温度 50℃、改性时间 60min、改性剂用量 5%（占三水碳酸镁粉体干重的百分比，质量分数）、初始料浆浓度 5%（质量分数）、烘干温度 70℃、烘干时间 3.0h，研究改性剂种类对三水碳酸镁晶须改性效果的影响。分别选择硬脂酸、硬脂酸钠、硬脂酸钙、油酸钠、羧甲基纤维素钠、单硬脂酸甘油酯、司盘 60 和硅烷偶联剂 KH-550 对三水碳酸镁晶须进行表面改性试验，改性后晶须的活化指数和接触角如表 7-3 所示。

由表 7-3 可见，保持其他条件不变，经硬脂酸改性处理的三水碳酸镁晶须的接触角和活化指数均达最大值，分别为 123° 和 99.8%，改性后的晶须在水溶液中完全不被润湿，表明硬脂酸作用下改性较完全。另外，经硬脂酸钠、硬脂酸钙、油酸钠和司盘 60 改性处理后的产品活化指数和接触角虽然也都较高，但改性效果和价格优势较硬脂酸稍差。而经单硬脂酸甘油酯、羧甲基纤维素钠和硅烷偶联剂 KH-550 改性处理后的产品全部下沉，活化指数几乎为 0，说明产品未被改性。因此，选择硬脂酸作为三水碳酸镁晶须的表面改性剂。

表 7-3　不同表面改性剂对三水碳酸镁改性效果的影响

改性剂种类	活化指数/%	接触角/(°)
硬脂酸	99.8	123
硬脂酸钠	98.5	107
硬脂酸钙	98.9	115
油酸钠	98.0	100.5
单硬脂酸甘油酯	0.002	10
羧甲基纤维素钠	0	0
司盘 60	0.90	86.5
硅烷偶联剂 KH-550	0	0

7.2.2　改性剂用量对改性效果的影响

固定改性剂为硬脂酸、料浆初始浓度 10%、改性温度 50℃、改性时间 60min、烘干温度 70℃、烘干时间 3.0h，改变改性剂的用量，选择改性剂用量（质量分数）1%、2%、3%、5%、6%，研究不同改性剂用量对三水碳酸镁晶须改性效果的影响，结果如图 7-3 所示。

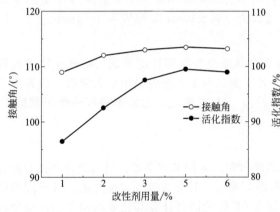

图 7-3　接触角、活化指数与改性剂用量的关系

由图 7-3 可见，随着改性剂用量的增加，改性产品的接触角和活化指数呈线性增大，两者均在改性剂用量为 5% 时达到最大值，分别为 113.5° 和 99.5%。改性剂用量继续增加，接触角变化趋于平缓，活化指数略微下降。根据兰格缪尔单分子吸附理论，改性剂过多过少都达不到良好的改性效果，当改性剂分子在晶须表面形成单分子层吸附时改性完全，改性效果最佳。当改性剂用量较少时，没有足够的硬脂酸覆盖在三水碳酸镁晶须表面形成单分子吸附层，疏水亲油的粒子数量较少，大部分粒子仍是亲水疏油，与水溶液润湿效果很好，因此大量的晶须沉入水底，从而活化指数较小。随着改性剂用量的增加，三水碳酸镁晶须表面包覆的硬脂酸量也随之增加。改性剂分子继续增多，晶须表面硬脂酸的包覆量已达到饱和，过量的改性剂在碳酸镁粒子表面形成多分子层吸附，此时改性剂分子的极性端朝外，亲水疏油性增强，提高了与水溶液的相容性，从而使得活化指数略微下降。综上所述，试验确定硬脂酸改性三水碳酸镁晶须的最佳改性剂用量为 5%（质量分数）。

7.2.3　初始料浆浓度对改性效果的影响

固定改性剂为硬脂酸、改性剂用量 5%（质量分数）、改性温度 50℃、改性时间 60min、烘干温度 70℃、烘干时间 3.0h，改变溶剂无水乙醇的添加量，选择初始料浆浓度（质量分数）2%、5%、10%、20%，研究不同初始料浆浓度（此处料浆浓度为未改性三水碳酸镁占整个溶液体系的质量分数）对三水碳酸镁晶须改性效果的影响，结果如图 7-4 所示。

从图 7-4 中可以看出，当初始料浆浓度在 2%～5% 范围内时，随着料浆浓度的增大，接触角和活化指数均增大，这是由于料浆浓度太小，晶须与改性剂分子有效碰撞频率低，包覆不完全，改性效果较差；料浆浓度增大，硬脂酸在三水碳酸镁晶须表面的吸附量增大，单位体积内有效碰撞率增加，改性效果提高。当料浆浓度为5％时，两者达到最大值，分别为130°和99.99％，说明此时改性效果最佳。继续增大料浆浓度，接触角和活化指数却呈现下降的趋势，这是由于改性剂用量是固定的，当料浆浓度过高，料浆中三水碳酸镁晶须量过剩，没有足够的硬脂酸与晶须表面接触，此外三水碳酸镁晶须与改性剂分散不均匀，易结

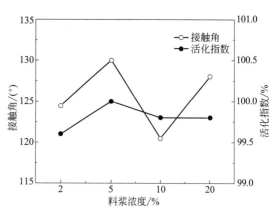

图 7-4　接触角、活化指数与初始料浆浓度的关系

团成块，导致改性效果变差。因此，试验确定硬脂酸改性三水碳酸镁晶须的最佳料浆浓度为5％（质量分数）。

7.2.4 改性时间对改性效果的影响

固定改性剂为硬脂酸、改性剂用量5％（质量分数）、初始料浆浓度5％（质量分数）、改性温度50℃、烘干温度70℃、烘干时间3.0h，选择改性时间20min、40min、60min、80min、100min，研究不同改性时间对三水碳酸镁晶须改性效果的影响，结果如图7-5所示。

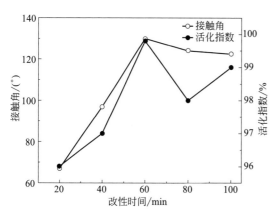

图 7-5　接触角、活化指数与改性时间的关系

由图7-5可见，随着改性时间的增加，改性后三水碳酸镁晶须的接触角和活化指数均呈线性增大，在改性时间为60min时两者均达到最大值，分别为130°和99.8％；随着改性时间的进一步延长，改性后晶须的接触角和活化指数逐渐减小。这是由于改性时间短，硬脂酸不能完全包覆在三水碳酸镁晶须表面，与晶须的接触概率小；随着改性时间的延长，晶须表面的硬脂酸包覆量增大直至完全覆盖晶须表面，此时硬脂酸与晶须表面充分接触，改性完全，从而使其具有良好的疏水性；但进一步延长改性时间，由于搅拌和振荡作用，可能会使原来吸附在晶须表面

的硬脂酸分子发生脱落，改性剂数量减少，导致改性效果下降。综上所述，试验确定硬脂酸改性三水碳酸镁晶须的适宜改性时间为60min。

7.2.5 改性温度对改性效果的影响

固定改性剂为硬脂酸、改性剂用量5％（质量分数）、初始料浆浓度5％（质量分数）、改性时间60min、烘干温度70℃、烘干时间3.0h，选择改性温度25℃、40℃、50℃、60℃、70℃，研究不同改性温度对三水碳酸镁晶须改性效果的影响，结果如图7-6所示。

从图7-6中可以看出，在相同的改性时间内，随着改性温度的升高，改性产品的接触角和活化指数呈线性增大。这是由于硬脂酸改性三水碳酸镁的作用过程是硬脂酸先溶解在无水

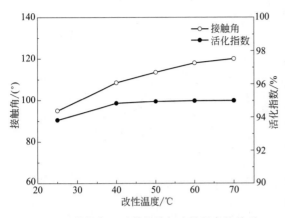

图 7-6　接触角、活化指数与改性温度的关系

乙醇中，离解成离子状态吸附在三水碳酸镁粒子表面，形成单分子吸附层，从而对三水碳酸镁起到改性作用；而未溶解的块状硬脂酸无法吸附在三水碳酸镁晶须表面，对晶须起不到改性作用。常温下或较低温度下硬脂酸在无水乙醇中溶解速度较慢，完全溶解所需时间较长，改性时间一定，当改性温度较低时，能离解成离子状态的硬脂酸数量相对较少，故改性效果一般；随着改性温度的升高，硬脂酸的反应活性得到提高，其在无水乙醇中的溶解速度加快，那么吸附在三水碳酸镁晶须表面的改性剂数量增多，因此改性效果增强。

但改性温度过高，由第 4 章和第 5 章的研究结果可知，改性原料三水碳酸镁在温度≥55℃时容易在短时间内转变为碱式碳酸镁。因此，综合考虑，选择硬脂酸改性三水碳酸镁晶须的适宜改性温度为 50℃。

7.2.6　烘干温度对改性效果的影响

固定改性剂为硬脂酸、改性剂用量 5%（质量分数）、初始料浆浓度 5%（质量分数）、改性时间 60min、改性温度 50℃、烘干时间 3.0h，选择烘干温度 50℃、60℃、70℃、80℃、100℃，研究不同烘干温度对三水碳酸镁晶须改性效果的影响，结果如图 7-7 所示。

由图 7-7 可见，改性产品的接触角和活化指数随着烘干温度的升高而增大，当烘干温度为 70℃时，接触角为 130°，活化指数接近 100%，说明此时三水碳酸镁晶须的表面改性效果最佳。烘干温度进一步升高，接触角和活化指数先下降后升高，烘干温度 100℃时，接触角和活化指数再次达到烘干温度为 70℃时的最大值，说明 100℃时，产品的改性效果亦比较好。试验过程中发现当烘干温度超过 70℃时，随着烘干时间的增加三水碳酸镁晶须表面的颜色逐渐由白色变成土黄色，这可能是由于吸附在晶须表面的硬脂酸镁的颜色发生了变化所致。

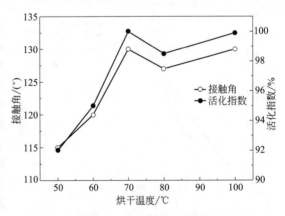

图 7-7　接触角、活化指数与烘干温度的关系

考虑到三水碳酸镁自身以及改性过程中生成的硬脂酸镁的热力学不稳定性可能导致晶须表面性质发生变化，以及改性过程中产生的能耗和成本等问题，试验选择适宜的烘干温度为 70℃。

7.2.7　烘干时间对改性效果的影响

固定改性剂为硬脂酸、改性剂用量 5%（质量分数）、初始料浆浓度 5%（质量分数）、改性时间 60min、改性温度 50℃、烘干温度 70℃，选择烘干时间 1.0h、2.0h、3.0h、4.0h、6.0h、7.0h，研究不同烘干时间对三水碳酸镁晶须改性效果的影响，结果如图 7-8 所示。

从图 7-8 中可以看出，当烘干时间低于 3.0h 时，随着烘干时间的延长，改性后晶须的接触角和活化指数逐渐增强；当烘干时间为 3.0h 时，改性后所得晶须的接触角和活化指数均达到最佳值，即接触角为 130°，活化指数接近 100%，说明此时改性剂在三水碳酸镁晶须表面已经包覆完全，疏水性很好，也即改性效果最好；而当烘干时间大于 3.0h 时，接触角和活化指数先急剧减小后又缓慢增大，这是由于烘干时间过长，吸附在改性后晶须表面的硬脂酸镁性质发生变化，从而使得晶须的改性效果变弱。考虑到节约能源以及保证晶须的改性效果，故确定烘干时间为 3.0h。

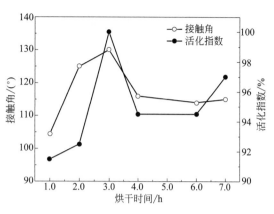

图 7-8 接触角、活化指数与烘干时间的关系

7.3 硬脂酸改性三水碳酸镁晶须的作用机理研究

目前，大多数无机粉体的表面改性是依靠表面改性剂在粉体表面的包覆与吸附来实现。表面改性剂与无机粉体间作用机理较为复杂，其主要原理有化学反应、物理吸附、氢键作用和可逆平衡等理论。

本节结合 XRD、SEM、TG-DSC 和 FTIR 等检测手段详细研究了硬脂酸改性三水碳酸镁的机理。

7.3.1 三水碳酸镁晶须改性前后疏水性能表征

图 7-9 为水滴在改性前以及改性后的 $MgCO_3 \cdot 3H_2O$ 晶须压片表面的静滴接触角示意图。

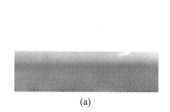

(a)   (b)

图 7-9 改性前后的 $MgCO_3 \cdot 3H_2O$ 晶须压片表面静滴接触角示意图
(a) 改性前的 $MgCO_3 \cdot 3H_2O$ 晶须；(b) 改性后的 $MgCO_3 \cdot 3H_2O$ 晶须

由图 7-9 可知，水滴在改性前的 $MgCO_3 \cdot 3H_2O$ 晶须压片表面瞬间铺展，说明其不具有疏水性；而在经过硬脂酸改性的 $MgCO_3 \cdot 3H_2O$ 晶须压片表面，水滴则保持完整的水珠状态，并且明显可以观察到水珠表面薄薄地裹着一层粉体，此时活化指数接近 100%，表明 $MgCO_3 \cdot 3H_2O$ 经硬脂酸处理后，其疏水效果非常好。

7.3.2 三水碳酸镁晶须改性前后 XRD 分析

将改性前后三水碳酸镁晶须进行 XRD 检测，结果如图 7-10 所示。

由图 7-10 可见，未加入硬脂酸时，三水碳酸镁衍射峰尖锐规整，基底平滑，无其他杂

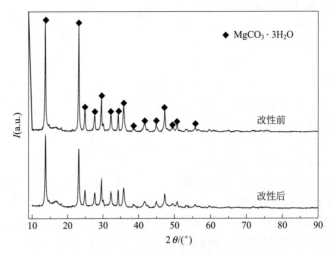

图 7-10   改性前后三水碳酸镁晶须的 XRD 图

峰，表明所得产品结晶度和纯度很高。加入硬脂酸进行改性后，所得到的三水碳酸镁衍射峰位置未发生明显变化，但衍射峰强度稍微变弱，表明三水碳酸镁单晶度变小，有序性变低。但产物中并没有出现新的衍射峰，说明改性剂包覆到三水碳酸镁晶须表面后，并没有改变三水碳酸镁晶须的组成和成分，而可能只是在晶须表面发生了化学或物理吸附。

7.3.3   三水碳酸镁晶须改性前后 TG-DSC 分析

TG-DSC 分析是通过物质在加热过程中，在特定温度下的吸热、放热现象来研究物质的性质。本节通过 TG-DSC 测试研究了三水碳酸镁晶须改性前后的热分解过程。图 7-11 是表面改性前后三水碳酸镁晶须的 TG-DSC 图。

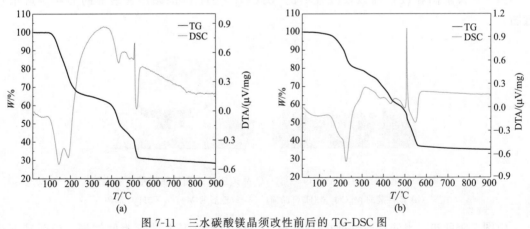

图 7-11   三水碳酸镁晶须改性前后的 TG-DSC 图
(a) 改性前；(b) 改性后

由图 7-11(a) 可见，$MgCO_3 \cdot 3H_2O$ 开始分解温度为 109℃，在 110～200℃存在两个吸热峰，失重达 31.11%左右，表明此时失去 3 个结晶水；这一脱水过程在较高和较宽的温度范围内进行，表示脱去最后一分子水是缓慢而艰难的，因此可认为 $MgCO_3 \cdot 3H_2O$ 分子中存在结晶水和结构水，且比例为 2:1。在 505～550℃有一个吸热峰，表明无水 $MgCO_3$ 分解生成固体 MgO 和气体 CO_2，526℃分解完全，总失重率为 34%～53%。从图 7-11(b) 中可以看出，表面改性对三水碳酸镁晶须的热分解过程并没有显著影响，与改性前相比，改性后晶须的起始分解温度降低至 92.9℃，100～200℃ 区间内的失重率约 16.04%，说明改性后 $MgCO_3 \cdot 3H_2O$ 表面吸附水量很少，具有一定的疏水性。200～400℃ 温度范围内为 $MgCO_3 \cdot 3H_2O$ 分子中结构水的脱去。在 355～395℃ 新出现一个弱的吸热峰，是晶须表面改性剂分解吸热所致。同时在 500～510℃ 出现的放热峰峰形较改性前更尖锐，可能是烘干温度为 70℃ 时，处于亚稳态的三水碳酸镁晶须受热分解生成碱式碳酸镁所致。改性后 $MgCO_3 \cdot 3H_2O$ 至 559℃ 才分解完全，总失重率提高至 37.51%，说明经硬脂酸处理后产品的稳定性明显提高。

7.3.4 三水碳酸镁晶须改性前后 FT-IR 分析

对改性前后的三水碳酸镁晶须进行 FT-IR 检测，所得到的 FT-IR 曲线如图 7-12 所示。

从图 7-12 中可以看出，曲线 a 具有典型的三水碳酸镁晶须的红外光谱特征，$3560cm^{-1}$、$1640cm^{-1}$ 处对应着三水碳酸镁分子内结晶水和表面羟基的吸收特征峰；$1520cm^{-1}$、$1420cm^{-1}$、$1100cm^{-1}$、$858cm^{-1}$、$698cm^{-1}$ 处分别对应着三水碳酸镁分子碳酸根和碳酸氢根的吸收特征峰。曲线 c 中 $719cm^{-1}$ 为 $-\!\!\!+\!\!CH_2\!\!\!+\!\!\!_n$ $(n>4)$ 骨架振动峰，$1700cm^{-1}$、$1300cm^{-1}$ 处分别对应为硬脂酸所含羧酸根中羰基和羟基的伸缩振动峰，其中当生成羧酸盐时，$1700cm^{-1}$ 对应为硬脂酸所含羧酸根中羧基的特征吸收峰会偏移到 $1500～1450cm^{-1}$ 处。曲线 a 中所述波峰位置在曲线 b 中发生弱化和偏移，并且曲

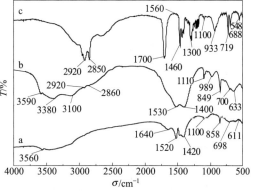

图 7-12　改性前后三水碳酸镁晶须的红外光谱
a—$MgCO_3 \cdot 3H_2O$；
b—硬脂酸改性的 $MgCO_3 \cdot 3H_2O$；
c—硬脂酸

线 b 中出现硬脂酸的特征峰，$2920cm^{-1}$、$2860cm^{-1}$ 等处出现甲基不对称伸缩振动和亚甲基对称伸缩振动的吸收峰，在 $1560cm^{-1}$ 处出现硬脂酸中所含羧酸根中羰基的不对称伸缩振动，这些新出现的吸收峰都证实了表面改性剂的存在。另外，$1500～1400cm^{-1}$ 处的波谷由前述可知是羧酸盐的特征吸收峰，由此说明改性过程中硬脂酸根的羧基与镁离子发生化学键合作用。

7.3.5 三水碳酸镁晶须改性前后表观形貌分析

三水碳酸镁晶须直径小，比表面积大，表面原子占相当大的比例，比表面能高，原子配位不足，使得这些表面原子具有很高的活性，极不稳定，很容易团聚在一起，形成带有若干连接界面且尺寸较大的团聚体。从热力学角度分析，这是三水碳酸镁晶须粒子间范德华力和库仑力作用的结果。使用改性剂对晶须进行表面改性处理后，可以有效地降低晶须的表面能，提高晶须的分散性。图 7-13 是改性前后三水碳酸镁晶须的 SEM 图。

从图 7-13(a) 中可以看出，$MgCO_3 \cdot 3H_2O$ 晶体呈棒状，晶须表面光滑，平均直径为 $1.5～3\mu m$，长径比为 25～40。由图 7-13(b) 可见，棒状 $MgCO_3 \cdot 3H_2O$ 晶须经硬脂酸表面改性后仍保持其形状不变，但直径有所增大，表面明显有附着物，这是由于晶须外层包覆了少量硬脂酸所致，这一现象与红外光谱分析结果一致。此外由图 7-13(b) 可知改性后的三水碳酸镁晶须具有良好的分散性能。

综上所述，在最佳改性工艺条件下，经硬脂酸改性后的三水碳酸镁晶须，其组成和成分并没有发生变化，而疏水性能和热稳定性能得到明显改善。

图 7-13　三水碳酸镁晶须改性前后的 SEM 图
(a) 改性前；(b) 改性后

7.3.6　三水碳酸镁晶须改性机理分析

硬脂酸为十八酸，分子式为 $CH_3(CH_2)_{16}COOH$，为典型的有机长链结构，具有极性与非极性的两个不同的基团。分子一端为长链烷基 (C_{17})，其结构和聚合物分子结构近似，因而与有机高聚物基料有一定的相容性；分子另一端为羧基—COO^-，可与无机填料或颜料表面发生物理或化学作用。

试验采用热无水乙醇作溶剂，属于非水体系。非水体系比水溶液体系要复杂得多。在无水乙醇溶液中，微溶于水的 $MgCO_3 \cdot 3H_2O$ 与晶须表面微量的水发生水解反应，生成 Mg^{2+}、$Mg(OH)^+$ 和 $MgHCO_3^+$ 等离子。

在 $MgCO_3 \cdot 3H_2O$ 晶须的热无水乙醇溶液中加入硬脂酸，硬脂酸难溶于水，易溶于热无水乙醇。热无水乙醇中，硬脂酸电离生成 $CH_3(CH_2)_{16}COO^-$ 和 H^+。反应生成的 $CH_3(CH_2)_{16}COO^-$ 和碱土金属阳离子 Mg^{2+} 具有较强的化学亲和力，能形成化合物硬脂酸镁 $\{[CH_3(CH_2)_{16}COO]_2Mg\}$。

反应生成的硬脂酸镁，在分子水平上，具有 1 个电荷高度分散的无机核和 2 条线形的长烃链，这种特殊的结构决定了它具有抗水性等特点。由溶度积最小原理可知，在 $MgCO_3 \cdot 3H_2O$ 晶须的无水乙醇溶液中，Mg^{2+} 和 $CH_3(CH_2)_{16}COO^-$ 的结合优先于 Mg^{2+} 和 CO_3^{2-} 的结合。因此，在 $MgCO_3 \cdot 3H_2O$ 的无水乙醇溶液中，$CH_3(CH_2)_{16}COO^-$ 和 $Mg(OH)^+$ 以及 $MgHCO_3^+$ 发生化学反应，生成难溶于水的 $[CH_3(CH_2)_{16}COO]_2Mg$。

根据红外光谱分析和上述非水体系中发生的一系列化学反应，研究得出 $MgCO_3 \cdot 3H_2O$ 晶须和硬脂酸的吸附作用模型的假设，如图 7-14 所示。

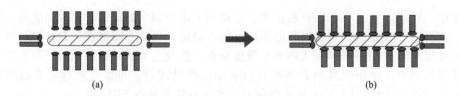

图 7-14　$MgCO_3 \cdot 3H_2O$ 晶须与硬脂酸的吸附作用模型
⬭ $MgCO_3 \cdot 3H_2O$；▬ 硬脂酸；● 亲固基；▮ 疏水基

从动力学角度分析，$MgCO_3 \cdot 3H_2O$ 晶须与硬脂酸的吸附作用分为两个阶段：

① 第一阶段，$MgCO_3 \cdot 3H_2O$ 发生水解，同时硬脂酸发生电离形成 $CH_3(CH_2)_{16}COO^-$，并且 $CH_3(CH_2)_{16}COO^-$ 逐渐脱离本体溶液向固-液界面迁移，并向 $MgCO_3 \cdot 3H_2O$ 晶须表面靠近 [图 7-14(a)]。

② 第二阶段，$CH_3(CH_2)_{16}COO^-$ 穿过固-液界面层，与 $MgCO_3 \cdot 3H_2O$ 表面的 Mg^{2+}、$Mg(OH)^+$ 和 $MgHCO_3^+$ 等离子发生化学键合，在晶须表面生成硬脂酸镁沉淀。硬脂酸镁的亲固基吸附在 $MgCO_3 \cdot 3H_2O$ 晶须的表面，而疏水基则朝向外侧，从而使得 $MgCO_3 \cdot 3H_2O$ 晶须表面具有局部疏水性。随着改性过程的进行，越来越多的硬脂酸镁沉淀在还未被包裹的 $MgCO_3 \cdot 3H_2O$ 晶须表面，直到形成完整的单分子层吸附［图 7-14(b)］。

综上所述可知，$MgCO_3 \cdot 3H_2O$ 与硬脂酸吸附过程中，吸附层的最内层中 $CH_3(CH_2)_{16}COO^-$ 与 Mg^{2+}、$Mg(OH)^+$ 和 $MgHCO_3^+$ 等离子发生了化学键合，形成了非常牢固的化学键，该层属于化学吸附层。因此，硬脂酸改性三水碳酸镁晶须主要依靠化学吸附作用。

7.4 三水碳酸镁晶须在聚丙烯中的应用研究

7.4.1 晶须对复合材料的增强和增韧聚合物机理

晶须是一种力学性能十分优异的新型复合材料增强增韧剂，其增韧机理主要有以下几种。

（1）拔出效应

拔出效应是指紧靠裂纹尖端的晶须（由于拉伸强度较高而不致断裂）在外应力的作用下沿着它和基体的界面滑出的现象。晶须能够减缓裂纹扩展是因为其在拔出的过程中会产生能量耗散从而使裂纹尖端的应力松弛。晶须长度和界面的剪切应力对拔出效应具有显著影响。剪切应力很低，晶须长度较大，强度较高时，拔出效应显著；反之，拔出效应很低甚至会引起晶须的断裂而无拔出效应。

（2）界面解离效应

当裂纹扩展到晶须与基体的界面时，由于晶须周围存在应力场，裂纹一般难以穿过晶须而按原来的方向继续扩展，它将沿着界面的方向扩展，使晶须与基体的界面发生解离，称为界面解离。界面解离效应具有分散裂纹尖端应力集中的作用，可以改变裂纹走向，从而终止裂纹前进。

（3）载荷效应

载荷传递在复合材料中，当载荷或应力通过基体从一根晶须传递到另一根晶须时，晶须因具有更大的强度和模量而局部地抵抗周围基体产生应变，从而承担更高的应力，也称复核效应。

（4）裂纹偏转效应

当裂纹扩展到晶须，因晶须模量极高，由于晶须周围的应力场，裂纹必须绕过或者穿过晶须才能继续发展，因此改变了扩展方向，即裂纹发生偏转。偏转后的裂纹受拉应力往往低于偏转前的裂纹，而且裂纹的扩展路径增长，新生裂纹表面积增大，故裂纹扩展过程中需消耗更多的能量。图 7-15(a) 和图 7-15(b) 分别表示裂纹沿晶须轴向和径向的扩展。如图 7-15(b) 所示：a 为裂纹和晶须相遇；b 为裂纹弯曲向前；c 为裂纹在晶须前面相接；d 为形成新的裂纹前沿并留下裂纹环。裂纹偏转改变裂纹扩展的路径，从而吸收断裂能量，因为当裂纹平面不再垂直于所受应力的轴线方向时，该应力必须进一步增大才能使裂纹继续扩展。当 V_f 为常数时，增韧效果随晶须长径比增大而增加；当晶须长径比恒定且晶须所占的体积分数 $V_f \leqslant 0.3$ 时，晶须增韧效果随 V_f 增大而增加。

（5）搭桥效应

对于取向度较高的晶须，很难发生界面解离，它只能按原来的方向扩展，此时紧靠裂纹尖端处的晶须并未断裂（在裂纹两端搭起一个小桥），因此会在裂纹表面产生一个压应力，

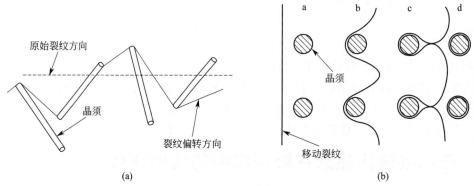

图 7-15　裂纹偏转模型
（a）轴向；（b）径向

以抵消外拉应力的作用，从而使裂纹难以进一步扩展。

（6）协同效应

晶须的拔出通常伴随着裂纹桥联。裂纹尺寸较小时，晶须桥联起主导作用；当裂纹位移增加，裂纹尖端处的晶须进一步破坏，晶须拔出则起主要的增韧机制。

晶须具有长或短纤维状结构，当受到外力作用时较易产生形变，能够吸收冲击振动能量。同时，裂纹在扩展中遇到晶须便会受阻，裂纹得以抑制，从而起到增韧作用。

综上所述，晶须具有提高强度和增加韧性的作用。但由于晶须本身结构纤细，且具有高强度、高模量，若直接用其填充聚合物，会产生一系列问题，如晶须在聚合物中难以分布均匀，易出现贫胶区，加工时对模具磨损等，从而导致材料自身的力学性能下降。而经表面处理后加入树脂中，则能够均匀分散，起着骨架作用，形成晶须-聚合物复合材料。因此，一般采用经表面改性处理后的晶须作为聚合物的填料。

7.4.2　三水碳酸镁晶须/PP 复合材料力学性能的研究

三水碳酸镁晶须是一种微米级短纤维，具有一系列的结构特征和优势，因此其对聚合物的增强增韧作用属于短纤维的增强增韧范畴。三水碳酸镁晶须增强增韧聚合物具有以下两种优势：①理想的增强效果。由晶须对复合材料的增强和增韧机理可知，在界面状况和长径比相同的情况下，短纤维模量的增大和强度的增加，均可提高其复合材料的模量和强度。②良好的加工性能。晶须由于具有微米级的直径和较短的长度，与基质混合较为容易，且加工黏度低，因而晶须/聚合物材料产品外观很好，所得制品尺寸稳定性高，更适用于精密度和表面性能要求很高的制品。

试验首先对最佳合成工艺条件下所得三水碳酸镁晶须进行改性，再以改性后的晶须作为与 PP 复合的无机填料。将三水碳酸镁晶须和 PP 按照 7.1.3 节所述的操作方法制成标准试样，在万能材料试验机上依据 7.1.5.6 节所述中的标准（GB/T 1040.2—2006）测定拉伸强度、拉伸弹性模量、断裂伸长率和断面收缩率，并按照标准（GB/T 1843—2008）测定冲击强度。

7.4.2.1　三水碳酸镁晶须添加量对复合材料拉伸强度的影响

评价 PP 的力学性能时，刚性是一个重要的力学性能指标。刚性是指材料在断裂前吸收塑性变形功和断裂功的能力，常用拉伸强度和拉伸弹性模量等参数表征。图 7-16 为三水碳酸镁晶须/PP 复合材料拉伸强度随三水碳酸镁晶须添加量的变化规律。

从图 7-16 可以看出，当添加量为 0～5％时，复合材料的拉伸强度随着三水碳酸镁晶须添加量的增加而略有减小；当添加量为5％～20％时，复合材料的拉伸强度随着三水碳酸镁晶须添加量的增多呈现先急剧增大后缓慢减小的变化趋势，并在添加量为10％时，达到最大值32.7MPa，与纯PP的拉伸强度（29.5MPa）相比，其提高了10.8％。由于PP本身是一种强度和硬度较高的树脂，具有优异的力学性能，因此拉伸强度由其自身决定。发生形变时基体PP比填料晶须的弹性大，由于刚性填料晶须的加入会在基体内部增加新的界面和新的应力集中点等缺陷，而这些缺陷会对拉伸强度产生负面影响，因此聚合物通常在填料表面被拉断，并形成很多空穴，最终导

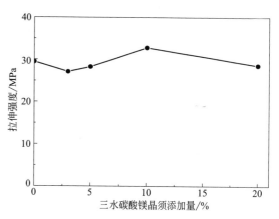

图 7-16　三水碳酸镁晶须添加量对
PP 复合材料拉伸强度的影响

致聚合物拉伸强度减小。但图7-16中三水碳酸镁晶须的添加量为3％～5％时，PP的拉伸强度减小幅度较小，则是因为试验所用填料为经硬脂酸改性后的三水碳酸镁晶须，故晶须与基体PP之间的界面相容性较好，从而使得其界面黏结强度增加。但当晶须用量超过10％时，随着晶须用量的增加，复合材料的拉伸强度减小，这是由于复合体系的熔体在强烈搅混和剪切的情况下，单个颗粒周围包覆的树脂量减少，晶须纤维之间的摩擦作用增强而对晶须造成破坏，尽管界面层可能受损不大，但晶须传递应力和分散应力能量的作用却大大减弱，且由于晶须纤维的粉碎使其容易团聚，因此复合材料的拉伸强度下降。

7.4.2.2　三水碳酸镁晶须添加量对复合材料拉伸弹性模量的影响

材料在弹性变形阶段，其应力和应变成正比例关系（即符合胡克定律），其比例系数称为弹性模量。弹性模量可视为衡量材料产生弹性变形难易程度的指标，其值越大，使材料发生一定弹性变形的应力也越大，即材料刚度越大，亦即在一定应力作用下，发生弹性变形越小。弹性模量是工程材料重要的性能参数，对一般材料而言，弹性模量是一个常数；对高聚物而言，弹性模量受温度和加载速率的影响较为显著。

试验选择拉伸弹性模量表征复合材料的刚性，在室温下进行，加载速率为50mm/min。图7-17为三水碳酸镁晶须/PP复合材料拉伸弹性模量随三水碳酸镁晶须添加量的变化规律。

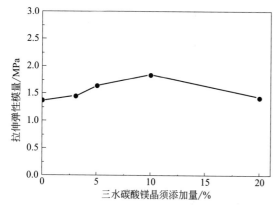

图 7-17　三水碳酸镁晶须添加量对
PP 复合材料拉伸弹性模量的影响

由图7-17可见，纯PP的拉伸弹性模量为1.37MPa，当三水碳酸镁晶须添加量为0～10％时，三水碳酸镁晶须/PP复合材料的拉伸弹性模量随着三水碳酸镁晶须添加量的增加而增大；当三水碳酸镁晶须添加量为10％时，弹性模量为1.85MPa，比纯PP提高了35％。三水碳酸镁晶须添加量继续增加，复合材料的弹性模量呈减小趋势。

出现上述现象的原因归结为晶须对复合材料的增强机理中的载荷效应（也称复核效应）。这是由于载荷或应力能通过基体从晶须传递到晶须，而晶须的强度大于基体并具有较大的弹性模量，当应力作用于复合材料

时，晶须在周围的基体中局部地抵抗应变，使更强的应力作用于晶须。即载荷传递在复合材料中，当载荷或应力通过基体从一根晶须传递到另一根晶须时，晶须因具有更大的强度和模量而局部地抵抗周围基体产生应变，从而承担更高的应力。因此，三水碳酸镁晶须添加量增大，基体周围的晶须分布数量增多，晶须承受应力的能力更强，故拉伸弹性模量增大。但晶须添加量过多，一方面晶须之间互相堆积，影响其对基体的浸润效果，另一方面造成加工困难，从而使得其抵抗应变的能力变差，故拉伸弹性模量减小。

理论上，在弹性形变这一范围内，强度和模量成正比例或线性关系。综合三水碳酸镁晶须的添加量对复合材料拉伸强度和拉伸弹性模量的影响可见，试验结果中复合材料的拉伸强度与拉伸弹性模量成正比关系。其中，三水碳酸镁晶须的添加量对复合材料的拉伸强度影响较小，而对拉伸弹性模量的影响较大，当三水碳酸镁晶须的添加量为10％时，复合材料的拉伸强度比纯PP提高了10.8％，而拉伸弹性模量则提高了35％，由此说明三水碳酸镁晶须可以明显提高复合材料的刚性。

7.4.2.3　三水碳酸镁晶须添加量对复合材料断裂伸长率的影响

塑性也是评价PP力学性能的一个重要指标。

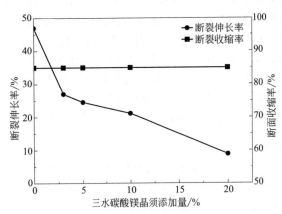

图7-18　三水碳酸镁晶须添加量对PP复合材料断裂伸长率和断面收缩率的影响

塑性是指材料断裂前发生永久塑性变形的能力，常用指标为断裂伸长率和断面伸缩率。断裂伸长率是指试样拉断后标距的伸长量与原标距长度的百分比，断面伸缩率是指试样断后缩颈处横截面积的最大缩减量与原始横截面积的百分比。图7-18为三水碳酸镁晶须/PP复合材料的断裂伸长率和断面收缩率与三水碳酸镁晶须添加量的关系。

由图7-18可见，三水碳酸镁晶须的添加量对复合材料的断面收缩率没有影响，而对复合材料的断裂伸长率影响较大。随着三水碳酸镁晶须的加入，复合材料的断裂伸长率急剧减小。当三水碳酸镁晶须添加量为3％时，复合材料的断裂伸长率降

至26.78％；添加量为5％时，断裂伸长率为24.52％；添加量增大至10％时，断裂伸长率降至21.15％；当添加量进一步增大至20％时，断裂伸长率降至8.86％，与纯PP的断裂伸长率46.97％相比，其降低了81.1％。

通常来说，材料的断裂伸长率越大，说明材料的塑性越好；反之，说明其刚性越好。复合材料是由基体PP和填料晶须组成，由于填料晶须是刚性的，因此复合材料的伸长完全由高聚物PP所决定，而复合材料的断裂伸长率亦随刚性粒子晶须的添加量增大而快速降低。三水碳酸镁晶须添加量越大，复合材料的断裂伸长率越小，这是由于添加量增大，基体周围的晶须较多，基体与基体的接触面积变小，当拉伸应力作用于复合材料时，晶须被拔出或折断或从基体上脱落，晶须与基体界面的应力传递能力遭到破坏，晶须在拔出的过程中无法产生能量耗散而使裂纹尖端的应力无法松弛，起不到减缓裂纹扩展和分散裂纹尖端应力的作用，从而导致复合材料的迅速断裂，故宏观上表现为小的断裂伸长率。

7.4.2.4　三水碳酸镁晶须添加量对复合材料冲击强度的影响

韧性是塑性和刚性的综合指标，韧性通常采用冲击强度表征。图7-19是三水碳酸镁晶须/PP复合材料的冲击强度随三水碳酸镁晶须添加量的变化规律。

由图 7-19 可知，随着三水碳酸镁晶须添加量的增加，三水碳酸镁晶须/PP 复合材料的冲击强度呈现先增大后减小的变化趋势。与纯 PP 的冲击强度相比，经三水碳酸镁晶须填充的 PP 复合材料的冲击强度明显高于纯 PP。当添加量为 0～10％时，随着三水碳酸镁晶须添加量的增加，复合材料的冲击强度呈线性增大；添加量为 10％时，冲击强度达到最大值 76J/m。上述结果表明三水碳酸镁晶须对 PP 有一定的增韧作用。这归因于晶须对复合材料的增韧机理中拔出效应和裂纹偏转效应。一方面，晶须在拔出的过程中产生能量耗散而使裂纹尖端的应力松弛，从而减缓了裂纹的扩展；另一方面，当 PP 内部宏观裂纹前端或微裂纹扩展到晶须，并且裂纹表面与晶须取

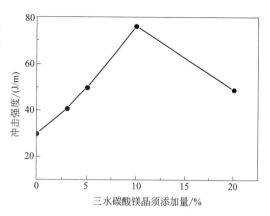

图 7-19 三水碳酸镁晶须添加量
对 PP 复合材料冲击强度的影响

向夹角较小甚至平行时，裂纹必须绕过或者穿过晶须才能继续发展，因此改变了扩展方向，即发生了裂纹偏转，导致裂纹扩展路径增长，新生裂纹表面积增大，因此将使材料在被破坏的过程中吸收更多的能量，从而使得材料的韧性提高。然而，晶须添加量进一步增加，复合材料的冲击强度呈线性减小，原因为晶须量过多将导致加工困难，并且晶须由于相互堆积而不能被基体很好浸润，因此当晶须含量过高时，反而会导致体系力学性能的下降。

7.4.2.5 三水碳酸镁晶须添加量对复合材料形貌的影响

由 7.4.2.1 节～7.4.2.4 节可知，当三水碳酸镁晶须添加量为 5％～10％时，三水碳酸镁晶须/PP 复合材料的力学性能得到明显改善，因此将晶须添加量为 3％和 10％时的复合材料在液氮中冷却后脆断，断面进行真空喷金后进行 SEM 分析，结果如图 7-20 所示。

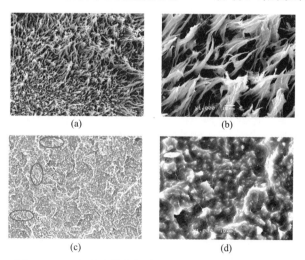

图 7-20 三水碳酸镁晶须填充 PP 复合材料的 SEM 图
(a) 3％；(b) 3％时复合材料断面的放大图；(c) 10％；(d) 10％时复合材料断面的放大图

由图 7-20 可以看出，添加量为 3％和 10％时，脱黏处的复合材料均为拉丝状，说明经三水碳酸镁晶须填充后复合材料发生的是韧性断裂。由图 7-20(a) 和图 7-20(b) 可知，晶须和 PP 的界面非常模糊，说明添加量为 3％时，二者的相容性已经得到明显改善。而由图 7-20(c) 发现，复合材料断裂的表面存在许多空洞，这是晶须拔出时形成的；另由图中的圈

所示，复合材料的脱黏处附有少量的晶须，也即拔出的晶须表面有 PP 黏附，并且由放大图
［图 7-20(d)］发现晶须和 PP 的界面非常模糊，说明二者相容性非常好，两者界面间的作用
力得到了明显的加强，因此可以充分发挥晶须的增强增韧作用。

综上所述可知，三水碳酸镁晶须添加量为 10％时，三水碳酸镁晶须/PP 复合材料的刚
性、塑性和韧性得到明显改善。

7.5 三水碳酸镁催化酚醛聚合制备多孔炭

7.5.1 炭质前驱体制备多孔炭性能的影响

7.5.1.1 反应温度对多孔炭性能的影响

保持反应时间为 0.5h、催化剂质量 3g、原料间苯二酚质量 3g（甲醛和间苯二酚摩尔比
为 5.4）、炭化温度 750℃、炭化时间 2h，在 80～100℃范围内控制炭质前驱体酚醛树脂湿凝
胶的合成温度，并定量地研究其对多孔炭气孔率和收率的影响规律。表 7-4 和表 7-5 是炭化
温度 750℃、炭化时间 2h 所测得的气孔率和收率，结果如图 7-21 和图 7-22 所示。

表 7-4 反应温度对气孔率的影响

反应温度/℃	80	85	90	95	100
干重/g	0.64	0.52	2.68	2.00	2.61
湿重/g	0.85	0.68	3.45	2.50	3.16
体积/mL	0.5	0.4	2.0	1.4	1.7
气孔率/%	42.00	40.00	38.50	35.71	32.35

表 7-5 反应温度对收率的影响

反应温度/℃	80	85	90	95	100
炭化前质量/g	16.43	7.21	19.04	15.92	2.99
炭化后质量/g	4.09	1.92	3.59	2.89	16.73
收率/%	24.89	26.62	18.85	18.15	17.87

由图 7-21 可以看出，随着反应温度的升高，多孔炭的气孔率逐渐降低，反应温度为
80℃时，多孔炭的气孔率最高为 42％。且从曲线的变化趋势还可以看出，反应温度较低时
多孔炭的气孔率减少得较慢，当温度高于 90℃时，气孔率开始急剧下降。这是因为间苯二
酚和甲醛的缩合反应属于吸热反应，温度较高时碳链结构上因缩合反应而形成的共价键的数
量增多，导致酚醛树脂湿凝胶的强度增加，在炭化过程中所释放的气体分子运动受到更大的
阻力，不利于孔道的形成。

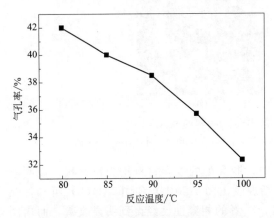

图 7-21 反应温度对气孔率的影响规律

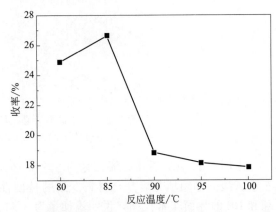

图 7-22 反应温度对收率的影响规律

由图 7-22 可以看出，随着反应温度的升高，多孔炭的收率呈先增加后减小的趋势，其中温度为 85℃时其收率达到 26.62%。与之相对，当反应温度为 100℃时收率达到最小值 17.87%。当反应温度高于 90℃时，收率随反应温度变化不大。

因此，为了得到高气孔率和收率的多孔炭，选择适宜的反应温度为 85℃。

7.5.1.2 反应时间对多孔炭性能的影响

控制反应温度为 90℃，原料及催化剂的质量和炭化条件同 7.5.1.1 节，在 0.5～2.5h 范围内改变反应时间来定量研究其对多孔炭气孔率及收率的影响规律。所测得的气孔率和收率如表 7-6 和表 7-7 所示，结果如图 7-23 和图 7-24 所示。

表 7-6　反应时间对气孔率的影响

反应时间/h	0.5	1.0	1.5	2.0	2.5
干重/g	0.25	0.27	0.46	0.32	0.16
湿重/g	0.33	0.34	0.56	0.22	0.19
体积/mL	0.2	0.2	0.3	0.2	0.1
气孔率/%	40.00	35.00	33.33	30.00	30.00

表 7-7　反应时间对收率的影响

反应时间/h	0.5	1.0	1.5	2.0	2.5
炭化前质量/g	5.36	4.66	4.99	5.15	5.25
炭化后质量/g	1.88	1.63	1.62	1.64	1.63
收率/%	35.07	34.98	32.46	31.84	31.05

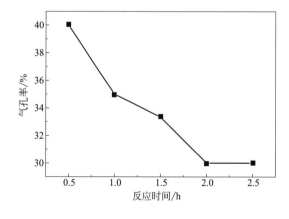

图 7-23　反应时间对气孔率的影响规律

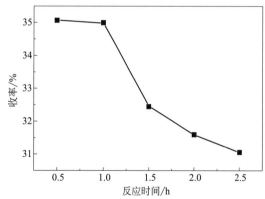

图 7-24　反应时间对收率的影响规律

从图 7-23 中可以看出，随着反应时间的增加，多孔炭的气孔率不断降低，反应时间为 0.5h 时气孔率达到最大，为 40%，且随着时间的延长，气孔率的降低速度先快后慢，直至为零。这是因为随着时间的延长，反应不断地向正方向进行，使酚醛树脂凝胶中共价键的数目增加，强度也随之增加，不利于炭化过程气体的排出。但是反应时间延长的同时，反应物的浓度在不断降低，最终使反应达到平衡，在气孔率的变化上反映为气孔率的降低幅度不断减小，直至为零。

由图 7-24 可知，随着反应时间的延长，产物的收率不断降低，反应时间为 0.5h，收率的最大值为 35.07%。反应时间在 1h 之前，收率减小得较慢，1h 之后产物的收率急剧降低，因此要获得较高的气孔率和收率的多孔炭材料，应选择反应时间为 0.5h。

7.5.1.3   原料间苯二酚质量对多孔炭性能的影响

保持反应温度为 90℃、反应时间 0.5h，催化剂的质量和炭化条件等因素同 7.5.1.1 节，原料甲醛和间苯二酚的摩尔比为 5.4。选择间苯二酚的质量为 2.0g、2.5g、3.0g、3.5g 和 4.0g，定量地探究原料浓度的改变对多孔炭气孔率和密度的影响规律，结果如表 7-8、图 7-25 和图 7-26 所示。

表 7-8   原料间苯二酚质量对多孔炭气孔率和密度的影响

间苯二酚质量/g	2.0	2.5	3.0	3.5	4.0
干重/g	0.48	0.20	1.51	0.27	0.58
湿重/g	0.67	0.27	1.96	0.34	0.71
体积/mL	0.5	0.2	1.2	0.2	0.4
气孔率/%	38.00	40.00	37.50	35.00	32.50
密度/(g/cm³)	0.96	1.00	1.26	1.35	1.45

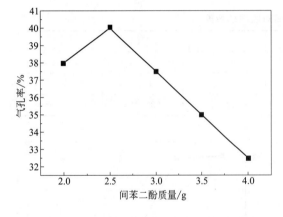 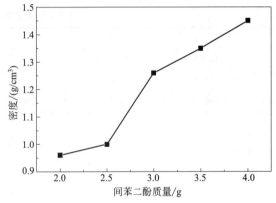

图 7-25   原料间苯二酚质量对气孔率的影响结果　　图 7-26   原料间苯二酚质量对密度的影响结果

由图 7-25 可见，随着原料原始浓度的增加，多孔炭气孔率整体上呈下降趋势，间苯二酚质量为 2.5g 时，气孔率达到最大值 40%。这是由于原料质量增加的同时也增大了反应物的浓度，有利于酚醛树脂缩合反应的进行，大分子骨架上分子间键合作用更强，不利于成孔。由该图也可以看出气孔率随原料原始浓度的变化较慢，这也间接说明了原料原始浓度是影响气孔率的较为次要的因素。

由图 7-26 提供了如下信息：多孔炭的密度大小随着原料原始浓度的增加而增加，当原料间苯二酚的质量为 4g 时，多孔炭的密度达到最大，为 1.45g/cm³。在间苯二酚质量达到 3.0g 之前，密度随原料浓度变化较快，这是因为反应刚开始阶段原料浓度对反应的影响较大，推动着反应的正向进行，产物变得密实，气孔率减小，因此气孔率增加得较快。但随着浓度的增加，反应逐渐达到饱和，

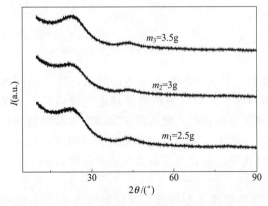

图 7-27   间苯二酚质量对多孔炭物相影响规律

浓度对密度的影响开始减弱。因此要使所得多孔炭材料具有较高的气孔率和密度，应选择原料间苯二酚质量为 3g，对应甲醛溶液的质量为 4.42g。

由于原料间苯二酚和甲醛的用量差异可能导致炭质前驱体中有新物相的产生，因此分别在间苯二酚质量为 2.5g、3g 和 3.5g 条件下对最终产物多孔炭进行物相分析，其结果如图 7-27 所示。由图 7-27 分析结果可知，三个不同条件下所得到的样品 XRD 曲线形状及衍射峰的位置和强度大致相同，说明原料间苯二酚质量的改变对最终产物的物相影响不大。

7.5.1.4　催化剂用量对多孔炭性能的影响

以催化剂的质量为变量，保持间苯二酚质量 3g（甲醛和间苯二酚的摩尔比为 5.4）、反应温度 90℃、反应时间 0.5h，炭化条件同 7.5.1.1 节，选择催化剂的质量为 1.0g、1.5g、2.0g、2.5g 和 3.0g，定量地研究其对多孔炭气孔率和密度的影响。表 7-9 是产物的气孔率和密度随催化剂用量的变化的数据，结果如图 7-28 和图 7-29 所示。

表 7-9　催化剂用量对多孔炭气孔率和密度的影响

催化剂质量/g	1.0	1.5	2.0	2.5	3.0
干重/g	0.29	0.16	0.6	0.44	0.36
湿重/g	0.43	0.22	0.8	0.59	0.48
体积/mL	0.4	0.2	0.6	0.4	0.3
气孔率/%	35.00	30.00	33.33	37.50	43.33
密度/(g/cm^3)	0.73	0.80	1.00	1.10	1.20

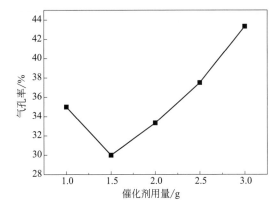

图 7-28　催化剂用量对气孔率的影响规律　　　　图 7-29　催化剂用量对密度的影响规律

由图 7-28 中不难看出，多孔炭的气孔率随着催化剂的加入先减小后增加，催化剂质量为 3g 时气孔率达到最大，为 43.33%。催化剂用量对多孔炭气孔率有着两个方面的影响，既可以促进成孔，也可以抑制成孔。当催化剂的用量较少时，对反应起着催化作用，能有效降低反应时间，但同时增加了缩合反应进行的程度，不利于炭化过程孔道的形成，这一点和增加反应物浓度的原理相似。随着催化剂用量的不断增加，反应在较短的时间内达到平衡，此时催化剂起不到催化的作用，但增加了三水碳酸镁上清液中 CO_3^{2-} 和 HCO_3^+ 的数量，在炭化过程中会分解释放出 CO_2 气体，促进了孔道的形成。因此不难理解此曲线呈先减小后增加的趋势。图 7-29 说明多孔炭的密度随催化剂的增加而增加，催化剂的用量在 1.5g 之前增速较快，1.5g 之后增速较慢，原理和原料原始浓度的影响相似。催化剂的用量达 3g 时，多孔炭的密度达到最大值 1.2g/cm^3。因此，要得到同时具有高气孔率的高密度的多孔炭材料，应选择催化剂的质量为 3g。

7.5.1.5　炭质前驱体的性能表征

由上文分析可知，可选择反应温度 85℃、反应时间 0.5h、原料间苯二酚初始质量 3g（原料甲醛和间苯二酚摩尔比为 5.4）、催化剂质量 3g 来制备炭质前驱体，炭化后所得多孔炭的气孔率、收率和密度等性能良好，为炭质前驱体的最佳制备条件。

（1）物相分析

综合性能良好的炭质前驱体 XRD 分析结果如图 7-30 所示。

由图 7-30 可以看出前驱体 XRD 图谱相当弥散，在 2θ＝28°处存在着一个较宽的衍射峰，说明样品为无定形结构，符合前驱体高分子聚合物的特征。

（2）红外分析

由上述条件制备的炭质前驱体的红外分析结果如图 7-31 所示。

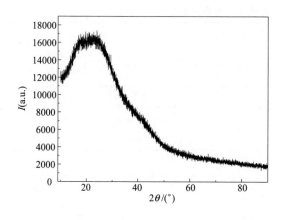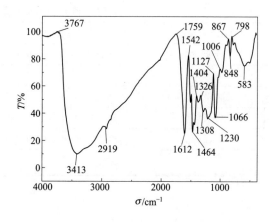

图 7-30　前驱体 XRD 分析结果　　　　图 7-31　炭质前驱体的红外光谱

由图 7-31 可知，$3767cm^{-1}$ 和 $3413cm^{-1}$ 为—OH 的伸缩振动峰，$2919cm^{-1}$ 处为 —CH_2 的反对称收缩峰，$1759cm^{-1}$ 为 C＝O 的振动，$1612 \sim 1542cm^{-1}$ 为苯环中 C＝C 的振动，$1230cm^{-1}$ 处为醚键 C—O—C 的伸缩振动，$1066cm^{-1}$ 处为羟甲基 C—O 的振动，符合间苯二酚-甲醛基酚醛树脂的结构，结合 XRD 分析结果可判定炭质前驱体为酚醛树脂。

（3）热重分析

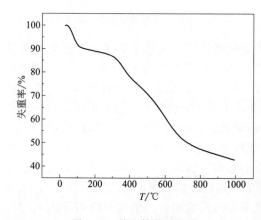

图 7-32　前驱体热重曲线

该条件制得的酚醛树脂炭质前驱体在 25～1000℃、10℃/min 升温速率下的热重曲线如图 7-32 所示。

从图 7-32 可以看出，前驱体的热重曲线大致可以分为四个阶段，即 0～100℃、100～300℃、300～700℃ 和 700～1000℃。0～100℃ 失重较快，失重率在 9% 左右，此时脱去的主要是吸附水，因此失重温度较低，速率较快；100～300℃ 失重较为平缓，失重率为 5% 左右，此时的失重主要是因为酚醛树脂发生缩聚脱去水和醛；300～700℃ 为酚醛树脂最主要的失重区间，失重率高达

34％，主要是由于此阶段酚醛树脂大分子骨架上发生环化、芳构化、缩合及裂解等剧烈的化学反应，放出大量的 H_2、CO 和 CH_4 等气体，因此失重较快；$700\sim1000℃$ 阶段的失重曲线开始趋于平缓，此时酚醛树脂发生深度炭化，并发生结构上的重排，释放出少量的 H_2，此时的失重率约为 9％。

（4）形貌分析

制备所得酚醛树脂 SEM 图如图 7-33 所示。由图 7-33 可以看出，酚醛树脂表面较为光滑，有少量颗粒状固体凸出。但其表面也存在着一系列抛物线状弯曲的纹路，纹路的出现使酚醛树脂表面形成较深的凹槽，且排列均匀。

（5）实物分析

图 7-34 为炭质前驱体酚醛树脂实物。从图 7-34 中可以看出，酚醛树脂为橙色胶状固体，表面光滑，且有透明光泽。

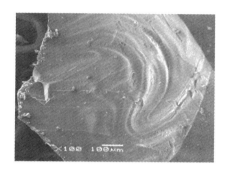

图 7-33　酚醛树脂 SEM 图

图 7-34　酚醛树脂实物

7.5.1.6　炭质前驱体的形成机理

炭质前驱体的制备：以间苯二酚和甲醛为原料，采用水热法发生聚合反应形成酚醛树脂湿凝胶，反应如下：

$$\tag{7-4}$$

由式(7-4) 可知，间苯二酚和甲醛单体通过缩聚反应生成聚合物，随着缩聚反应的进行，酚醛树脂大分子的分子量不断增加，溶解度不断降低。当其分子量增加至溶解度时，大分子间发生凝聚作用产生小的粒子群，这些粒子群有着很大的比表面积和表面能，会不断吞并周围的单体小分子及低聚物。因此，随着反应的进行，小粒子群的尺寸会不断增加，且不同的粒子群之间容易发生碰撞而黏结成一个整体，产生连续的大分子骨架网络，反应体系中的液相被包覆于大分子骨架网络中，导致整个反应体系的流动性不断降低，直至为零。随着反应时间的延长，大分子的界面能持续增加。为了降低界面能，已生成凝胶的粒子开始长大来降低比表面积，因此凝胶开始老化，强度和硬度也开始增加，如图 7-35 所示。

7.5.2　多孔炭的制备

由 7.5.1 节分析结果可知，前驱体的最佳制备条件为反应温度 85℃、反应时间 0.5h、原料间苯二酚初始质量 3g、催化剂质量 3g。以此条件为基础，分别研究炭化温度和炭化时间对多孔炭性能的影响。

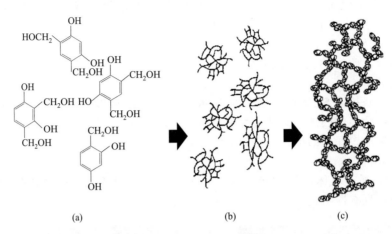

图 7-35　酚醛树脂凝胶形成的微观机理
(a) 取代间苯二酚；(b) 直径为 7～10nm 的簇状间苯二酚-甲醛树脂；
(c) 直径为 7～10nm 的链状间苯二酚-甲醛树脂凝胶

7.5.2.1　炭化温度对多孔炭性能的影响

炭化温度是影响多孔炭气孔率性能的重要因素，因此选择在 600～1000℃ 范围，保持升温速率为 3℃，保温时间为 2h，定量地探究炭化温度变化对多孔炭气孔率、收率、压缩性能及形貌的影响规律。

（1）气孔率和收率

表 7-10 和表 7-11 分别是多孔炭气孔率和收率随炭化温度变化情况，其结果如图 7-36 和图 7-37 所示。从图 7-36 可以看出，气孔率随着炭化温度的升高先增加后减小。600～700℃ 内增加缓慢，这是由于炭化温度较低时，酚醛树脂大分子主要依靠失去表层的结晶水或缩合脱水来致孔，所释放的水蒸气较少；随着温度的升高，气孔率急剧增加，这是由于分子链上发生了环化、芳构化、缩合和裂变等反应，释放出 CO、H_2 和 CH_4 等大量气体，导致气孔快速增加；随着温度的进一步升高，分子链发生裂解，伴随着少量的 H_2 放出，气孔率增加缓慢；当温度升高至 1000℃ 左右时，孔结构被破坏，孔道发生坍塌，因此气孔率迅速降低。图 7-37 说明多孔炭的收率随着炭化温度的升高而降低，温度为 1000℃ 时收率最小，且 900℃ 降低趋势变得缓慢，这是因为大分子中环化、芳构化、裂解反应基本完成，只有炭微弱的气化和氧化造成的收率降低。

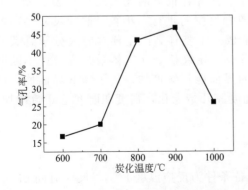

图 7-36　炭化温度对气孔率的影响规律

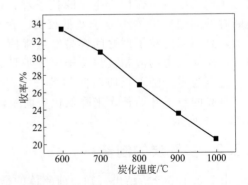

图 7-37　炭化温度对收率的影响规律

表 7-10　炭化温度对气孔率的影响

炭化温度/℃	600	700	800	900	1000
干重/g	0.3	0.3	0.28	0.19	0.70
湿重/g	0.35	0.36	0.41	0.33	0.91
体积/mL	0.3	0.3	0.3	0.1	0.8
气孔率/%	16.67	20.00	43.33	46.67	26.25

表 7-11　炭化温度对收率的影响

炭化温度/℃	600	700	800	900	1000
炭化前质量/g	16.25	11.62	9.88	9.80	8.78
炭化后质量/g	5.4	3.56	2.65	2.30	1.8
收率/%	33.23	30.64	26.82	23.47	20.5

（2）压缩性能

表 7-12 是万能试验机测得的多孔炭压缩强度随炭化温度变化的数据，结果如图 7-38 所示。

表 7-12　炭化温度对压缩性能的影响

样品/℃	600	700	800	900	1000
压缩强度/MPa	8.972	14.896	20.384	25.678	2.657

由表 7-12 可以看出，随着炭化温度升高，样品的压缩性能先增大，后减小，温度为900℃时样品的压缩强度达到最大值，为25.678MPa。相对而言，1000℃时压缩性能最差，这是由炭化温度过高发生的深度裂解、孔道结构被破坏导致的。

由图 7-38 可以看出，在应力为 0～10MPa 范围内，应力和应变呈线性关系变化，满足胡克定律，样品处于塑性状态下。当应变达到 0.012％时，样品发生微小的形变，但仍然维持着塑性状态；当应变达到 0.017％时，样品又产生了微小的变形，没有改变其塑性状态，推测可能是因为炭化过程局部受热不均匀，导致多孔炭内部产生了缺陷；当压力达到一定值时，这些缺陷处发生了形变，但不会改变整体的塑性状态。

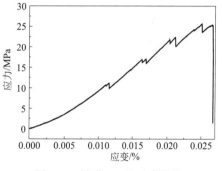

图 7-38　炭化 900℃时多孔炭的应力-应变曲线

当外压力超过 20MPa 时，样品开始进入屈服阶段，变形开始加重，部分区域在受压过程中发生坍塌、破裂，继而压缩碎片占据原有空间，材料变得密实，使其继续承受压力作用；当外压力达到 25.678MPa 以上时，样品断裂。

（3）形貌

将不同炭化温度下制得的多孔炭放大 20000 倍后观察其形貌，对应的 SEM 图如图 7-39 所示。

由图 7-39 可以看出，在 600～800℃内，随着炭化温度的升高，多孔炭的孔径不断增加，且分布趋于均匀；当炭化温度升高至 900℃时，多孔炭表面开始变形，均匀分布的小孔数目减少，且出现了少量尺寸较大的孔；但炭化温度为 1000℃时，多孔炭表面变得粗糙，均匀分布的小孔消失，取而代之的是众多不规则的大孔。这与 7.5.1 节中炭质前驱体酚醛树脂热重分析结果一致。

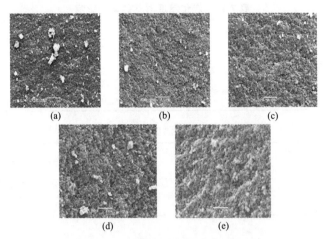

图 7-39　不同炭化温度多孔炭 SEM 图
(a) 600℃；(b) 700℃；(c) 800℃；(d) 900℃；(e) 1000℃

综上所述，要获得高气孔率、高收率、高抗压强度和形貌良好的多孔炭材料，选择炭化温度为 800℃。

7.5.2.2　炭化时间对多孔炭性能的影响

控制炭化温度和升温速率不变，通过在 1～3h 时间范围内，以 0.5h 为区间改变炭化的时间来定量研究其对多孔炭气孔率和收率的影响规律，结果如表 7-13、表 7-14、图 7-40 及图 7-41 所示。

表 7-13　炭化时间对气孔率的影响

炭化时间/h	1.0	1.5	2.0	2.5	3.0
干重/g	1.93	2.17	2.07	1.56	1.90
湿重/g	2.50	3.00	2.81	2.67	2.64
体积/mL	2	2.7	2.3	1.8	2.2
气孔率/%	28.50	30.74	32.17	33.33	33.36

表 7-14　炭化时间对收率的影响

炭化时间/h	1	1.5	2	2.5	3
炭化前质量/g	4.65	7.99	6.39	2.78	6.25
炭化后质量/g	1.3573	2.2200	1.5972	0.6614	1.4647
收率/%	29.19	27.78	25.00	23.79	23.43

由图 7-40 可知，气孔率随炭化时间增加呈递增的趋势，炭化时间为 3h 时多孔炭的气孔率达到最大值 33.36%；炭化时间较短时气孔率增加较快，随着时间的延长，气孔率的增长速率逐渐下降。这是由于炭化反应刚开始时反应速率较快，随着炭化时间的增加，碳链上发生的反应逐渐趋于平衡，因此伴随着反应释放出的气体逐渐减少，气孔率呈不断上升趋势。图 7-41 说明多孔炭的收率随着炭化时间的增加而降低，且活化温度为 3h 时，收率最低，为 23.43%；与之相对，当炭化时间为 1h 时，收率达到最大，为 29.19%。这是由于炭化过程主要是造孔过程，炭化时间延长导致碳链上各种化学反应的程度加深，产生发达的孔隙，同时反应物产生气体释放出去，导致反应物的质量不断降低，收率不断减少。由图 7-41 还可以看出在炭化温度延长至 2h 以后，收率随着炭化时间的变化较为平缓，这是因为原料中的无定形炭已反应完全，之后的多孔炭骨架的反应活性较弱，因此炭化反应量不大，收率随炭

化时间的变化较为平缓。因此，选择炭化时间为 1.5h 时，所得多孔炭材料具有较高的气孔率和收率。

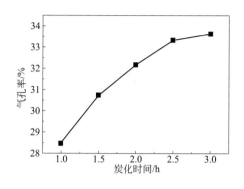

图 7-40 炭化时间对气孔率的影响规律

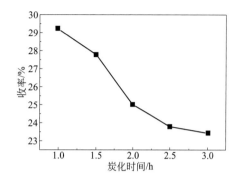

图 7-41 炭化时间对收率的影响规律

综合上述分析可知：炭化温度 800℃、炭化时间 1.5h 时，炭化所得多孔炭综合性能优异。

7.5.2.3 多孔炭的性能表征

（1）物相分析

以上述条件制得的多孔炭材料 XRD 分析结果如图 7-42 所示，同时选择原料间苯二酚质量为 2.5g 和 3g 的条件做对比。

由图 7-42 可看出，原料浓度的改变对多孔炭的物相影响不大。从图中还可以看出，在 $2\theta = 22°$ 存在着较强的峰，对应着炭材料（120）衍射峰；在 $2\theta = 42.5°$ 处存在着一个较弱的衍射峰，对应着石墨的（104）面衍射峰，说明多孔炭材料中存在着少量的石墨晶体。

（2）红外分析

多孔炭的红外光谱如图 7-43 所示。据图 7-43 可知，3423cm^{-1} 处为 H—O 键的伸缩振动峰；1618cm^{-1} 处为 C —C 键对应的峰；1074cm^{-1} 处为 C—O—C 的伸缩振动峰。

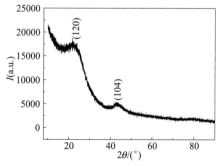

图 7-42 多孔炭物相分析结果

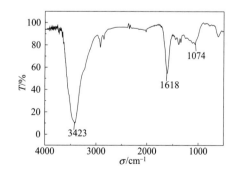

图 7-43 多孔炭红外光谱

（3）扫描电镜分析

该条件所得多孔炭材料放大 5000 倍后 SEM 图如图 7-44 所示。

由图 7-44 可知，该条件对应的多孔炭材料表面较为平滑，但存在着许多细小的纹路，附着有少量块状杂质；可以清楚地看到分布密集的孔道，孔径较小，为纳米级别的孔道，其形状规则且分布均匀。

（4）比表面积分析-孔径分布分析

对该样品进行比表面积-孔径分布检测来分析样品的比表面积大小及孔径分布。通过对 BET 吸附曲线的分析来计算多孔炭的比表面积。此外，通过 BJH 方法来分析多孔炭的孔径大小、分布范围。图 7-45 为该样品的吸附等温线。

图 7-44   多孔炭 SEM 图

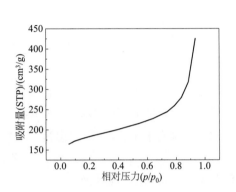

图 7-45   多孔炭吸附等温线

将该曲线与根据 IUPAC 分类的 6 种吸脱附等温线（图 7-46）相对比，该材料的 N_2 吸附-脱附等温线与 Ⅱ 型相接近。该类型的曲线在多孔材料孔径大于 20nm 时比较常见。通过对曲线的分析，当相对压力 p/p_0 大于 0.9 时，样品的吸附量停止增加，说明大孔结构很少。此外，我们还能分析得到该材料的比表面积约为 193.475m^2/g。

图 7-47 为样品的孔径分布，由图中曲线可以看出样品孔径在 20～50nm 分布较为密集，这与图 7-43 的分析结果吻合，即多孔炭中存在着大量的介孔。此外还可以分析出该样品的平均孔径为 22.696nm。

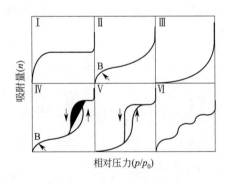

图 7-46   根据 IUPAC 分类的 6 种吸脱附等温线

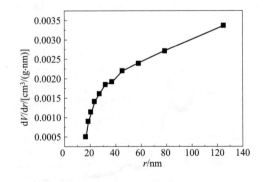

图 7-47   多孔炭孔径分布

（5）实物分析

图 7-48 为炭化后所得多孔炭的实物图，可以看出多孔炭为黑色块状固体，表面较为致密，有少量的裂纹，可能是烧结过程升温速率过快导致缺陷处发生了开裂导致的。

7.5.2.4   多孔炭形成机理

炭化过程中成孔的机理分为两个方面，一方面是催化剂三水碳酸镁作用，另一方面是酚醛树脂的自发成孔。催化剂采用静置 24h 后的三水碳酸镁上清液，因此在炭质前驱体中存在着许多 H_2O 分子、CO_3^{2+} 和 HCO_3^+，在高温炭化过程中会转化为水蒸气和 CO_2 气体逸出，促进了孔道的形成；由上文热重分析结果，酚醛树脂作为炭质前驱体，其炭化过程可以自发成孔，而不需要特定的致孔剂或发泡剂，其成孔大致可分为三个阶段：温度较低时，通过脱去表面的吸附水或通过酚醛树脂的缩合脱水来成孔；温度较高时，酚醛树脂分子发生环化、芳构化和裂解等一系列的反应，生成 CO、CH_4 和 H_2 等小分子气体成孔；温度进一步升高时，酚醛树脂大分子发生深度炭化导致结构的重排，释放出少量的气体成孔。

图 7-48　多孔炭实物图

7.6　本章小结

采用湿法改性工艺，研究了三水碳酸镁晶须的表面改性过程，结合 XRD、TG-DSC、FT-IR 和 SEM 等检测手段分析了其改性作用机理；并研究了改性后的三水碳酸镁晶须在聚丙烯中的应用，所得结论如下：

① 硬脂酸为最佳改性剂，较适宜的改性条件为：改性剂用量 5%（质量分数），初始料浆浓度 5%（质量分数），改性时间 60min，改性温度 50℃，烘干温度 70℃，烘干时间 3.0h。在适宜的工艺条件下，改性后三水碳酸镁晶须的接触角和活化指数分别达到 130° 和 100%。

② 改性前后三水碳酸镁晶须的 XRD 结果表明，改性后三水碳酸镁晶须的衍射峰强度稍微变弱，单晶度变小，有序性降低，但改性剂并没有改变三水碳酸镁晶须的组成和成分；SEM 结果表明，硬脂酸包覆在三水碳酸镁晶须表面。表面改性对三水碳酸镁晶须的热分解过程没有明显影响，三水碳酸镁晶须改性后在 355～395℃ 处出现因硬脂酸分解吸热所致的吸热峰。改性前后三水碳酸镁晶须的 FT-IR 图谱表明，硬脂酸改性过程主要发生化学吸附。热无水乙醇中，硬脂酸电离生成 $CH_3(CH_2)_{16}COO^-$，该离子与三水碳酸镁晶须中的 Mg^{2+}、$Mg(OH)^+$ 和 $MgHCO_3^+$ 等离子反应生成具有抗水性的硬脂酸镁 $[(CH_3(CH_2)_{16}COO)_2Mg]$，从而在晶须表面形成憎水性的保护层。

③ 三水碳酸镁晶须的添加量对复合材料的拉伸强度影响较小，而对拉伸弹性模量的影响较大，当三水碳酸镁晶须的添加量为 10% 时，复合材料的拉伸强度比纯 PP 提高了 10.8%，而拉伸弹性模量则提高了 35%，说明三水碳酸镁晶须可以明显提高复合材料的刚性。三水碳酸镁晶须的添加量对复合材料的断面收缩率没有影响，而对复合材料的断裂伸长率影响较大。随着三水碳酸镁晶须的加入，复合材料的断裂伸长率急剧减小，当添加量为 10% 时，断裂伸长率降至 21.15%，与纯 PP 的断裂伸长率 46.97% 相比，降低了 54.97%。三水碳酸镁晶须/PP 复合材料的冲击强度随着晶须添加量的增加，呈现先增大后减小的变化趋势。与纯 PP 的冲击强度相比，经晶须填充的 PP 复合材料的冲击强度明显高于纯 PP，添加量为 10% 时，冲击强度达到最大值 76J/m。

④ 制备炭质前驱体的适宜条件为反应温度 85℃、反应时间 0.5h、原料间苯二酚初始质量 3g、催化剂质量 3g；炭质前驱体最佳炭化条件为炭化温度 800℃、炭化时间 1.5h；最佳条件下所得多孔炭的密度为 1.23g/cm³，气孔率为 39.71%，收率为 29.07%，比表面积为 193.475m²/g，平均孔径大小为 22.696nm，抗压强度为 25.68MPa。催化剂三水碳酸镁溶液由于 CO_3^{2+} 和 HCO_3^{2+} 的存在而呈碱性，对原料间苯二酚和甲醛的缩合反应起显著的催化

作用，可将反应时间缩短至 0.5h 以内，解决了有机凝胶炭化法制备周期长的问题。

参 考 文 献

[1] 赵丽娜. 碳酸钙的形貌控制及表面改性研究 [D]. 长春：吉林大学，2009.

[2] 李丽匣. 碳酸钙晶须一步碳化法制备及应用研究 [D]. 沈阳：东北大学，2008.

[3] 刘俊康，倪忠斌，冯筱晴，等. 纳米碳酸钙的改性及在硬聚氯乙烯中的应用 [J]. 江南大学学报（自然科学版），2006, 5 (5)：573-575，580.

[4] 刘立华. 硬脂酸镁改性碳酸钙研究 [J]. 清洗世界，2011, 27 (12)：9-14.

[5] 张连红. 硫酸钙晶须制备及应用研究 [D]. 沈阳：东北大学，2010.

[6] 印万忠，王晓丽，韩跃新，等. 硫酸钙晶须的表面改性研究 [J]. 东北大学学报（自然科学版），2007, 28 (4)：580-583.

[7] 姜玉芝. 碱式硫酸镁和氢氧化镁晶须的制备及应用研究 [D]. 沈阳：东北大学，2006.

[8] 韩跃新，李丽匣，印万忠，等. 碱式硫酸镁晶须的表面改性 [J]. 东北大学学报（自然科学版），2009, 30 (1)：133-136.

[9] 童柯锋，杨小波，杨冬冬，等. 硬脂酸改性氢氧化镁分散性能的研究 [J]. 盐业与化工，2013 (11)：32-38.

[10] 胡晓瑜，韩充，朱晓龙，等. 氢氧化镁晶须制备表征及改性研究 [J]. 无机盐工业，2013, 45 (9)：15-17.

[11] 桑艳霞. 镁系阻燃剂的制备与表面改性研究 [D]. 南宁：广西大学，2012.

[12] 杨柏林，胡跃鑫，雷良才，等. 硬脂酸对轻质碳酸镁改性的研究 [J]. 当代化工，2013, 42 (7)：897-900.

[13] 詹升军，杨保俊，刘元声，等. 由氯化镁一步法制备阻燃氢氧化镁的工艺研究 [J]. 合肥工业大学学报（自然科学版），2009, 32 (6)：833-836.

[14] 高长云，辛振祥. 纳米碳酸钙改性聚丙烯力学性能及微观形态的研究 [J]. 塑料工业，2010, 38 (11)：28-30, 54.

[15] 朱德钦，生瑜，王剑峰. PP/EPDM/CaCO$_3$ 三元复合材料的相结构及力学性能研究 [J]. 高分子学报，2008, 11 (11)：1061-1067.

[16] 徐笑非，王小华，宁艳梅，等. 纳米碳酸钙微粒填充聚丙烯复合材料的力学性能和结晶行为的研究 [J]. 分析测试技术与仪器，2003, 9 (3)：155-158.

[17] 姚军龙，胡强，高琳. 改性滑石粉增强增韧聚丙烯研究 [J]. 江汉大学学报（自然科学版），2014, 42 (2)：45-48.

[18] 姜玉芝，张丽丽，张忠阳，等. 碱式硫酸镁晶须/聚丙烯复合材料力学性能的研究 [J]. 2012, 31 (4)：60-63, 71.

[19] 王扬丹，彭履瑶，王莹，等. 纳米碳酸钙对 PP/SEBS 结晶和力学性能的影响 [J]. 工程塑料应用，2013, 41 (10)：101-104.

[20] 廖明义，隗学礼. 镁盐晶须增强聚丙烯力学性能研究 [J]. 工程塑料应用，2000, 28 (1)：12-14.

[21] 杨柏林，雷良才，胡跃鑫，等. 轻质碳酸镁对 PP 结晶行为的影响 [J]. 塑料科技，2013, 41 (5)：61-65.

[22] 李建新，吴洁，孙洪巍. 碳酸镁与氢氧化铝复配阻燃聚乙烯性能研究 [J]. 河南师范大学学报（自然科学版），2009, 37 (4)：92-94.

[23] 王余莲，印万忠，王雷，等. 硬脂酸对三水碳酸镁晶须表面改性的研究 [J]. 东北大学学报（自然科学版），2014, 12：1783-1786.

[24] 王恩民，李文翠，雷成，等. 碱式碳酸镁催化酚醛制备多孔炭及其 CO$_2$ 吸附性能 [J]. 化工学报，2016, 66 (7)：2565-2572.

8

碱式碳酸镁表面改性及应用研究

8.1　原料与表面改性方法

8.1.1　原料与设备

　　表面改性原料为无添加剂作用下采用直接法制备所得的碱式碳酸镁，其 SEM 图如图 8-1 所示。由图 8-1 可知，棒状晶体平均直径约为 $10\mu m$，表面由片层结构组成，片与片之间形成孔洞，分布均匀。

图 8-1　碱式碳酸镁的 SEM 图

　　试验所用聚丙烯颗粒，其分子式为（C_3H_6）n，颜色透明，大小均匀，纯度较高，相容剂为马来酸酐接枝改性后的聚丙烯。

　　试验所用试剂和设备如表 8-1 和表 8-2 所示。

表 8-1　试验试剂

药剂	化学式	规格	生产厂家
无水乙醇	CH_3CH_2OH	分析纯	天津市富宇精细化工有限公司
硬脂酸钠	$CH_3(CH_2)_{16}COONa$	化学纯	沈阳市东兴试剂厂
硬脂酸锌	$C_{36}H_{70}O_4Zn$	化学纯	国药集团化学试剂有限公司

药剂	化学式	规格	生产厂家
硅烷偶联剂	KH-550		
马来酸酐	$C_4H_2O_3$	工业纯	辽宁华锦通达化工股份有限公司
聚丙烯	$(C_3H_6)_n$	优级品	辽宁华锦通达化工股份有限公司
碱式碳酸镁	$4MgCO_3 \cdot Mg(OH)_2 \cdot 4H_2O$		自制

表 8-2　试验主要设备、型号及生产厂家

设备名称	型号	生产厂家
FA/JA 电子天平	FA2004	上海越平科学仪器有限公司
数显悬臂式搅拌机	RW20.n	广州仪科实验室技术有限公司
数显恒温水浴锅	HH-S/1	常州澳华仪器有限公司
循环水式多用真空泵	SHB-Ⅲ	郑州长城科工贸有限公司
数控超声波清洗器	KQ-2500DE	昆山市超声仪器有限公司
实验室 pH 计	pHs-25	上海盛磁仪器厂
实验室电导率仪	DDS-11A	上海盛磁仪器厂
CO_2 钢瓶	JX91	沈阳景泉气体厂
玻璃转子流量计	LZB-3	沈阳正兴流量仪表有限公司
马弗炉	XMT-C800	沈阳节能电炉厂
电热真空干燥箱	DZ-2BC	天津市泰斯特仪器有限公司
压片机	Harke-yqj	北京哈科试验仪器厂
接触角测量仪	Harke-CA	北京哈科试验仪器厂
注塑机	SA600/150	宁波海天塑机集团有限公司
微机控制电子万能试验机	UTM4304	深圳三思纵横科技股份有限公司
高速混合机	GRH-10	辽宁省阜新市热源设备厂
双螺杆挤出机	SJSH-30	石家庄市星烁实业公司
转矩流变仪	XSS-300	上海科创橡塑机械设备有限公司
精密压片机	HY-20T	上海恒驭仪器有限公司
建材烟密度测试仪	JCY-3	上海乐傲试验仪器有限公司
数字式氧指数测试仪	IMSYZ2000	英贝尔(天津)测控设备有限责任公司
冲击试验机	JB-300B	济南科汇试验设备有限公司
傅里叶变换红外光谱仪	380	Nicolet 公司

8.1.2　表面改性方法

量取一定体积的去离子水置于 500mL 锥形瓶中，再称取一定质量的碱式碳酸镁置于锥形瓶中，搅拌均匀，配制成不同浓度的料浆。将装有料浆的锥形瓶置于水浴锅中升温至不同温度。量取少量无水乙醇倒入 50mL 烧杯中，并将烧杯置于 30℃ 恒温水浴中保温，加入一定质量的表面改性剂置于烧杯中，搅拌使其溶解，得到混合溶液。将上述混合溶液加入至一定温度的碱式碳酸镁料浆中，以 500r/min 的速率恒温搅拌一定的时间。最后将料浆抽滤，并将滤饼置于 80℃ 的恒温干燥箱内烘干 6.0h 得到改性产品。

8.1.2.1　接触角测定

试验采用外形图像分析法，具体测量方法如下：取 3.0g 改性碱式碳酸镁，在压片机上保持一定的压力和时间，将碱式碳酸镁压成表面平整光滑的直径为 12mm 的圆片，采用接触角测定仪，通过照相，在照片上测定蒸馏水滴在其上的接触角 θ，取三次的平均值为该样品的 θ 角。

8.1.2.2　活化指数测定

准确称取改性碱式碳酸镁试样 2g（精确至 0.001g），研磨均匀，置于盛有 100mL 去离子水的 200mL 烧杯中，超声振荡 5min，搅拌 2min，再于室温下静置 30min，待明显分层后刮去水溶液表面的漂浮物，并将沉入烧杯底部的粉体过滤，移入恒温箱内，在 105℃的条件下干燥至恒重，称量，计算活化指数。

8.1.3 碱式碳酸镁/PP 复合材料的制备

将改性后的碱式碳酸镁、未改性的碱式碳酸镁、PP 和 PP 相容剂按不同比例在转矩流变仪内混融、压片、制备复合材料。

将 PP/碱式碳酸镁/PP 相容剂（马来酸酐接枝改性）以不同的比列在高温混融机（转矩流变仪）中行混融。设置混融温度为第一区 185℃、第二区 185℃、第三区 185℃，混融机转速为 30r/min，先将 PP 与相容剂均匀混合后加入混融机内，然后将碱式碳酸镁粉末缓慢加入混融机内，待物料的扭矩均匀后，停止混融，将混合均匀的物料从机器中取出。

将取出的物料放在精密压片机中进行压片。设置温度为 185℃，压力为 5~15T。等到温度达到 185℃后，将取出的物料放在模具内，将模具放在压片机内预热 10min，然后通过加大压力开始压片，由于当温度过高后，模具内由于不能及时排气会导致压片出现大量气泡，从而影响压片，所以采用小压力、多排气的方式进行压片，排气结束后将模具在 10T 左右保温 10min，保温结束后将模具取出，放在通风处进行冷却，待冷却至室温后，将模具打开，压片即为完成。

8.1.4 碱式碳酸镁制备多孔棒状特殊形貌氧化镁

准确称量碱式碳酸镁放入坩埚，记录碱式碳酸镁质量 G_1，再将此坩埚放入马弗炉中煅烧。煅烧结束后，将坩埚取出冷却至室温，然后称重，记录产物质量 G_2。

碱式碳酸镁的实际分解率计算公式如下：

$$实际分解率(\%) = \frac{碱式碳酸镁的实际失重率(\%)}{碱式碳酸镁的实际灼烧失重率(\%)}$$

式中，碱式碳酸镁的实际灼烧失重率按最小灼烧失重率 56% 计算；碱式碳酸镁的实际失重率计算公式为 $\frac{G_1-G_2}{G_2}$。

8.1.5 检测方法与性能表征

8.1.5.1 X 射线衍射仪（XRD）

采用日本 Rigaku Ultima Ⅳ 型 X 射线衍射仪检测样品的物相结构。首先将制好的样品放入其中，进行分析，绘制曲线，获得 XRD 图谱。用 Jade 软件分析产品的物相结构及组成。使用 Origin 绘制曲线，标注峰值，对物相结构进行分析。

8.1.5.2 扫描电镜（SEM）

采用日立公司 SN-3400 型扫描电子显微镜检测晶体形貌，将粉末分散，取其微量均匀涂在载物台上，经喷金处理后，采用日立公司 SN-3400 型扫描电子显微镜下观察产物的形貌。每个试样通过选择具有代表性的晶体 100 根，测量其长度和直径，计算平均长径比，作为衡量碱式碳酸镁的主要质量指标之一。

8.1.5.3 红外光谱（FT-IR）分析

采用 Nicolet 公司 380 型傅里叶变换红外光谱仪检测改性前后三水碳酸镁晶须的化学基团组成。采用 KBr 压片法制样。KBr 压片法是指取 0.5~2.0mg 样品，用玛瑙研钵研细后，加入 100~200mg 干燥 KBr 粉末，再经研磨后置于压模具内，压成透明薄片进行测试。红外光谱仪工作参数为：扫描范围 $4000 \sim 400 \text{cm}^{-1}$，分辨率为 2cm^{-1}，扫描次数 20。

8.1.5.4   热重-差示扫描量热（TG-DSC）分析

采用 NETZSCH STA 公司 409 PC/PG 型号热重分析仪测定试样的热稳定性，设定条件为：空气气氛下，升温速率 $10℃/\text{min}$，升温范围 $20 \sim 900℃$；并获得相应的热重差热（DSC-TGA）曲线。

8.1.5.5   拉伸试验

根据 GB/T 1040.3—2006 制样，使用型号为 UTM4304 的电子万能试验机对试样进行检测。操作过程中观察试样尽量保证人距离机器至少有 1m 左右距离，避免发生意外事故。等待试样断裂，记录试验数据，并计算断裂伸长率。

8.1.5.6   冲击试验

将压片制备成长度（55±0.5）mm，宽度（6±0.2）mm，厚度±0.2mm。打开试样机，起摆，确定摆锤已放在预扬摆锤位置，安放试样后，将试样水平放在支架上面，确保样品背面受冲击负荷，而后将仪表盘指针手动拨到表盘最大刻度值处，接着按下冲击按钮，确保摆锤自由落下，使试样遭到冲击负荷，待摆锤冲击试样后将摆锤重新放在预扬位置，读取仪表盘刻度值，记录试验数据，然后重复试验。

8.1.5.7   烟密度检测

根据 GB/T 8627—2007，将压片制备成 $25\text{mm} \times 25\text{mm} \times 6.2\text{mm}$ 小块，将试样切除整齐，无毛边。将试样按照操作要求放在 JCY-3 型建材烟密度测试仪进行检测，在检测期间注意观察试样燃烧情况，观察有无熔滴生成，记录烟密度曲线以及最大烟密度等级。

8.1.5.8   极限氧指数测试

根据 GB/T 2406.2—2009，将模塑材料制备成长度 $80 \sim 150\text{mm}$、宽度（10±0.5）mm、厚度（4±0.25）mm 试样。利用 HC-2 型氧指数测试仪采取顶端燃烧方法检测试样，试验过程中注意观察燃烧现象，并记录极限氧指数。

8.1.5.9   化学成分分析

采用化学成分分析法分析所得产物中各组分的质量分数。

8.2   碱式碳酸镁表面改性试验研究

8.2.1   料浆浓度对改性效果的影响

选择改性剂为硬脂酸钠，固定硬脂酸钠用量为 4%、改性时间 50min、改性温度 75℃ 和转速 860r/min 等条件，探究料浆浓度对碱式碳酸镁改性效果的影响，结果如图 8-2 所示。

从图 8-2 可以看出，当料浆固液比在 $30 \sim 50\text{g/L}$ 范围内，接触角和活化指数随着料浆浓度增大呈现先增大后减小的趋势，两者在料浆浓度为 50g/L 时均达最大值，分别为 127.9° 和 99.95%。这是由于料浆浓度增大，料浆中碱式碳酸镁含量增多，硬脂酸钠与碱式碳酸镁接触的概率增大且在其表面的吸附量也随之增大，使得其疏水性显著提高；继续增大料浆浓度，而硬脂酸钠的用量

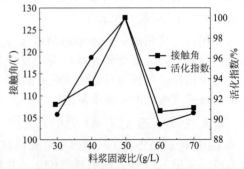

图 8-2   料浆浓度对接触角和活化指数的影响

并没有随之增大，没有足够的硬脂酸钠与料浆中过剩的碱式碳酸镁接触，导致改性效果下降。

因此，选择适宜的料浆浓度为 50g/L。

8.2.2　表面改性剂种类对改性效果的影响

固定料浆浓度 50g/L（粉体干重与水溶液体积之比）、改性剂用量 4%（占粉体干重）、改性时间 50min、改性温度 75℃ 等条件，研究改性剂种类对碱式碳酸镁接触角和活化指数的影响，结果见表 8-3。

表 8-3　不同改性剂对碱式碳酸镁改性效果的影响

表面改性剂种类	硬脂酸锌	硬脂酸锌＋硬质酸钠	硬脂酸钠	硅烷偶联剂	硅烷偶联剂＋硬脂酸钠
接触角/(°)	86.3	97.4	127.9	29.2	64.5
活化指数/%	80.5	97	99.95	4	47

由表 8-3 可知，单一改性剂作用下，相对于硬脂酸锌和硅烷偶联剂，经硬脂酸钠改性处理后的碱式碳酸镁改性效果最好，其接触角和活化指数均最大，分别达 127.9° 和 99.95%，改性后的碱式碳酸镁在水溶液中几乎完全不被润湿，说明改性完全；其原因可能是：硬脂酸锌不溶于水，溶于热醇；硬脂酸钠易溶于热水和热醇，也可缓慢地溶于冷水，而试验过程中将硬脂酸锌和硬脂酸钠在 30℃ 水溶液中预处理后方才使用，因此导致改性效果差异较大。硅烷偶联剂作为单一改性剂时，其改性效果最差，接触角为 29.2°，活化指数仅为 4%，说明硅烷偶联剂在降低碱式碳酸镁表面极性、提高其表面亲油疏水性方面作用效果较差。当使用硬脂酸锌/硬脂酸钠以及硅烷偶联剂/硬脂酸钠等复合改性剂对碱式碳酸镁进行表面改性处理时，两者改性效果均不如仅采用硬脂酸钠作为改性剂时的效果。这与文献的结论不一致，其原因可能是天然水菱镁矿和人工合成的碱式碳酸镁性质存在差异所致。

考虑到简化工艺和控制成本，采用单一改性剂硬脂酸钠作为碱式碳酸镁的最佳改性剂。

8.2.3　改性剂用量对改性效果的影响

确定硬脂酸钠为改性剂且料浆浓度为 50g/L、固定改性温度 75℃、改性时间 50min，改性剂用量对接触角和活化指数的影响见图 8-3。

观察图 8-3 发现，改性后碱式碳酸镁的接触角和活化指数随改性剂用量的增大而呈线性增加；当改性剂用量为 4% 时两者均达到最大值，分别为 127.9° 和 99.5%；继续加大改性剂用量，两者变化趋于平缓。出现上述变化的原因为：硬脂酸钠用量较低（<4%）时，没有足量的硬脂酸钠与碱式碳酸镁充分接触，晶体表面改性不完全，表面极性和亲水性仍较强，大部分碱式碳酸镁沉入水中，故活化指数较小；用量为 4% 时，改性效果最好，表明此时硬脂酸钠在碱式碳酸镁

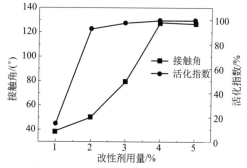

图 8-3　改性剂用量对接触角和活化指数的影响

表面形成了单分子层吸附，包覆量达到最大值；继续增加硬脂酸钠（>4%），由于亲固基和疏水基的差异，碱式碳酸镁表面的硬脂酸钠改性作用不明显，因此接触角和活化指数变化不大。故确定最佳改性剂用量为 4%。

8.2.4　改性温度对改性效果的影响

固定硬脂酸钠用量为 4%、料浆浓度为 50g/L、改性时间为 50min，研究了改性温度对

碱式碳酸镁接触角和活化指数的影响，结果如图 8-4 所示。

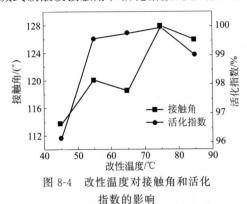

图 8-4　改性温度对接触角和活化
指数的影响

从图 8-4 可看出，接触角和活化指数随着改性温度的升高而增大；两者在改性温度为 75℃ 时均达最大值，温度继续升高，两者变化趋于平缓。这是由于硬脂酸钠改性碱式碳酸镁的作用过程是硬脂酸钠先溶解在无水乙醇中，离解成离子状态吸附在碱式碳酸镁表面，形成单分子吸附层，从而对碱式碳酸镁起到改性作用；而未完全溶解的块状硬脂酸钠无法吸附在碱式碳酸镁表面，起不到改性作用。试验中硬脂酸钠虽经过 30℃ 无水乙醇预处理，但这是一个缓慢的溶解过程。当预处理后的改性剂溶液加入至不同温度的

初始料浆中，改性时间一定，当改性温度较低时，能离解成离子状态的硬脂酸钠数量相对较少，改性作用较弱；改性温度继续升高，硬脂酸钠的反应活性得到提高，其溶解速度加快，吸附在碱式碳酸镁表面的改性剂数量增多，因此改性效果增强。考虑到碱式碳酸镁是热力学上最稳定的水合碳酸镁以及能耗问题，选择适宜的改性温度为 75℃。

8.2.5　改性时间对改性效果的影响

采用硬脂酸钠为改性剂，固定硬脂酸钠用量为 4%、料浆浓度为 50g/L、改性温度为 75℃，考察改性时间对碱式碳酸镁改性效果的影响，结果如图 8-5 所示。

由图 8-5 可知，接触角和活化指数随改性时间的延长先增大后减小，在改性时间为 50min 时达最大值；改性时间继续延长，两者急剧减小。这是由于改性时间较短，硬脂酸钠与碱式碳酸镁的作用时间短，接触概率小，无法将晶体表面完全包覆；改性时间延长，硬脂酸钠能够与晶体表面充分接触，形成稳定的单分子吸附，改性效果好；继续延长改性时间，由于搅拌作用，多孔棒状碱式碳酸镁发生断裂，部分覆盖在表面以及孔洞中的硬脂酸钠发生掉落，改性剂包覆量减小，改性此效果变差。综上所述，选择适宜的改性时间为 50min。

8.2.6　搅拌速度对改性效果的影响

采用硬脂酸钠为改性剂，固定料浆的固液比 50g/L、改性剂用量 4%、改性温度 75℃ 和改性时间 50min 等条件，探究搅拌速度对碱式碳酸镁改性效果的影响，结果如图 8-6 所示。

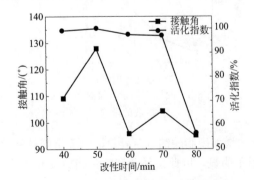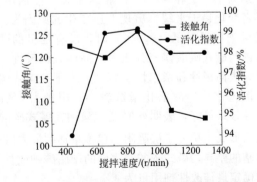

图 8-5　改性时间对接触角和活化指数的影响　　图 8-6　搅拌速率对接触角和活化指数的影响

由图 8-6 可知，接触角的大小和搅拌速率的变化规律曲线是不规则的，在搅拌速率为 860r/min 时接触角最大，为 125.8°；在搅拌速率为 1290r/min 时接触角最小，为 105.9°。

在搅拌速率为 430r/min 时，活化指数最小，为 94%；随着搅拌速率增大，活化指数逐渐增大，当搅拌速率为 860r/min 时使硬脂酸与碱式碳酸镁表面充分接触，从而活化指数达到最大，为 99.2%；随后由于搅拌、振荡速度过快，导致包覆碱式碳酸镁表面的硬脂酸部分脱落，活化指数逐渐下降。

综上所述，选择适宜的搅拌速率为 860r/min。

8.3　硬脂酸钠改性碱式碳酸镁的作用机理研究

8.3.1　改性前后碱式碳酸镁的 XRD 分析

图 8-7 是改性前后碱式碳酸镁的 XRD 图。

由图 8-7 可见，未加入硬脂酸钠时，碱式碳酸镁衍射峰规整，基底平滑，无其他杂峰，表明其结晶度较高，无杂质存在。加入硬脂酸钠改性后，碱式碳酸镁衍射峰位置未出现明显变化，但衍射峰强度变弱，表明碱式碳酸镁单晶变小，有序性降低；改性后的碱式碳酸镁中未出现新的衍射峰，说明硬脂酸钠改性碱式碳酸镁过程中并未改变其组成和成分，可能只是在其表面发生了化学或物理吸附。

8.3.2　红外光谱仪检测结果

改性前后碱式碳酸镁的红外光谱仪分析结果如图 8-8 所示。

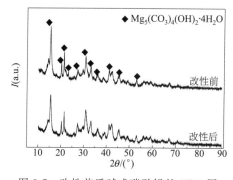

图 8-7　改性前后碱式碳酸镁的 XRD 图

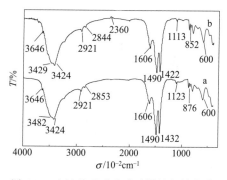

图 8-8　改性前后碱式碳酸镁的红外光谱

a—改性前；b—改性后

图 8-8 中曲线 a 具有典型的碱式碳酸镁的红外光谱特征，$3482cm^{-1}$、$3424cm^{-1}$ 的锐带对应着碱式碳酸镁分子内结晶水和表面羟基（—OH）的吸收特征峰；$1490cm^{-1}$、$1432cm^{-1}$、$1123cm^{-1}$、$876cm^{-1}$ 处分别为对应着碱式碳酸镁的碳酸根（CO_3^{2-}）和碳酸氢根（HCO_3^-）的吸收特征峰。曲线 b 中的波峰位置与曲线 a 基本重合，部分波峰位置出现红移现象，未出现新的吸收峰，由此确定硬脂酸钠改性碱式碳酸镁的作用方式为物理吸附，也进一步验证了 XRD 分析结果。

8.3.3　改性前后碱式碳酸镁的热分析结果

改性前后碱式碳酸镁热分析如图 8-9 所示。

由图 8-9(a) 可见，碱式碳酸镁在 150～700℃的温度区间内发生了多段吸热、质量损失过程：第一个失重台阶出现在 300℃，对应于结晶水的脱去；330～450℃出现第二个失重阶段，主要为 $Mg(OH)_2$ 分解以及结构水脱去所致；500～550℃失重为无水 $MgCO_3$ 分解生成固体 MgO 和气体 CO_2。图 8-9(b) 为硬脂酸钠改性后的碱式碳酸镁的 TG-DSC 曲线，可以看出，表面改性处理对碱式碳酸镁的热分解过程没有显著影响，与改性前相比，改性后碱式碳酸镁在 430～500℃ 的失重趋势非常明显，且在 500℃ 出现了吸热峰，是由于硬脂酸钠发生热分解所致。

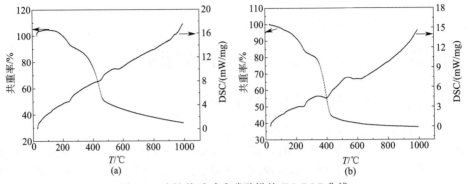

图 8-9　改性前后碱式碳酸镁的 TG-DSC 曲线
(a) 改性前；(b) 改性后

8.3.4　扫描电镜分析

图 8-10 是改性前后碱式碳酸镁的 SEM 图。由图 8-10(a) 可以看出，碱式碳酸镁为平均直径为 $10\mu m$ 的多孔棒状晶体，多孔结构由纳米片层叠加形成，孔径均匀分布。图 8-10(b) 中改性后的碱式碳酸镁仍为多孔棒状晶体，但长度减小，其原因是改性温度与碱式碳酸镁制备温度一致，改性过程中棒状晶体继续溶解导致长度下降。改性后碱式碳酸镁晶体分散性能增强，疏水效果显著提高，这是由于硬脂酸钠在晶体表面以及孔洞中通过物理吸附的方式形成一层疏水膜，作用过程如图 8-11 所示。

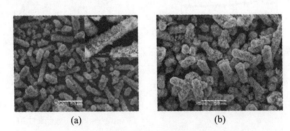

图 8-10　改性前后碱式碳酸镁的 SEM 图像
(a) 改性前；(b) 改性后

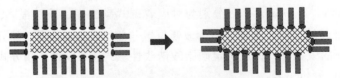

图 8-11　硬脂酸钠改性碱式碳酸镁的作用过程
▨▨▨▨ 碱式碳酸镁；▬▬ 硬脂酸钠；● 亲固基；▬ 疏水基

8.4　碱式碳酸镁在聚丙烯中的应用研究

8.4.1　碱式碳酸镁/PP 复合材料的制备

研究了不同含量碱式碳酸镁、不同种类的碱式碳酸镁与聚丙烯制备的复合材料，设计方案如表 8-4 和表 8-5 所示。

表 8-4　碱式碳酸镁/PP 复合材料的设计方案

序号	碱式碳酸镁含量/%	PP/%	PP 相容剂/%
1	0	100	0
2	10	80	10
3	18	72	10
4	20	70	10
5	22	68	10
6	27.5	62.5	10
7	30	60	10
8	32.5	57.5	10
9	35	55	10
10	37.5	52.5	10
11	40	50	10
12	50	40	10
13	60	30	10

表 8-5　改性碱式碳酸镁/PP/碱式碳酸镁/PP 相容剂复合材料的设计方案

序号	碱式碳酸镁/%	改性碱式碳酸镁/%	PP/%	PP 相容剂/%
14	30	0	70	10
15	25	5	70	10
16	20	10	70	10
17	15	15	70	10
18	10	20	70	10
19	5	25	70	10
20	0	30	70	10

8.4.2　碱式碳酸镁/PP 复合材料体系混料扭矩分析

8.4.2.1　碱式碳酸镁对复合材料混料扭矩分析

　　选择未改性碱式碳酸镁作为复合材料的填充剂，考察碱式碳酸镁含量对复合材料混料扭矩的影响，结果如图 8-12 所示。

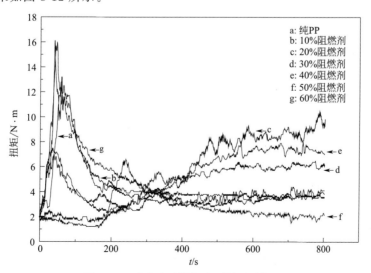

图 8-12　碱式碳酸镁与聚丙烯混融扭矩

如图 8-12 所示，纯 PP 与加入不同含量的碱式碳酸镁混料对比，随着阻燃剂含量的加入，物料的扭矩平衡时间明显增长，即物料混合均匀的时间比只有单一原料的时间长。但是，当碱式碳酸镁加入量大于 30％时，物料的扭矩随着混融时间的变化，扭矩先升高，然后降低，而后又升高，出现这种情况的原因初步分析为混融时，先加入的是聚丙烯以及 PP 相容剂，所以物料的扭矩会有明显的升高；当物料混融均匀时，扭矩开始下降并稳定在 4N·m 左右，随后加入碱式碳酸镁的过程中，由于物料的扭矩又开始增加，这是因为加入了无机粉，导致已混合均匀的原料重新混乱，无机粉与 PP 和 PP 相容剂产生了排斥作用，没有能结合在一块，所以导致扭矩混融均匀时间延长；而最后高于纯 PP 的扭矩是因为 PP 相容剂的加入量较少，物料不能混融均匀，而最终扭矩略高于 PP。

当碱式碳酸镁含量小于 30％时，物料的扭矩随着原料的加入顺序，先升高，后混合均匀在 4N·m 左右；但是随着无机粉末碱式碳酸镁的加入，物料的扭矩逐渐将低，并稳定在 4N·m 以下，说明碱式碳酸镁与 PP 以及 PP 相容剂的混合较为均匀。

8.4.2.2　改性碱式碳酸镁含量扭矩分析

选择改性碱式碳酸镁作为复合材料的填充剂，为确定聚丙烯以及 PP 相容剂的含量，固定碱式碳酸镁与改性碱式碳酸镁含量为 30％，考察改性碱式碳酸镁含量对复合材料混料扭矩的影响，结果如图 8-13 所示。

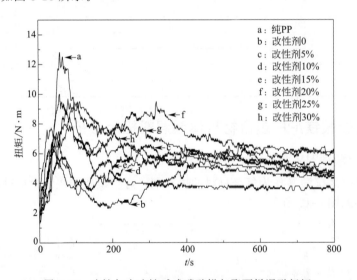

图 8-13　改性与未改性碱式碳酸镁与聚丙烯混融扭矩

由图 8-13 可知，随着物料的加入，由于先加入有机溶剂，物料扭矩先升高后平衡，但是随着无机粉末的加入物料的扭矩开始上升，而且都比纯 PP 的扭矩大。加入 30％的碱式碳酸镁与加入含有部分改性碱式碳酸镁对比可知，物料的扭矩处于只加入碱式碳酸镁与纯 PP 之间，说明随着改性碱式碳酸镁的加入无机粉末与有机溶剂的互斥性降低，使物料的结合程度增加，使物料混合更加均匀。但是比 PP 的扭矩大，说明无机粉末没有与有机物完全混合均匀。

8.4.3　极限氧指数数据分析

以碱式碳酸镁和改性碱式碳酸镁作为阻燃剂，不同比例的复合材料极限氧指数如图 8-14 和图 8-15 所示。

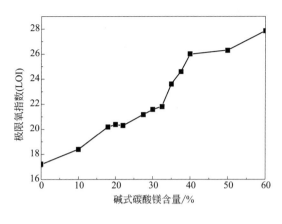

图 8-14　不同碱式碳酸镁含量的
聚丙烯复合材料的极限氧指数　　　

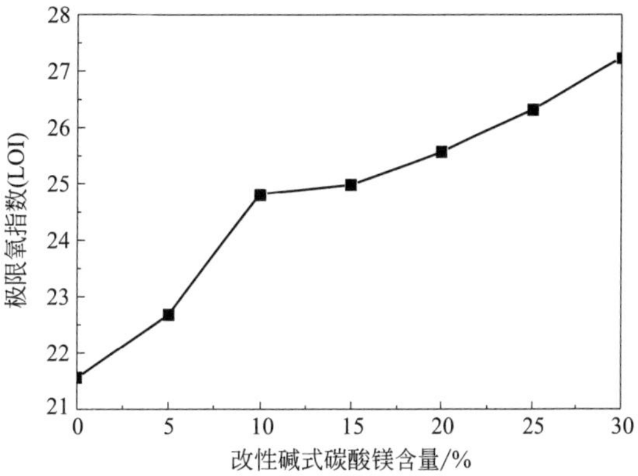

图 8-15　不同比例改性碱式碳酸镁含量的
聚丙烯复合材料的极限氧指数

由图 8-14 可知，随着碱式碳酸镁的加入量增多，极限氧指数整体呈上升趋势，说明碱式碳酸镁对聚丙烯具有阻燃效果，而聚丙烯的 LOI 从 17.72 升高到 27.60 左右。当碱式碳酸镁的添加量小于 30％时，材料的 LOI 小于 22，复合材料属于易燃材料；当碱式碳酸镁加入量达到 30％～50％时，复合材料的极限氧指数达 22～27，此时属于可燃材料，并具有一定的自熄性；当材料中碱式碳酸镁浓度达到 60％左右时，LOI 达到 27.6 左右，此时复合材料具有较好的阻燃效果，属于难燃材料。

碱式碳酸镁在燃烧的过程中，反应过程属于吸热过程，会带走部分的热量，降低氧指数；材料的进一步燃烧，会分解成大量的水蒸气、二氧化碳和氧化镁，会使聚合物与空气进一步隔离，从而阻止材料的进一步燃烧，因此复合材料的极限氧指数进一步降低。但是由于无机粉末的分散性较差，导致部分的碱式碳酸镁粉末未能与聚丙烯很好地相容在一起，所以这种材料的极限氧指数并没有大幅度提高。

由图 8-15 可知，当改性碱式碳酸镁粉末的加入量逐渐增多，虽然无机粉末的加入量只有30％，但材料的 LOI 有了明显的提高，说明改性碱式碳酸镁比未改性的碱式碳酸镁能更好地与有机物结合在一起，由于改性碱式碳酸镁的接触角比未改性的物料接触角要大得多，因此改性后的无机粉末可以结合更多的有机物。材料内部的无机粉末与有机物的排斥性降低，材料内部各原料的分散更加均匀，因此材料的极限氧指数会有明显的提高。而且随着改性剂的加入量过多，材料在燃烧的过程中出现了自熄现象，说明改性碱式碳酸镁的加入比未加改性剂之前的阻燃效果更好，并且材料达到了难燃材料等级，结果证明了经过改性的碱式碳酸镁具有高效的阻燃性能。当达到同样的改性效果时，改性碱式碳酸镁的加入量明显比未改性加入量要小得多。由此，可以看出利用碱式碳酸镁和改性碱式碳酸镁来降低聚丙烯有机物的易燃性是一种很有发展前景的方式。

8.4.4　烟密度试验数据分析

以碱式碳酸镁和改性碱式碳酸镁为原料，研究了不同比例下其对复合材料烟密度的影响，试验配方及烟密度结果如图 8-16 和图 8-17 所示。

由图 8-16 可知，随着碱式碳酸镁的加入，复合材料的烟密度有了明显的下降。从最初的 99 降低到了 3 左右，这表明碱式碳酸镁具有较好的抑烟效果。当碱式碳酸镁的加入量为10％时，复合材料的烟密度就有大幅度下降，但是此时燃烧的过程中，跟 PP 燃烧相似，产生大量熔滴，燃烧速率快，火焰旺盛，产生的烟大多为黑烟，并伴有刺激性气味产生；碱式碳酸镁的加入量为 10%～30%时，随着无机粉末的加入量增加，复合材料燃烧时烟密度进一步下降，此时燃烧过程中，只有少量熔滴产生，燃烧速率减慢，火焰强度降低，无刺激性气味产生；碱式碳酸镁的加入量为 30%～40%时，复合材料燃烧时没有熔滴出现，燃烧时复合材料具有一定的自熄性，燃烧后复合材料的灰呈现黑色块状，燃烧过程没有刺激性气味出现；碱式碳酸镁的加入量为 40%～60%时，燃烧过程没有熔滴产生，此时材料的烟密度值只有 2～4 左右，燃烧过程几乎不产生烟，并具有很好的抑烟性，燃烧时复合材料具有很强的自熄性。燃烧后观察残渣，有部分灰黄色小块，可能是当材料具有良好的阻燃性时，材料在相同的燃烧时间内，没有能够完全燃烧完，说明碱式碳酸镁具有良好的抑烟效果。

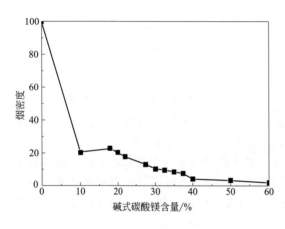

图 8-16　不同碱式碳酸镁含量的
聚丙烯复合材料的烟密度

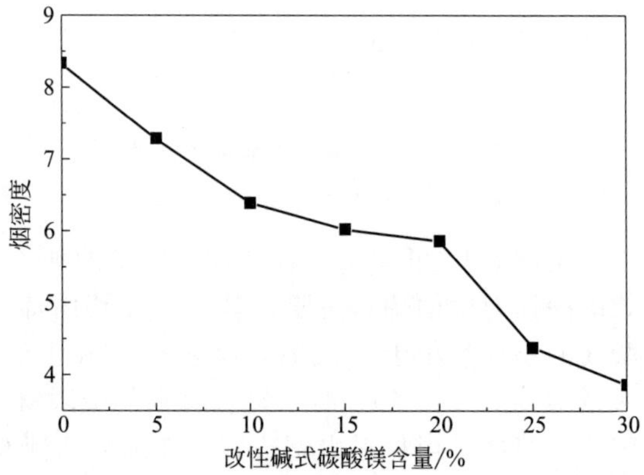

图 8-17　不同改性碱式碳酸镁含量的
聚丙烯复合材料的烟密度

由图 8-17 可知，当聚丙烯和 PP 相容剂的含量固定不变时，随着改性碱式碳酸镁的加入，复合材料的烟密度不断下降，随着复合材料的中改性碱式碳酸镁的加入增多，材料的烟密度由 8.8 降至 3.8 左右，烟密度的大幅度下降，说明当改性剂加入后，改性剂使得碱式碳酸镁在材料内部能均匀地分散，而且改性剂使得碱式碳酸镁不是简单团聚在一起，而是均匀分散，更好地发挥了其阻燃性；而随着改性剂的加入，碱式碳酸镁在燃烧过程中，生成的产物覆盖在原料表面，有效地阻止了材料的进一步燃烧，能进一步减弱材料燃烧甚至有可能使材料发生自熄现象，从而使得烟密度等级进一步下降。通过不同种类碱式碳酸镁之间的对比，可以看出改性碱式碳酸镁比未改性时，烟密度有明显的下降，在大量节约原料的同时，又显著提高了复合材料的烟密度，并且碱式碳酸镁作为一种环保型阻燃剂，研究前景越来越大。

8.4.5　拉伸试验数据分析

通过万能试验机测试的不同比例的碱式碳酸镁/PP 复合材料、不同改性碱式碳酸镁复合材料的最大应力和拉伸强度以及断裂伸长率，结果如图 8-18 和图 8-19 所示。

如图 8-18 所示，随着碱式碳酸镁加入量从 0 到 60%不断增加，复合材料的拉伸强度和断裂伸长率逐渐降低，从最初的 24.64MPa 降低到 3.9MPa 左右，这是因为随着无机碱式碳酸镁粉末的加入，对复合材料分子间的作用力产生了一定程度的影响。图中，当碱式碳酸镁的加入量为 20%～30%时，断裂伸长率变化不大，说明此时混料时较均匀，使得碱式碳酸镁与聚丙烯分子之间结合度较高，所以拉伸强度以及断裂伸长率变化不大；但是随着无机粉末的加入量越来越多，碱式碳酸镁的加入严重破坏了聚丙烯本身结构，在复合材料内部部分区域无机粉末可能出现团聚现象，在拉伸的过程中，断裂处就会优先出现在这种结构部位，因此出现了应力集中，导致复合材料的硬度越来越脆，微观上表现为大大破坏了分子间的结合程度和分子间作用力，因此拉伸强度以及断裂伸长率都不断下降，并且下降幅度较大。

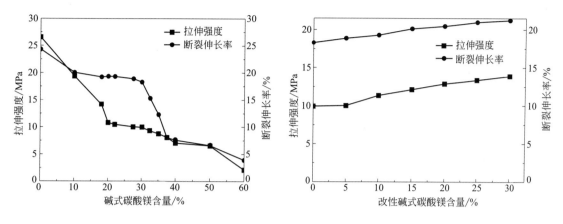

图 8-18　不同碱式碳酸镁含量的聚丙烯
复合材料的断裂伸长率及拉伸强度

图 8-19　不同改性碱式碳酸镁含量的聚丙烯
复合材料的断裂伸长率及拉伸强度

　　如图 8-19 是加入改性碱式碳酸镁后，复合材料之间拉伸强度以及断裂伸长率之间的对比。由图 8-19 可知，随着改性碱式碳酸镁加入量的增多，复合材料的拉伸强度以及断裂伸长率不断升高。当改性碱式碳酸镁的加入量从 0 增加到 30％时，复合材料的拉伸强度从 10MPa 升高到 13.8963MPa 左右，断裂伸长率从 15％增加到 22％左右，说明随着改性碱式碳酸镁的加入，无机粉末碱式碳酸镁的接触角变大，原料之间的混合更均匀，从而弥补了马来酸酐接枝改性剂的不足，提高了无机粉末与有机溶剂聚丙烯之间的相容性，提高了填料的分散性，使碱式碳酸镁更好地分散在聚丙烯复合材料之间，进而提高了复合材料的力学性能；而且随着改性剂的加入，由于复合材料内部分散性较好，材料出现应力集中的概率相对减少，从而导致复合材料的断裂伸长率比未加入改性剂时有升高现象，即表现为比未加改性剂时韧性更好。

8.4.6　冲击试验数据分析

　　不同含量的添加阻燃剂、不同种类的改性剂测得的冲击强度数据如图 8-20 和图 8-21 所示。

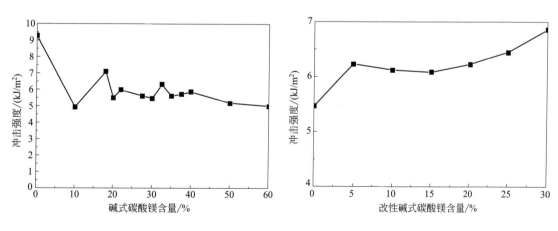

图 8-20　不同碱式碳酸镁含量的
聚丙烯复合材料的冲击强度

图 8-21　不同改性碱式碳酸镁含量的
聚丙烯复合材料的冲击强度

　　图 8-20 反映了不同含量的碱式碳酸镁粉末对 PP 冲击强度的影响，由图 8-20 可得，随着碱式碳酸镁的加入，复合材料的冲击强度总体呈现下降趋势，由 9.2kJ/m² 下降到 5kJ/m²，这

是因为无机粉料的大量加入破坏了复合材料的分子结构，破坏了材料的完整性，随着无机粉末的加入越来越多，材料内部的流动性变差。当碱式碳酸镁加入量为 20% 时，物料的冲击强度达到加入无机粉末后的最大值，这表明适当加入无机粉末复合材料的韧性下降较小；但是当碱式碳酸镁的加入量过多时，复合材料的冲击强度与聚丙烯相比冲击强度要下降很多，这可能是因为无机粉末的加入量较多，导致材料的分散性较差，材料内部的无机与有机粉末相容性较差，所以冲击强度大幅度下降。

如图 8-21 所示，随着改性碱式碳酸镁含量的增加，复合材料的冲击强度逐渐升高，当加入的全部是改性碱式碳酸镁后，复合材料的冲击强度最大，达到 6.86 kJ/m² 。说明改性剂的加入促进了无机粉末与有机物之间的融合，增加了物料的分散性，材料内部各物质之间的结合度较好，所以物料的韧性增加，这表明适量的改性剂加入量有利于改善材料的冲击性能。

8.4.7　复合材料的性能分析

8.4.7.1　碱式碳酸镁的热重分析

图 8-22 为 80℃ 和 180℃ 烘干的碱式碳酸镁原料，可以看出，碱式碳酸镁的失重过程只要集中在 100~150℃ 。由于原料的烘干温度不同，所以原料上含有部分的结晶水。180℃ 烘干的碱式碳酸镁粉末中含有的结晶水较少，而且在温度达到 180℃ 左右，失重基本没变化，说明原料烘干程度较好；但温度达到 350℃ 时，原料大幅度失重，此过程为失去结构水的过程；当温度达到 450℃ 时，原料的重量基本无变化，说明原料完全分解为 MgO、CO_2、H_2O，质量损失较大。

80℃ 烘干的碱式碳酸镁粉末，在 80~250℃ 有大幅度的失重，说明原料上结晶水较多，但在 450℃ 失重基本完成，稳定在 22% 左右，生成 MgO、CO_2、H_2O。由图 8-22 可知，180℃ 烘干的碱式碳酸镁在 200℃ 以下，基本重量基本无太大变化，说明原料几乎不会对下一步混融、压片过程产生太大影响因素，不会在混融过程中因高温产生大量水蒸气。

8.4.7.2　碱式碳酸镁复合材料红外光谱分析

图 8-23 是碱式碳酸镁/聚丙烯复合材料的红外光谱。

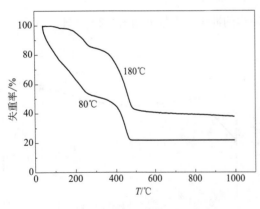

图 8-22　80℃ 与 180℃ 烘干后碱式碳酸镁的失重分析图

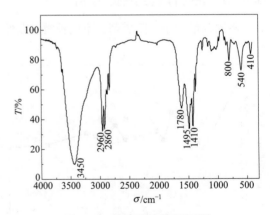

图 8-23　碱式碳酸镁/聚丙烯复合材料的红外光谱

如图 8-23 所示，3450cm⁻¹ 处所对应的特征峰是 O—H 的伸缩振动峰，2860cm⁻¹ 和 2960cm⁻¹ 是聚丙烯中官能团 C—H 所对应的特征峰，1780cm⁻¹ 是 PP 相容剂中的羰基（C＝O）对称伸缩振动峰，1720cm⁻¹ 是 PP 相容剂中羰基的反对称伸缩振动峰，1410cm⁻¹ 和 1495cm⁻¹ 是碱式碳酸镁中 CO_3^{2-} 的对称伸缩对称峰，800cm⁻¹ 是碱式碳酸镁中 CO_3^{2-} 所对应的特征峰，410cm⁻¹ 和 540cm⁻¹ 是碱式碳酸镁中 Mg—O 所对应的伸缩振动峰。红外数据说明复合材料中存在碱式碳酸镁，并且能稳定存在于聚丙烯中。

8.4.7.3 碱式碳酸镁与改性碱式碳酸镁复合材料冲击断面分析

图 8-24 是纯 PP 复合材料的冲击断面 SEM 图，图 8-25 是加入 30％碱式碳酸镁阻燃聚丙烯试样的冲击断面 SEM 图，图 8-26 是加入 30％改性碱式碳酸镁阻燃聚丙烯试样的冲击断面 SEM 图。

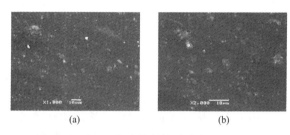

(a)　　　　　　　　　(b)

图 8-24　纯 PP 复合材料的冲击断面 SEM 图

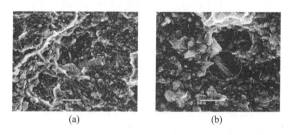

(a)　　　　　　　　　(b)

图 8-25　碱式碳酸镁含量 30％聚丙烯复合材料冲击断面 SEM 图

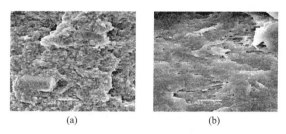

(a)　　　　　　　　　(b)

图 8-26　改性碱式碳酸镁含量 30％聚丙烯复合材料冲击断面 SEM 图

由图 8-24 和图 8-25 对比可以看出，改性碱式碳酸镁的分散性要更好。由图 8-26 可知，冲击断面更粗糙，断面结构十分不规则，断面界限明显，这可能是因为阻燃剂分散不均匀，而出现了团聚现象；而改性碱式碳酸镁的冲击断面更光滑，而且可以看到棒状碱式碳酸镁被包裹在聚丙烯之间，而且保持了完整的结构，随着改性剂的加入材料的韧性要更好，表明改性剂的加入改善了原料之间的相容性，原料之间的排斥性下降。

8.5　碱式碳酸镁法制备多孔棒状特殊形貌氧化镁

特殊形貌氧化镁具有许多独特的性质，是一类非常重要的新型高功能精细无机材料。特殊形貌氧化镁通常有晶须、片状、薄膜、层状以及介孔氧化镁等。随着高技术陶瓷、催化材料、环保材料、航空航天材料的不断发展，特殊形貌氧化镁材料的应用越来越广。目前，特殊形貌氧化镁的制备方法主要分为两类：一是以镁盐为原料首先制备具有特殊形貌的前驱物，再严格控制前驱物热处理的条件，使特殊形貌在热处理之后得以保留，从而制得特殊形貌的氧化镁；二是通过机械成型、模板法以及特殊的化学合成法制备。第二类方法通常适用于特殊的情况，其工艺复杂、制备成本较高，相比之下，第一类方法（前驱物法）容易制备更多形貌的氧化镁，对其形貌的控制也较容易，因而具有更大的发展空间。采用第一类方法的关键是首先制备具有特殊形貌的前驱物。

多孔棒状氧化镁是一种新型多功能特殊形貌氧化镁，其具有特殊的骨架型结构以及比表面积大和催化活性高等独特的性质，因此可以作为敏感型高效催化剂和优良的催化剂载体以及特殊气体的吸附材料，故多孔棒状氧化镁在工业催化、环境保护等领域的应用潜力非常巨大。然而目前关于多孔棒状特殊形貌氧化镁的研究报道较少。本节将采用第一类方法制备具有多孔棒状特殊形貌的氧化镁。

由第 5 章的研究结果可知，采用直接热解 $Mg(HCO_3)_2$ 溶液法和热解 $MgCO_3 \cdot 3H_2O$ 溶液间接法均可得到品质较佳的多孔棒状碱式碳酸镁 $[4MgCO_3 \cdot Mg(OH)_2 \cdot 4H_2O]$。考虑到合成成本，试验以无添加剂作用下直接热解 $Mg(HCO_3)_2$ 溶液法合成所得碱式碳酸镁为前驱物，按照 8.1.4 节中所述，采用煅烧前驱物碱式碳酸镁的方法制备多孔棒状特殊形貌氧化镁。

8.5.1 煅烧温度和煅烧时间对碱式碳酸镁分解率的影响

采用煅烧前驱物碱式碳酸镁制备多孔棒状氧化镁过程中最关键的两个因素是煅烧温度和煅烧时间，此外升温速率对于多孔棒状氧化镁的性能也有影响，但影响程度不高。煅烧温度过低，不利于碱式碳酸镁的分解转化；而煅烧温度过高，煅烧时间过长，则会由于分解速率过快而破坏煅烧产物外形，使得煅烧产物的形貌和外径发生变化。由此可知，在保持碱式碳酸镁煅烧完全的前提下，煅烧温度越低，时间越短，可以得到分散均匀、烧结良好的氧化镁。研究发现 $4MgCO_3 \cdot Mg(OH)_2 \cdot 4H_2O$ 的热分解过程经历 3 个过程，分别为脱水过程（$<250℃$）、产物中 $Mg(OH)_2$ 分解的过程（$250 \sim 350℃$）以及 $MgCO_3$ 的分解过程（$>350℃$），其反应方程式如下：

$$4MgCO_3 \cdot Mg(OH)_2 \cdot 4H_2O \longrightarrow 4MgCO_3 \cdot Mg(OH)_2 + 4H_2O \quad (8\text{-}1)$$

$$4MgCO_3 \cdot Mg(OH)_2 \longrightarrow 4MgCO_3 + Mg(OH)_2 \quad (8\text{-}2)$$

$$4MgCO_3 \longrightarrow 4MgO + 4CO_2 \quad (8\text{-}3)$$

而由前文可知，采用菱镁矿法合成碱式碳酸镁过程中获得轻烧氧化镁的煅烧温度为 $700 \sim 800℃$，煅烧时间为 $3.0 \sim 4.0h$，因此综合考虑，试验按照 8.1.4 中所述的操作方法，保持升温速率 $10℃/min$，选择碱式碳酸镁的煅烧温度为 $650℃$、$700℃$、$750℃$ 和 $800℃$，分别研究了煅烧时间为 3.0h 和 4.0h 时煅烧温度对碱式碳酸镁分解率影响，结果如图 8-27 所示。

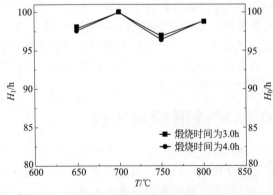

图 8-27 煅烧温度和煅烧时间对
碱式碳酸镁分解率的影响

由图 8-27 可见，当煅烧温度相同时，煅烧时间越长，碱式碳酸镁的分解率越高；当煅烧时间相同时，随着煅烧温度的升高，碱式碳酸镁的分解率呈先增大后减小的波浪形变化趋势。但总的来说，煅烧温度和煅烧时间对碱式碳酸镁的分解率影响较小，分解率最小值为 96.43%，当煅烧温度为 700℃ 时，煅烧时间为 3.0h 和 4.0h，其分解率均达最大值 99.98%。研究所得碱式碳酸镁的分解率均高于相同煅烧温度和时间下采用微波煅烧碱式碳酸镁所得的分解率，由此说明该试验煅烧制度下碱式碳酸镁分解较完全。

8.5.2　煅烧温度和煅烧时间对氧化镁组成的影响

碱式碳酸镁完全分解时生成氧化镁和二氧化碳，为了考察煅烧温度和煅烧时间对分解产物组成的影响，将不同煅烧温度和时间下所得产物进行了 XRD 检测，结果如图 8-28 所示。

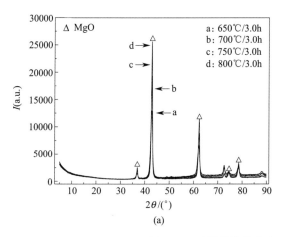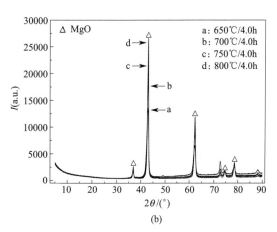

图 8-28　不同煅烧温度和时间下所得产物的 XRD 图

(a) 3.0h；(b) 4.0h

图 8-28 为经不同煅烧温度和煅烧时间所得产物的 XRD 图。由图 8-28 可知，煅烧温度和煅烧时间对产物的组成无显著影响，但对产物衍射峰的强度有不同程度的影响。所有产物的全部衍射峰与氧化镁（MgO）的 XRD 标准图谱（JCPDS 01-075-0447）一致，其属于立方晶系，空间群为 $Fm/3m$，晶格常数分别为 $a=b=c=4.22$Å，$\beta=90°$；无其他杂峰，衍射峰基底平滑。表明所得产物为纯度和结晶度较高的氧化镁。煅烧时间相同，随着煅烧温度的升高，衍射峰强度增大；煅烧温度相同，衍射峰的强度对着煅烧时间的延长而增大；结果表明所得产物氧化镁的结晶度随着煅烧温度的升高和煅烧时间的延长而增大，但增加的幅度较小。

由 XRD 结果可知，煅烧时间相同，随着煅烧温度的升高，氧化镁的结晶度增大；煅烧温度相同，煅烧时间延长，氧化镁的结晶度亦增大。因此，对煅烧时间相同但经不同温度煅烧所得氧化镁等进行了化学成分分析，结果如表 8-6 所示。

表 8-6　氧化镁的化学组成（质量分数）　　　　　　　　　　单位：%

项目	MgO	CaO	SiO$_2$	Fe	烧失量
650℃/3.0h	93.81	0.27	0.032	0.23	2.99
650℃/4.0h	94.49	0.29	0.98	0.24	2.47
700℃/3.0h	95.24	0.18	0.035	0.19	1.99
750℃/3.0h	95.25	0.30	0.060	0.23	1.11
800℃/3.0h	97.08	0.28	0.022	0.23	1.12

由表 8-6 可知，当煅烧温度均为 650℃ 时，煅烧时间由 3.0h 延长至 4.0h，氧化镁中 MgO 含量由 93.81% 提高至 94.49%；当煅烧时间均为 3.0h 时，随着煅烧温度的升高，氧化镁中 MgO 的含量逐渐增多，650℃ MgO 含量为 93.81%，800℃ 时 MgO 含量提高至 97.08%。

综上所述，650~800℃，煅烧时间分别为 3.0h 和 4.0h，所得产物均为结晶良好、纯度高的氧化镁。

8.5.3　煅烧温度和煅烧时间对氧化镁形貌的影响

碱式碳酸镁的分解过程为速控过程，控制碱式碳酸镁的分解速率便可得到保持其外形的氧化镁晶体。因此，将碱式碳酸镁于 650℃、700℃、750℃ 和 800℃ 下分别煅烧 3.0h 和

图 8-29　碱式碳酸镁的
SEM 图

4.0h 时所得氧化镁晶体进行 SEM 检测，并与前驱物碱式碳酸镁的形貌进行对比，结果如图 8-29 和图 8-30 所示。

由图 8-29 可见，前驱物碱式碳酸镁为结晶良好的多孔棒状晶体，多孔结构由纳米片紧密叠加而形成，微棒平均长度为 $50\mu m$，平均直径为 $10.0\mu m$。

图 8-30 是煅烧时间为 3.0h 时于不同温度下煅烧所得氧化镁的 SEM 图。由图 8-30 可见，煅烧时间为 3.0h，煅烧温度对产物的形貌无明显影响，但对其直径和长度却有不同程度的影响。650℃时所得产物均为多孔棒状特殊形貌氧化镁，多孔结构由纳米片叠加而形成，微棒平均直径为 $10\mu m$，平均长度为 $50\mu m$ [图 8-30(a)]。煅烧温度为 700℃时，所得产物主要为多孔棒状特殊形貌氧化镁，其平均直径为 $20\mu m$，平均长度为 $50\mu m$；此外，还可观察到产物中存在少量一端为光滑表面而另一端被多孔结构覆盖的棒状晶体，具有光滑表面的部分平均直径为 $10\mu m$，而被多孔结构所覆盖的部分平均直径为 $20\mu m$，这种两端形貌不一致的棒状晶体平均长度为 $50\mu m$ [图 8-30(b)]。当煅烧温度升高至 750℃时，多孔棒状特殊形貌氧化镁的直径无变化，但平均长度减小至 $30\mu m$ [图 8-30(c)]，当温度进一步升高至 800℃，多孔棒状特殊形貌氧化镁较 750℃所得氧化镁无明显变化 [图 8-30(d)]。

图 8-30　煅烧时间为 3.0h 时于不同温度下煅烧所得氧化镁的 SEM 图
(a) 650℃；(b) 700℃；(c) 750℃；(d) 800℃

图 8-31 是煅烧时间为 4.0h 时于不同温度下煅烧所得氧化镁的 SEM 图。观察图 8-31 发现，煅烧时间为 4.0h，煅烧温度对多孔棒状特殊形貌氧化镁的形貌、直径和平均长度的影响与煅烧时间为 3.0h 时所得产物的情况一致。650℃时所得产物为多孔棒状特殊形貌氧化镁，多孔结构由纳米片叠加而形成，微棒平均直径为 $10\mu m$，平均长度为 $50\mu m$ [图 8-31(a)]。700℃时，产物由不同形貌的氧化镁晶体所组成，其中主要为多孔棒状特殊氧化镁，其平均

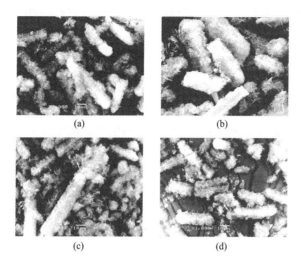

图 8-31　煅烧时间为 4.0h 时于不同温度下煅烧所得氧化镁的 SEM 图

(a) 650℃；(b) 700℃；(c) 750℃；(d) 800℃

直径为 $20\mu m$，平均长度 $40\mu m$；另一种则为一端具有光滑表面而另一端被多孔结构所覆盖的晶体，平均长度仍为 $40\mu m$，其中具有光滑表面的部分平均直径为 $10\mu m$，而被多孔结构覆盖的部分平均直径为 $20\mu m$ [图 8-31(b)]。当煅烧温度升高至 750℃时，多孔棒状特殊形貌氧化镁的外形和直径无变化，但长度长短不一，最大长度达 $80\mu m$，最小长度仅为 $10\mu m$ [图 8-31(c)]。当温度进一步升高至 800℃，产物主要由多孔棒状特殊形貌氧化镁组成，其形貌和直径无明显变化，但其平均长度减小至 $40\mu m$，此外产物中还存在部分碎末状氧化镁 [图 8-31(d)]。

综上所述可知，煅烧温度和煅烧时间对多孔棒状特殊形貌氧化镁的外形影响较小，充分考虑到产物应尽可能保持前驱物的外形、性能以及降低生产成本等因素，因此尽量保证煅烧温度低，煅烧时间短。

8.6　本章小结

① 碱式碳酸镁表面改性研究结果表明：

a. 以硬脂酸钠为改性剂、改性剂用量为碱式碳酸镁质量的 4%、料浆固液比为 50g/L、搅拌速度 860r/min、改性温度 75℃、改性时间 50min 为最佳改性工艺。在此条件下获得最佳改性效果，接触角为 127.9°，活化指数为 99.9%，疏水性最佳。

b. 采用 XRD、FT-IR、TG-DSC 和 SEM 进行分析，结果表明经硬脂酸钠表面改性后，碱式碳酸镁物相组成并没有发生改变，硬脂酸钠是通过物理吸附的方式附着在碱式碳酸镁的表面。由于碱式碳酸镁为孔状结构，表面遍布微孔，在孔隙中包覆着一层疏水膜，使碱式碳酸镁表面具有疏水性。

② 碱式碳酸镁在聚丙烯中的应用研究表明：

a. 碱式碳酸镁对聚丙烯有一定的阻燃效果，当碱式碳酸镁的加入量达到 60%时，复合材料的极限氧指数大于 27，材料达到难燃材料级别；改性碱式碳酸镁对聚丙烯复合材料的阻燃性大于未改性阻燃剂，当加入改性剂碱式碳酸镁为 30%的时候，复合材料的 LOI 就可达到 27，阻燃效果明显。

b. 当加入无机粉末碱式碳酸镁后，材料的抑烟性有明显的提高，当加入量大于 22%时，材料的抑烟性就会达到 A 级复合（夹芯），10%～22%时，达到 B1 级标准；当加入的碱式碳酸镁与改性碱式碳酸镁都为 30% 时，改性复合材料的抑烟性有明显的降低，并具有良好的自熄性。

c. SEM、FT-IR 和扭矩等结果表明，改性碱式碳酸镁的加入在混料时不容易发生团聚，具有较好的分散性，可有效减少无机粉末与有机溶剂之间的排斥性。冲击和拉伸试验结果表明，碱式碳酸镁的加入会降低复合材料的韧性，使复合材料的硬度和脆性增加；改性碱式碳酸镁的加入会导致复合材料的韧性小幅度降低。

③ 以无添加剂作用下直接热解 $Mg(HCO_3)_2$ 溶液法合成所得平均直径 $10.0\mu m$、平均长度 $50\mu m$ 的多孔棒状碱式碳酸镁 $[4MgCO_3 \cdot Mg(OH)_2 \cdot 4H_2O]$ 为前驱物，采用煅烧前驱物的方法合成多孔棒状特殊形貌氧化镁的试验结果表明：

a. 煅烧温度和煅烧时间对碱式碳酸镁的分解率影响较小，分解率最小值为 96.43%，当煅烧温度为 700℃ 时，煅烧时间为 3.0h 和 4.0h，其分解率均达最大值 99.98%，其高于相同煅烧温度和时间下采用微波煅烧碱式碳酸镁所得的分解率。

b. 煅烧时间相同，煅烧温度升高，氧化镁中 MgO 的含量逐渐增多，650℃ 时 MgO 含量为 93.81%，800℃ 时 MgO 含量提高至 97.08%。

c. 煅烧温度和煅烧时间对多孔棒状特殊形貌氧化镁的外形影响较小，充分考虑到产物应尽可能保持前驱物的多孔结构外形、性能以及降低生产成本等因素，因此尽量选择较低的煅烧温度和较短的煅烧时间。

参 考 文 献

[1] 翟学良，杨永社．活化氧化镁水化动力学研究 [J]．无机盐工业，2007，32（4）：16-18．

[2] 白丽梅，韩跃新，印万忠，等．菱镁矿制备优质活性镁技术研究 [J]．有色矿冶，2005，7（25）：47-48．

[3] 李月圆．利用菱镁矿制备氧化镁晶须及其应用的研究 [D]．沈阳：东北大学，2009．

[4] 唐小丽，刘昌胜．重烧氧化镁粉的活性测定 [J]．华东理工大学学报，2001，27（2）：157-160．

[5] 王宝和，范方荣，等．煅烧工艺对纳米氧化镁粉体活性的影响 [J]．无机盐工业，2005，37（12）：15-16．

[6] 王小娟，任爽，武艳妮，等．煅烧非晶质菱镁矿对氧化镁活性的影响 [J]．盐业与化工，2009，39（1）：7-8．

[7] 薛冬峰，邹龙江，闫小星，等．氧化镁晶须制备及影响因素考查 [J]．大连理工大学学报，2007，47（4）：488-492．

[8] 王万平，张懿．碳酸盐热解法制备氧化镁晶须 [J]．硅酸盐学报，2002，30：93-95．

[9] 刁润丽，张晓丽．纳米碳酸钙的表面改性研究进展 [J]．矿产保护与利用，2018（1）：146-150．

[10] 张广良，赵永江，宋鹏，等．硅烷偶联剂 KH-570 表面改性镁铝复合阻燃剂 [J]．盐业与化工，2016，45（11）：25-28．

[11] 杨柏林，胡跃鑫，雷良才，等．硬脂酸对轻质碳酸镁改性的研究 [J]．当代化工，2013，42（7）：897-990．

[12] 秦麟卿，刘以波，黄志雄，等．碱式碳酸镁阻燃环氧树脂的研究 [J]．武汉理工大学学报，2008，30（4）：19-23．